Heidelberger Taschenbücher Band 121

Humanbiologie

Herausgegeben von
H. Autrum und U. Wolf

Mit Beiträgen von
K. Bender, J. Biegert, W. Engel, E. Günther
H. Höhn, W. Krone, W. Lenz, P. Propping
A. Schinzel, J. Schmidtke, F. Vogel
W. Wickler, U. Wolf

2., völlig neubearbeitete Auflage

Mit 51 Abbildungen

Springer-Verlag
Berlin Heidelberg New York Tokyo 1983

Professor Dr. Dr. h.c. HANSJOCHEM AUTRUM
Zoologisches Institut der Universität
Luisenstr. 14, 8000 München 2, FRG

Professor Dr. ULRICH WOLF
Institut für Humangenetik und Anthropologie der Universität
Albertstr. 11, 7800 Freiburg, FRG

ISBN-13: 978-3-540-12435-1 e-ISBN-13: 978-3-642-82058-8
DOI: 10.1007/978-3-642-82058-8

CIP-Kurztitelaufnahme der Deutschen Bibliothek
Humanbiologie / hrsg. von H. Autrum u. U. Wolf.
Mit Beitr. von K. Bender ... – 2., völlig neu bearb. Aufl. –
Berlin ; Heidelberg ; New York ; Tokyo : Springer, 1983.
  (Heidelberger Taschenbücher ; Bd. 121)

NE: Autrum, Hansjochem [Hrsg.]; Bender, Klaus [Mitverf.]; GT

Das Werk ist urheberrechtlich geschützt. Die dadurch begründeten Rechte, insbesondere die der Übersetzung, des Nachdruckes, der Entnahme von Abbildungen, der Funksendung, der Wiedergabe auf photomechanischem Wege und der Speicherung in Datenverarbeitungsanlagen bleiben, auch bei nur auszugsweiser Verwertung vorbehalten.
Die Vergütungsansprüche des § 54, Abs. 2 UrhG werden durch die „Verwertungsgesellschaft Wort", München, wahrgenommen.
© by Springer-Verlag Berlin Heidelberg 1973, 1983
Softcover reprint of the hardcover 1st edition 1983
Die Wiedergabe von Gebrauchsnamen, Handelsnamen, Warenbezeichnungen usw. in diesem Werk berechtigt auch ohne besondere Kennzeichnung nicht zu der Annahme, daß solche Namen im Sinne der Warenzeichen- und Markenschutz-Gesetzgebung als frei zu betrachten wären und daher von jedermann benutzt werden dürften.
Satz-, Druck- und Bindearbeiten: Konrad Triltsch GmbH, Graphischer Betrieb, Würzburg
2131/3130-543210

Vorwort zur 2. Auflage

Die Humanbiologie hat in den 10 Jahren seit dem Erscheinen der 1. Auflage auf allen Gebieten beachtliche Fortschritte gemacht. Daher war es notwendig, die Beiträge völlig neu zu bearbeiten und für einige Aspekte neue Kapitel aufzunehmen. Zugleich wurde versucht, die Darstellung zu vertiefen und zu erweitern und doch die Verständlichkeit für den Kreis von Lesern zu wahren, der eine einführende Übersicht über den Stand der Forschung sucht. Das wurde unter anderem dadurch angestrebt, daß in einem Glossar alle Fachtermini erläutert werden. Die Vollständigkeit etwa eines Lehrbuches zu erreichen, war nicht das Ziel. Vielmehr soll auf einigen besonders aktuellen Gebieten exemplarisch das Grundsätzliche dargestellt werden. Für den Fachmann ist eine enzyklopädische Behandlung seines Gebietes zuweilen leichter als eine kurze Übersicht über die wesentlichen Grundgedanken. Die Herausgeber sind den Mitarbeitern dankbar, daß sie sich um eine kurze, für jeden lesbare Fassung bemüht haben. Unser Dank gilt auch dem Verlag, insbesondere Herrn Dr. KONRAD F. SPRINGER und Herrn Dr. D. CZESCHLIK, die wieder mit Geduld und Verständnis auf alle Wünsche eingegangen sind.

München und Freiburg i. Br.   HANSJOCHEM AUTRUM
Juni 1983   ULRICH WOLF

Vorwort der 1. Auflage

Der Bogen der Humanbiologie spannt sich von der Vergangenheit, der Evolution des Menschen, über seine gegenwärtige Beschaffenheit, sein Bedingtsein durch Erbanlagen und Umwelt, bis in seine (nähere) Zukunft. Wir wissen einiges über die Vorfahren des heutigen Menschen, einiges über seine Erbanlagen und ihr Zusammenwirken mit Umweltfaktoren bei der Ausprägung der Unterschiede zwischen den Menschen bis hin zu krankhaften Zuständen, ahnen nur weniges über seine Zukunft. Der vorliegende Band unternimmt es, in 14 kurzen Kapiteln den Rahmen der modernen Humanbiologie zu umreißen und die Methoden und Ergebnisse an ausgewählten Beispielen darzustellen. Sachfremde Ideologien ohne wissenschaftliche Grundlage haben die Humanbiologie vor allem in Deutschland lange Zeit in Mißkredit gebracht. Von diesen Fesseln befreit, hat die moderne humanbiologische Forschung Ergebnisse erzielt, die nicht nur die Fachwissenschaft, sondern im Grunde jeden einzelnen angehen. Diese Fragen so darzustellen, daß sie jedem daran Interessierten verständlich werden, haben die Autoren versucht. Die Herausgeber danken ihnen für die Geduld, mit der sie auf alle Wünsche nach exemplarischer Klarheit eingegangen sind. Ohne das beharrliche Interesse des Verlegers, Herrn Dr. KONRAD F. SPRINGER, wäre das Buch nicht zustande gekommen. Sein Entgegenkommen ermöglichte auch die Ausstattung mit zahlreichen Abbildungen. Dafür gilt ihm unser besonderer Dank.

München und Freiburg i. Br.,   HANSJOCHEM AUTRUM
im März 1973   ULRICH WOLF

Inhaltsverzeichnis

Neue Aspekte der Hominidenevolution
J. BIEGERT (Mit 19 Abbildungen) 1

Selektion als wirksamer Faktor in der Evolution des Menschen
F. VOGEL (Mit 3 Abbildungen) 44

Aspekte der molekularen Organisation des menschlichen Genoms
J. SCHMIDTKE (Mit 2 Abbildungen) 56

Die normalen Chromosomen und Chromosomenstörungen beim Menschen
A. SCHINZEL (Mit 1 Abbildung) 68

Biochemische Genetik angeborener Stoffwechselstörungen
W. KRONE (Mit 4 Abbildungen) 85

Immunbiologie
E. GÜNTHER (Mit 7 Abbildungen) 104

Genetische Aspekte der Organtransplantation
K. BENDER (Mit 5 Abbildungen) 126

Zwillingsforschung
P. PROPPING (Mit 2 Abbildungen) 143

Vererbung und Umwelt bei der Entstehung von Mißbildungen
W. LENZ 154

Geschlechtsentwicklung beim Menschen als Modellbeispiel für einen Differenzierungsprozeß
U. WOLF (Mit 2 Abbildungen) 169

Genetik des Alterns
H. Höhn (Mit 2 Abbildungen) 182

Genetik und Intelligenz
W. Engel (Mit 4 Abbildungen) 200

Biologische Grundlagen menschlichen Verhaltens
W. Wickler 227

Glossar 238

Sachverzeichnis 247

Mitarbeiterverzeichnis

Prof. Dr. K. BENDER, Institut für Humangenetik und Anthropologie der Universität Freiburg, Albertstr. 11, 7800 Freiburg, FRG

Prof. Dr. J. BIEGERT, Anthropologisches Institut und Museum der Universität Zürich, Künstlergasse 15, CH-8001 Zürich, Schweiz

Prof. Dr. W. ENGEL, Institut für Humangenetik der Universität Göttingen, Nikolausberger Weg 5a, 3400 Göttingen, FRG

Dr. E. GÜNTHER, Max-Planck-Institut für Immunbiologie, Stübeweg 51, Postfach 1169, 7800 Freiburg-Zähringen, FRG

Prof. Dr. H. HÖHN, Institut für Humangenetik der Universität Würzburg, Koellikerstr. 2, 8700 Würzburg, FRG

Prof. Dr. W. KRONE, Abteilung Humangenetik der Universität Ulm, Oberer Eselsberg, Postfach 4066, 7900 Ulm, FRG

Prof. Dr. W. LENZ, Institut für Humangenetik der Universität Münster, Vesaliusweg 12–14, 4400 Münster, FRG

Prof. Dr. P. PROPPING, Institut für Humangenetik und Anthropologie der Universität Heidelberg, Im Neuenheimer Feld 328, 6900 Heidelberg, FRG

Prof. Dr. A. SCHINZEL, Institut für Medizinische Genetik der Universität Zürich, Rämistr. 74, CH-8001 Zürich, Schweiz

Dr. J. SCHMIDTKE, Institut für Humangenetik der Universität Göttingen, Nikolausberger Weg 5a, 3400 Göttingen, FRG

Prof. Dr. F. VOGEL, Institut für Anthropologie und Humangenetik der Universität Heidelberg, Im Neuenheimer Feld 328, 6900 Heidelberg, FRG

Prof. Dr. W. WICKLER, Max-Planck-Institut für Verhaltensphysiologie, 8131 Seewiesen, FRG

Prof. Dr. U. WOLF, Institut für Humangenetik und Anthropologie der Universität Freiburg, Albertstr. 11, 7800 Freiburg, FRG

Neue Aspekte der Hominidenevolution*

J. BIEGERT

Seit Thomas Henry Huxley 1863 erstmals die Pongidentheorie in seinem Aufsatz *Evidence as to Man's Place in Nature* klar formulierte, hat die Primatologie aufgrund vergleichend-anatomischer Untersuchungen immer wieder bestätigt, daß der Mensch und die großen Menschenaffen im Rahmen der Primaten besonders nahe verwandt sind (ANDREWS u. GROVES 1976; BIEGERT 1973; DELSON u. ANDREWS 1975; SCHULTZ 1950, 1956, 1968, 1969; STARCK 1974, WASHBURN 1968). Neuere molekularbiologische, biochemische und chromosomale Befunde (SARICH u. WILSON 1967; WILSON u. SARICH 1969; GOODMAN et al. 1976; MITCHELL u. GOSDEN 1978; YUNIS et al. 1980) konnten diese Ansicht vertiefen und nachweisen, daß die heutigen Menschenaffen dem Menschen besonders ähnlich sind. Das aber bedeutet, daß diese höheren Primaten gemeinsame Vorfahren haben.

Die Wurzelgruppe der Hominiden

Diese gemeinsamen Vorfahren sind unter den Menschenaffen des Miozän zu suchen. Glaubte man zunächst, sie unter frühmiozänen Vertretern aus Afrika wie *Proconsul, Limnopithecus* und *Rangwapithecus* zu finden, so haben neuere Untersuchungen gezeigt, daß die Wurzelgruppe der Hominiden eher unter mittelmiozänen „Menschenaffen" zu suchen ist. Im mittleren Miozän vor 15 Millionen Jahren setzte in der Alten Welt eine Klimaveränderung, verbunden mit einem Absinken der Temperaturen ein (BUTZER 1977). Ein Rückgang des tropischen Regenwaldes ging mit einer Ausbreitung von offenen Waldlandgebieten und baumbestandenen Savannen einher (ANDREWS 1981). Huftiere, Elefanten, Nager, Schweine und Raubtiere breiteten sich aus, und es kam zu einer radiativen Entfaltung modernerer Hominoidea mit den Gattungen *Giganto-, Siva-, Ruda-, Ourano-* und *Ramapithecus,* die in Afrika, Zentraleuropa und dem südlichen Asien lebten. Ihr Körpergewicht variiert, je nach Gattung und Geschlecht, etwa zwischen 20 bis 70 kg.

---

* Zur Erinnerung an den verehrten Freund und Paläoanthropologen
  Prof. G. H. RALPH VON KOENIGSWALD (13. 11. 1902–10. 7. 1982)

Unter diesen Hominoidea - deren Diagnose praktisch nur auf Gebissen und Kiefern beruht – war *Sivapithecus* wahrscheinlich die Gattung, aus der sich der mächtige *Gigantopithecus* entwickelte. Man kennt ihn aus dem Ober-Miozän von Indien und Pakistan (*G. bilaspurensis*), und er lebte auch in den dichten Bambuswäldern im südlichen China (*G. blacki*), wo er etwa im mittleren Pleistozän, zu Zeiten des *Homo erectus*, ausstarb (v. KOENIGSWALD 1981). Auf *Sivapithecus* geht möglicherweise auch der Orang Utan zurück (ANDREWS u. TEKKAIA 1980), der noch im Pleistozän von Südchina bis zu den indonesischen Inseln (Java, Sumatra, Borneo) verbreitet war, heute aber als einziger asiatischer Pongide nur noch [1] in den tropischen Regenwäldern von Sumatra und Borneo als eine hochspezialisierte, dem Baumleben angepaßte Art zu finden ist. Von den früher zahlreichen Menschenaffen in Afrika leben heute nur noch einige Unterarten von *Pan* und *Gorilla*. Über ihre Stammesgeschichte ist so gut wie nichts bekannt. Ihre Herleitung vom früh-miozänen *Proconsul* (*P. africanus* bzw. *P. major*) ist fraglich geworden (PILBEAM 1980).

Von allen diesen miozänen Menschenaffen kommt die Gattung *Ramapithecus* mit verschiedenen Arten, die in China, Pakistan, Indien, Zentraleuropa und Afrika während einer Zeitspanne von 14 bis 8 Millionen Jahren lebte, am ehesten als Wurzelgruppe der Hominiden in Betracht (ANDREWS 1978; SIMONS u. PILBEAM 1978; SZALAY u. DELSON 1979), denn *Ramapithecus* gleicht mit einem steilen Gesicht, robusten Kiefern, vorgeschobenen Jochbogenpfeilern, nach hinten divergierenden Zahnreihen, Backenzähnen mit dickem Schmelz und rundlichen Höckern, einem reduzierten sectorialen Vordergebiß und einer verstärkten Unterkiefersymphyse (mit Torus superior und T. inferior) in dieser Merkmalskombination den zeitlich späteren Hominiden (s. u.) am ehesten.

Diese Merkmalskombination wird auf einen besonders intensiven transversalen Kaumechanismus zurückgeführt, der für ein Zermahlen harter herbivorer bzw. omnivorer Nahrung besonders geeignet war. Nach der Begleitfauna zu schließen, findet man die Vertreter von *Ramapithecus* in Eurasien und Afrika tatsächlich nicht im tropischen Regenwald, sondern in einem gemäßigten Klima mit offenen Waldgebieten und baumbestandenen Savannen mit immergrünen Sträuchern, wie dies auch für pliozäne Hominiden gilt.

Nach neuesten Funden aus Pakistan mit postkranialen Skelettresten war *Ramapithecus* kein Zweibeiner (PILBEAM et al. 1977). Bei dem geringen Körpergewicht (ca. 20 kg) ist aber eine fakultative Bipedie und eine Gesamtorganisation ähnlich der des *Pan paniscus* (ZIEHLMAN et al. 1978)

---

1 Nach G. H. R. VON KOENIGSWALD (1981) gibt es aber Hinweise, daß er heute noch in China (Provinz Hupei) vorkommt

nicht auszuschließen, zumal man eine zweibeinige Lokomotion mit entsprechenden markanten Veränderungen des Beckengürtels schon zu einem Zeitpunkt findet, da das Gebiß noch nicht eigentlich hominid und das Gehirn noch nicht größer war als das heutiger Schimpansen. Dies zeigt uns eindrucksvoll *Australopithecus afarensis* aus dem Pliozän von Ostafrika (s. u.).

Ostafrika ist in den letzten zehn Jahren zur wichtigsten Quelle für Fragen der frühen Hominidenevolution geworden (Abb. 1). Geologische Gegebenheiten im System des großen Grabenbruches haben in der Vergangenheit günstige Voraussetzungen geschaffen für die Fossilisation von plio-pleistozänen Hominiden. Die seither erfolgte Erosion erlaubt es, diese Fossilien unter vorteilhaften Bedingungen zu bergen. Eingeschobene Schichten von vulkanischer Asche, Tuffen und Lava ermög-

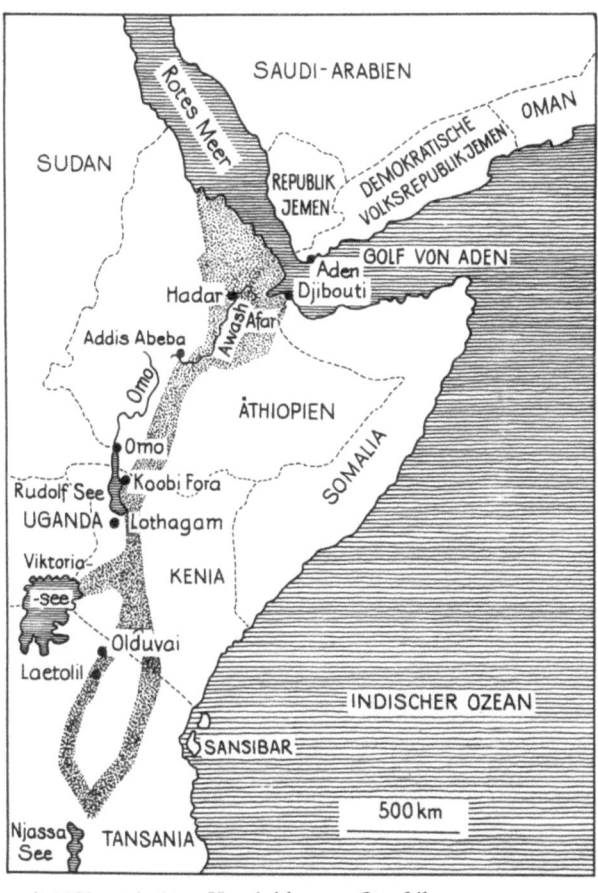

Abb. 1. Fundorte der seit 1959 entdeckten Hominiden aus Ostafrika

lichen eine radiometrische und paläomagnetische Datierung (BISHOP 1978). In Ostafrika wurde es auch erstmals möglich, in großem Stil Anthropologen, Paläontologen, Geologen, Geophysiker und Prähistoriker an den Grabungen zu beteiligen, um ein möglichst breites Bild über das Klima, die Umwelt und die Biologie der Hominiden zu gewinnen (BONÉ et al. 1978; BUTZER u. ISAAC 1975; COPPENS et al. 1976; ISAAC u. MCCOWN 1976; JOLLY 1978). Solche multidisziplinären Expeditionen waren seit den sechziger Jahren und später unter der Leitung von Mary und Louis LEAKEY in Olduvai, von F. C. HOWELL und Y. COPPENS in Omo, von R. F. LEAKEY und G. ISAAC in Koobi Fora, von D. C. JOHANSON und M. TAIEB in Hadar und von Mary LEAKEY in Laetolil am Werk (s. Abb. 1). Hadar und Laetolil mit Schichten zwischen 3 bis 4 Millionen Jahren geben Aufschluß über besonders archaische Vertreter der Hominiden. Koobi Fora und Illeret erbrachten Schädel und Postkranium des *Australopithecus, Homo habilis* und *Homo erectus*. Olduvai illustriert wie kein anderer Fundort die Fauna und Flora und die Entwicklung der materiellen Kultur der Hominiden der letzten 2 Millionen Jahre. In Omo, wo die Fossilien vorwiegend aus Kiefern und Zähnen bestehen, hat man eine lückenlose Schichtenfolge, die einen Zeitraum von 4,5 Millionen Jahren umfaßt. Sie sind biostratigraphisch, paläomagnetisch und radiometrisch genau datiert, und man hat hier praktisch alle wichtigen Hominiden, angefangen von *Australopithecus* (*afarensis*) bis zum *Homo sapiens* dokumentiert (COPPENS 1980; HOWELL 1978). Als Ergebnis dieser überaus erfolgreichen Expeditionen sind wir heute mit einem kaum mehr überschaubaren Material bearbeiteter oder noch nicht bearbeiteter, beschriebener oder noch nicht publizierter, taxonomisch bestimmter oder unbestimmter Fossilien konfrontiert. Immerhin läßt sich, wenn auch kein endgültiges, so doch in vieler Hinsicht ein neues und vertieftes Bild der Evolution der Hominiden in Afrika entwerfen. Der große Grabenbruch in Ostafrika wurde zu einer wahren Fundgrube für plio-pleistozäne Hominide. Begonnen hat das alles übrigens vor zwanzig Jahren, als MARY LEAKEY im Juli 1959 in der Olduvai-Schlucht einen fossilisierten Schädel entdeckte, dem LOUIS LEAKEY den Namen *Zinjanthropus boisei* gab, in der Annahme, es handle sich um den von ihm seit dreißig Jahren gesuchten „Ostafrikamenschen".

Sieht man von den sehr fragmentarischen Funden aus der Ngorora-Formation westlich des Baringosees, von Lukeino und von Lothagam südwestlich des Rudolfsees (heute Turkanasee) aus dem oberen Miozän ab, – die belegen, daß schon zu diesem Zeitpunkt Hominide in Ostafrika gelebt haben –, so sind es Fossilien und Lebensspuren von Laetolil in Tansania und von Hadar im Afar-Dreieck in Äthiopien aus dem Pliozän, die uns erlauben, ein Bild dieser drei bis vier Millionen Jahre alten Hominiden zu entwerfen[2]. Sie wurden 1978 von D. C. JOHANSON et al. unter dem Namen *Australopithecus afarensis* beschrieben.

Australopithecus afarensis

Der wohl bemerkenswerteste Fund ist ein recht vollständiges, auf den ersten Blick schimpansenähnliches Skelett, unter dem Namen „Lucy" be-

---

[2] Hierher gehören wohl auch die Zähne und Kiefer von *Australopithecus* sp. aus der Usno-Formation und den Schichten A und B der Shungura-Formation von Omo. (COPPENS 1980)

kannt (Abb. 2), mit einer Körperhöhe von wenig mehr als 100 cm. Beckengürtel mit Oberschenkel beweisen aber eindeutig eine „menschliche", d.h. aufrecht bipede Fortbewegungsweise. Bestätigt wird diese Aussage durch ca. 4 Millionen Jahre alte Fußspuren von Zweibeinern in Tuffschichten von Laetolil (LEAKEY u. HAY 1979; DAY u. WICKENS 1980). Nach den Abdrücken zu schließen, war der Fuß kurz und vorne breit wie bei menschlichen Föten (SCHULTZ 1950). Auch ein deutlicher Interdigitalraum zwischen der 1. und 2. Zehe erinnert an einen Greiffuß, und das erhaltene

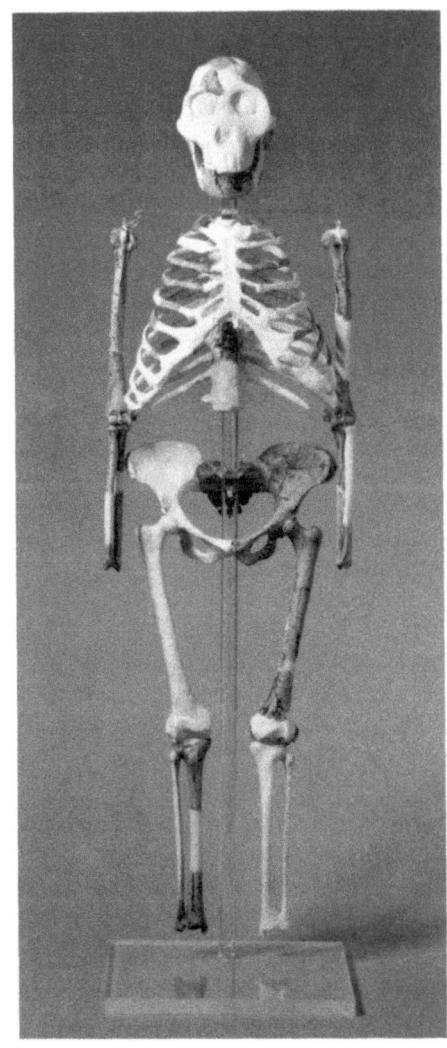

Abb. 2. Skelett eines *Australopithecus afarensis*, Lucy genannt, mit einem Alter von mehr als 3 Millionen Jahren. (Rekonstruktion von Herrn Dr. P. SCHMID, Anthropologisches Institut und Museum der Universität Zürich)

Sprungbein (Talus) ist von dem der Schimpansen kaum zu unterscheiden. Außerdem sind die Beine relativ kurz und sie lassen darin Proportionsverhältnisse erkennen, wie sie beim Menschen zur Zeit der Geburt vorliegen; denn die für den Menschen charakteristische große Länge der Beine, die den aufrechten Gang erst ökonomisch und effizient gestaltet, entwickelt sich beim heutigen Menschen erst postnatal (SCHULTZ 1956) und im Verlauf der menschlichen Stammesgeschichte offenbar erst bei zeitlich späteren Vertretern.

Zusammen mit diesem generalisiert hominiden Lokomotionsapparat, der offenbar auch noch ein Leben in den Bäumen (Flucht, Nestbau, Schlafen) ermöglichte, findet man einen Kauapparat, der an *Ramapithecus* erinnert. Die Kiefer sind schwer, die Jochbogenpfeiler sind vorgeschoben, bei männlichen Individuen ist die Prognathie und der sektoriale Charakter des Vordergebisses ausgeprägter als bei weiblichen: Im Oberkiefer findet sich ein Diastema (Affenlücke), die Eckzähne haben einen relativ hohen Spitzenteil mit einer Schlifffacette zum vorderen unteren Prämolaren. Dieser ist wie bei den Menschenaffen dominierend einspitzig, mit vorderer Schmelzausbuchtung und mit seiner Längsachse schräg im Zahnbogen orientiert (Abb. 3). Die Schneidezähne stehen vertikal, das Vordergebiß ist im Ver-

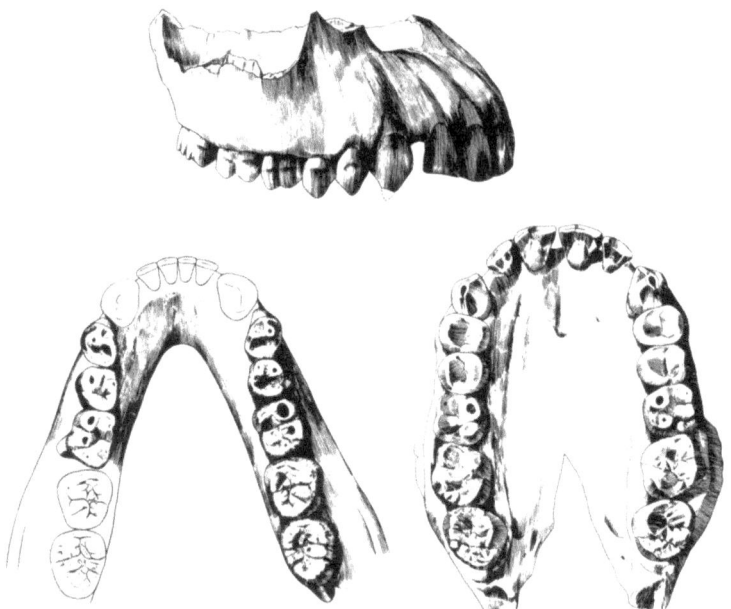

Abb. 3. Gebiß von *Australopithecus afarensis* (*oben* Oberkiefer Ansicht schräg von vorne links; *links* Unterkiefer; *rechts* Oberkiefer)

Abb. 4. Hinterhauptfragment des *Australopithecus afarensis*

hältnis zu den Backenzähnen groß, d.h. das Gebiß ist im Gegensatz zu späteren Australopithecinen „harmonisch" (s. Abb. 8). Die Backenzähne ihrerseits sind, gemessen an der Körpergröße, megadont und tragen einen dicken Schmelzbelag.

Vollständige Hirnschädel sind bisher nicht bekannt, aber ein Hinterhaupt mit breiter Schädelbasis (AL 333-45; JOHANSON 1980), mit nach oben konvergierenden Scheitelbeinen (Abb. 4), den konfluierenden Occipital- und Temporallinien läßt auf eine geringe Größe und Entfaltung des Gehirns schließen. Diese Aussage wird durch die Ausbildung der Kiefergelenksregion erhärtet. Während für den Menschen, entsprechend einer starken Schädelbasisknickung durch die steil gestellte Wand des Gehörganges das Kiefergelenk „tief" erscheint (BIEGERT 1956), ist das Kiefergelenk erwachsener Menschenaffen demgegenüber „flach", entsprechend einer geringen Knickung der Schädelbasis. Genau diese fehlende Tiefe ist aber auch bei *A. afarensis* bemerkenswert, und wie bei den Pongiden liegt das Kiefergelenk nicht unter dem Hirnraum, sondern seitlich davon. Es ist der recht große Warzenfortsatz (Proc. mastoideus) der den hominiden Status des Fossils erhärtet.

Am Gesichtsschädel (AL 333-1; JOHANSON 1980) fällt die flächenhafte, breite, hohe und vorgeschobene Wangenregion, kombiniert mit markanten Eckzahnpfeilern und einer pongid gestalteten unteren Nasenöffnung auf, wie man sie ähnlicherweise vom miozänen *Sivapithecus meteai* (ANDREWS u. TEKKAYA 1980) und von späteren Australopithecinen kennt. Auch der juvenile Schädel (AL 333-105) gleicht dem des Kindes von Taung in Südafrika (Typusexemplar des *A. africanus*). Mehrere Ober- und Unterkiefer, wie auch zwei kniegelenksnahe Oberschenkel (JOHANSON u. WHITE 1979) zeigen deutliche Größenunterschiede bei identischer Morphologie. Es ist naheliegend, sie im Sinne eines bemerkenswerten Geschlechtsdimorphismus zu deuten.

Insgesamt zeigen die Funde von Afar und Laetolil viele Übereinstimmungen mit *A. africanus* (Becken, Oberschenkel, Schädel), aber auch Primitivmerkmale im Bereich des Gebisses und des Fußes, die zu mittelmiozänen Menschenaffen vermitteln. Aus den geographischen Gegebenheiten und der Begleitfauna ist ein Biotopwechsel vom tropischen Regenwald zu offenem, mosaikartigem Habitat mit Bäumen und Büschen anzunehmen.

Australopithecus africanus

Chronologisch folgt auf *A. afarensis* in Afrika *Australopithecus africanus* (nach Omo, Sterkfontein und Makapansgat ca. 3–2 Millionen Jahre alt) aus dem oberen Pliozän[3]. Der Beckengürtel zeigt die generell gleichen morphologischen Adaptationen für den aufrechten Gang wie *A. afarensis*, nämlich relativ große Gelenke zwischen Sacrum und Ilium und zwischen dem Hüftbein und dem Oberschenkel. Das Darmbein ist niedrig und breit ausladend mit einer tiefen Incisura ischiadica major als Ausdruck der Verlagerung des Glutaeus maximus hinter die quere Hüftgelenksachse (BIEGERT 1973). Außerdem ist die Lendenwirbelsäule wie beim Menschen lordotisch gekrümmt und gegenüber dem kurzen und breiten Kreuzbein unter Bildung eines Promontoriums aufgerichtet (ROBINSON 1972). Auch die Ausbildung des Kniegelenkes (Condylen-Schaftwinkel, elliptische Form der Condylen und die Gestaltung der Patellargrube) bestätigen die bipede Lokomotion mit adduzierten Knien unter dem Rumpf.

Im Verhältnis zum Körpergewicht (ca. 20–40 kg, Mittel 30 kg) ist das Gehirn größer (Mittel 440 cm^3) als bei den Menschenaffen, und diese Vergrößerung betrifft auch ganz bestimmte Areale, wie die Frontal- und Parietallappen und das Cerebellum (HOLLOWAY 1975). Es besteht eine deutliche Vorkiefrigkeit (Prognathie), aber die postorbitale Einschnürung und das knöcherne Überaugendach sind ungleich weniger als bei den Menschenaffen ausgeprägt. Auch findet man eine Stirnbildung und eine stärkere Schädelbasisknickung: Kopfgelenk und Hinterhauptsloch liegen vorverlagert. Das Hinterhaupt ist ausgerundet und das Feld für die Nackenmuskulatur viel kleiner und der Horizontalen angenähert (Abb. 5). Im Bereich des Gesichtsschädels ist die Wangenregion flächenhaft und vorgeschoben, die Jochbogen sind gehenkelt und massiv. Von vorne gesehen divergieren die Nasalia nach unten, der Boden der knöchernen Nasenöffnung ist ohne vortretende Spina nasalis, und der subnasale Bereich zwischen den Caninuspfeilern ist flach und prognath. Durch die vertikal gestellten Unterkie-

---

3 Die Grenze zwischen Miozän und Pliozän wird heute aufgrund biostratigraphischer Überlegungen bei 5 Millionen Jahren, diejenige zwischen Pliozän und Pleistozän bei 2 Millionen Jahren angesetzt

Neue Aspekte der Hominidenevolution

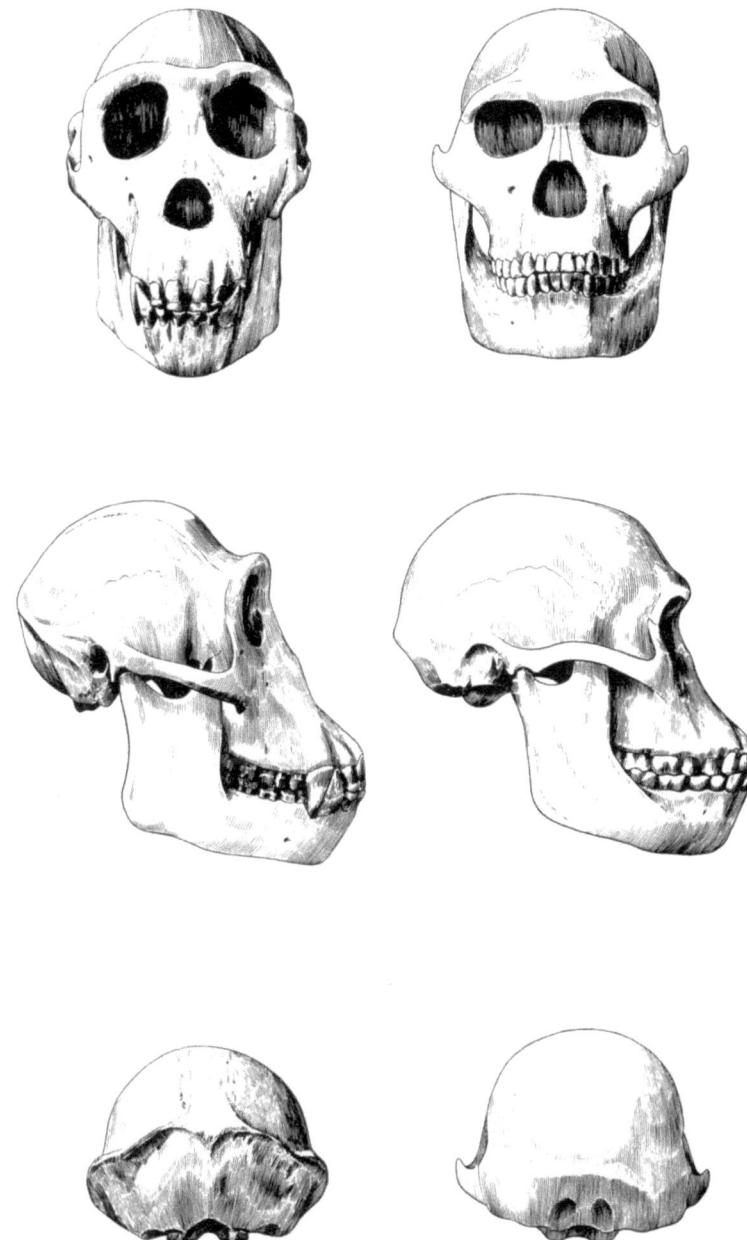

Abb. 5. Schädel von *Australopithecus africanus* (*rechts*) verglichen mit dem eines Schimpansen

feräste erscheint das Untergesicht breit und schwer. Die Unterkiefersymphyse ist vorne fliehend, hinten mit Torus superior und inferior versehen. Wo vergleichbare Fundstücke vorliegen (s. o.), bestehen Ähnlichkeiten mit *A. afarensis*[4].

Das Gebiß ist mit dem geschlossenen parabolischen Zahnbogen im Oberkiefer „menschlicher". Kennzeichnend ist die Rückbildung des sektorialen Vordergebisses. Die oberen Eckzähne haben meistens einen niedrigen Spitzenteil, die unteren sind asymmetrisch, die vorderen Prämolaren sind markant bicuspid mit hohem Innenhöcker. Im Milchgebiß des Unterkiefers zeigt sich das hominide Gepräge im spatelförmigen Eckzahn und den vorderen Milchmolaren mit vielen gleich hohen Höckern. Gegenüber *A. afarensis*, *Homo erectus* und *H. sapiens* liegen die Höcker des Trigonid und Talonid lingo-buccal weiter auseinander. Hierin, wie auch in der Verbreiterung der unteren Prämolaren ist das Gebiß von *A. africanus* „ultrahominid", d. h. spezialisiert, wenn auch nicht in dem Ausmaß, wie wir das bei *A. robustus/boisei* kennen.

Männliche Schädel von *A. africanus* sind größer, mit massiveren Kiefern und oberen Eckzähnen mit einem höheren Spitzenteil, wie man das auch bei *A. afarensis* kennt. Ein deutlicher Geschlechtsdimorphismus des Schädels und des Gebisses und der Körpergröße bei *A. africanus* erscheint sicher.

Australopithecus robustus

A. robustus/boisei (nach radiometrischen Datierungen aus Ostafrika eine Zeitspanne von 2,2 bis ca. 1 Millionen Jahre umfassend), ist mit einem Körpergewicht von ca. 35 bis 55 kg wesentlich größer als *A. africanus*. Der Rumpf ist – aus der Iliumbreite zu schließen (BIEGERT u. MAURER 1972) – gorillaähnlich verbreitert. Auch nach Schädelbau, Kauapparat und Gebiß haben wir es mit einer Extremform zu tun, die sich aus dem früheren *A. africanus* heraus entwickelt hat.

Viele Merkmale des Schädels und des Gebisses hängen mit der Körpergrößensteigerung zusammen, d. h. sie sind allometrisch bedingt (PILBEAM u. GOULD 1974); so etwa das etwas größere Gehirn (Maximalwerte ca. 530 cm³), der ungleich größere Kauapparat, der Sagittalkamm, der massivere Torus supraorbitalis, die horizontal fliehende Stirn, die kräftigen und stärker gehenkelten Jochbogen und die massiven Unterkiefer mit hohem Unterkieferast im männlichen Geschlecht.

---

4 TOBIAS (1980) betrachtet daher auch die Laetolil- und Afar-Hominiden als Unterarten der Chronospezies *A. africanus*

Neue Aspekte der Hominidenevolution 11

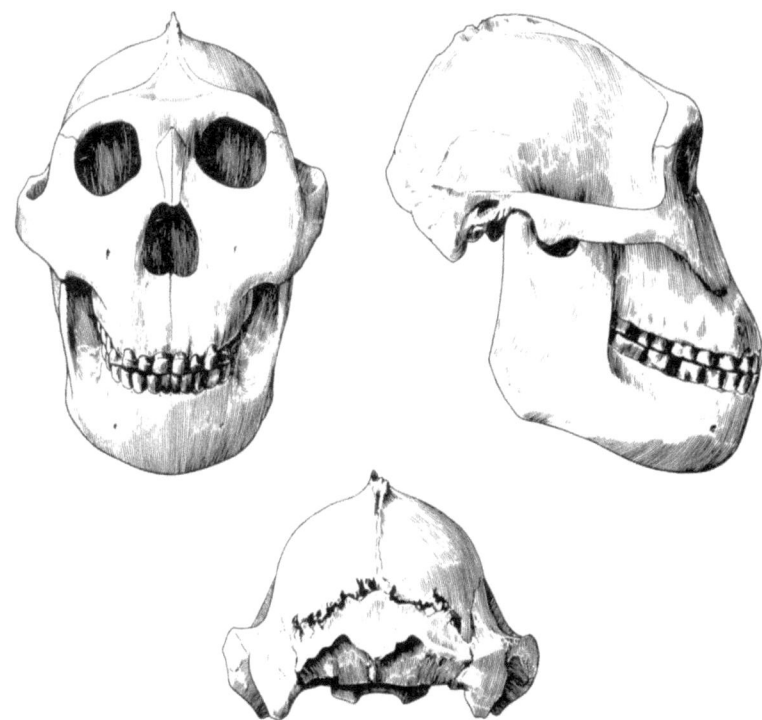

Abb. 6. Schädel eines männlichen *Australopithecus robustus*

Ganz im Gegensatz zu den Menschenaffen, und auch verschieden von *A. africanus*, ist das Gesicht steil und wie man bei Seitenansicht erkennt, fehlt jegliche Staffelung in die Tiefe. Die Nasenbeine stehen nicht vor, die Alveolarprognathie ist gering und die vorderen Jochbogenpfeiler sind bis in den Prämolarenbereich vorgeschoben (s. Abb. 6). Von vorn gesehen ist das Mittelgesicht flächenhaft, hoch und breit. Dasselbe gilt für das Untergesicht durch die weit außen liegenden, vertikal stehenden und hohen Unterkieferäste. Als Besonderheit unter den Hominiden liegt die Naso-Frontalnaht hoch auf der Glabella und die Nasalia verjüngen sich nach unten. Die weiblichen Schädel (s. Abb. 7) sind vor allem im Bereich des Gesichtsschädels kleiner, und es fehlt der Sagittalkamm auf dem Hirnschädel; Kaufunktion und Gebißproportionen sind die gleichen.

Bei *A. robustus/boisei* sind die Schneide- und Eckzähne im Ober- und Unterkiefer klein; letztere sind im Oberkiefer ausgesprochen spatelförmig und in die Schneidekante der Incisivi einbezogen (WALLACE 1978). Sie alle stehen annähernd frontal ausgerichtet. Zusammen mit den Backenzähnen

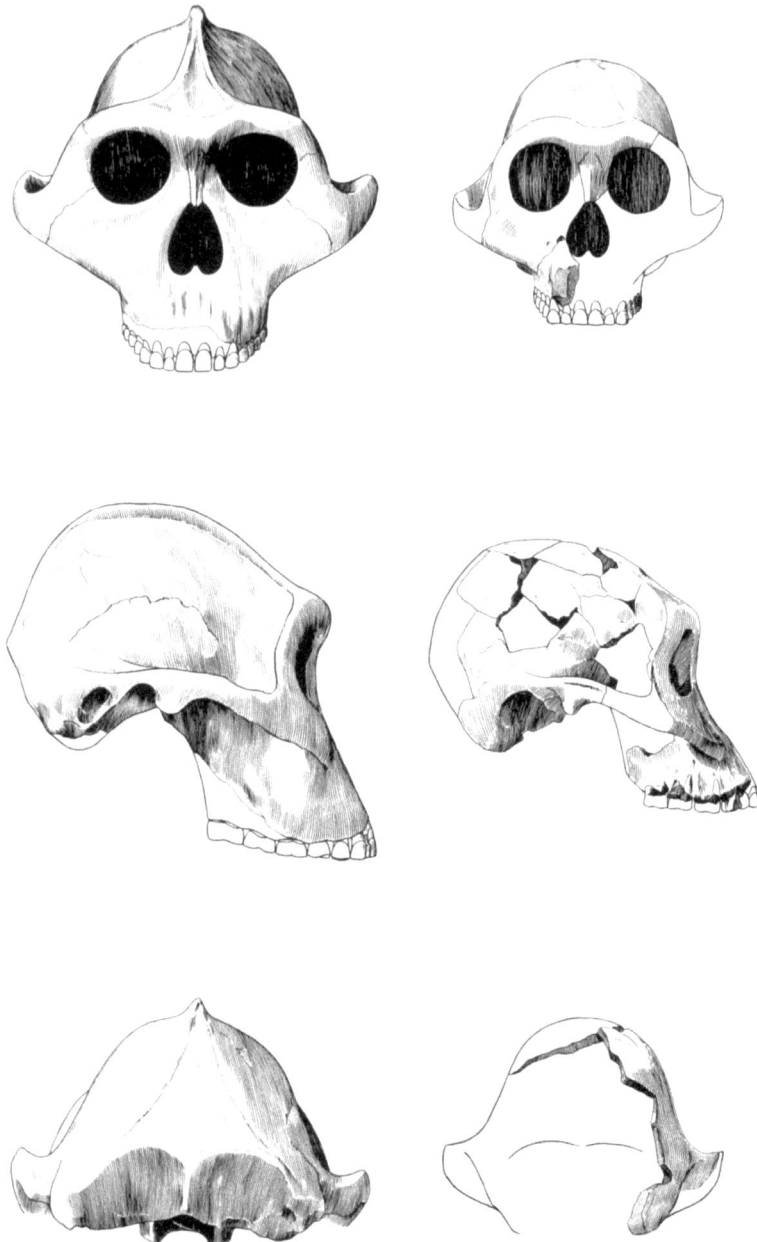

Abb. 7. Schädel eines männlichen (*links*) und eines weiblichen (*rechts*) *Australopithecus robustus* (sive *boisei*)

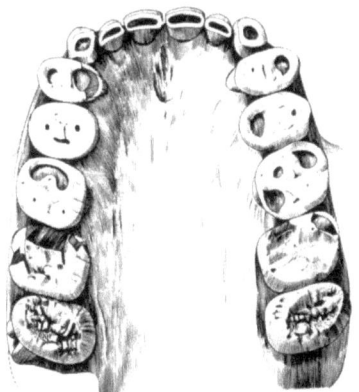 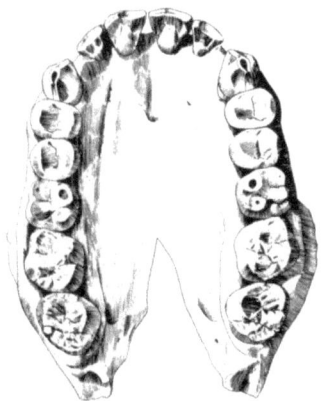

Abb. 8. Oberkiefergebisse von *Australopithecus afarensis* (*rechts*) und *Australopithecus robustus* (*links*)

ergibt sich daraus ein fast rechteckiger Zahnbogen im Oberkiefer ohne jegliche Affenlücke. Die Prämolaren sind in extremer Weise molarisiert und stark verbreitert, wie dies auch für die Molaren gilt. Das ergibt eine enorme Vergrößerung der Occlusionsfläche der Backenzähne zum transversalen Kauen (Abb. 8). Dementsprechend ist der Unterkieferkörper von eindrücklicher Robustizität. Er ist vor allem extrem verbreitert. Der Unterkieferast ist sehr hoch und rechtwinklig zum Unterkieferkörper aufgerichtet. Er trägt einen breiten Gelenkkopf, entsprechend einem breiten Kiefergelenk, das lateral vom Hirnraum im Bereich einer stark pneumatisierten Schläfenschuppe der Schädelbasis liegt. Die Unterkiefersymphyse ist mit dem kleinen Vordergebiß vorne steiler als bei *A. africanus*.

Mächtige Kaumuskeln mit vertikal gerichteten Muskelfasern des Temporalis und eine flächenhafte Masseter-Pterygoideus-Schlinge vervollständigen dieses Bild. Transversale, mahlende Kaubewegungen mit hohem Kaudruck zum Zerreiben vorwiegend zellulosehaltiger, vegetarischer Nahrung stehen offenbar im Vordergrund. Bei *A. africanus* eher angedeutet, wird dieses funktionelle Prinzip bei *A. robustus/boisei* entsprechend der Körpergrößensteigerung in extremer Weise verwirklicht. Diese nahrungs- und körpergrößenbedingte Spezialisation, d.h. der Verlust der Plastizität mag auch der Grund dafür sein, daß *A. robustus* vor ca. einer Million Jahre ausgestorben ist. Er hat in Ostafrika und in Südafrika in größeren Populationen zuletzt gleichzeitig mit Vertretern von *Homo* gelebt, das zeigen Funde von Swartkrans in Südafrika, Olduvai und Lake Natron in Tansania, wie solche vom Ostufer des Turkanasees und Chesowanja in Kenia sowie Omo in Äthiopien.

A. afarensis, A. africanus und *A. robustus* sind zeitlich aufeinanderfolgende Chronospezies. Sie repräsentieren ein Fortpflanzungskontinuum, das sich über mehr als drei Millionen Jahre erstreckt. Dabei ist *A. afarensis* die generalisierte Phase, *A. africanus* intermediär und *A. robustus* die spezialisierte Endphase, die mit der menschlichen Stammesgeschichte nichts zu tun hat. Die Herleitung von *A. afarensis* vom miozänen *Ramapithecus* in Afrika erscheint möglich, wobei allerdings die älteren Vertreter wahrscheinlich aus Asien stammen (ANDREWS u. TOBIEN 1977).

In Südafrika (Sterkfontein, Swartkrans) hat man in Karsthöhlen bzw. -fissuren zusammen mit fossilisierten Knochen von Säugetieren, vorwiegend Huftieren, auch Steinwerkzeuge gefunden. Die früher geäußerte Meinung, diese Steinwerkzeuge seien von *Australopithecus* angefertigt worden und diese seien die Jäger der Huftiere gewesen, ist wohl falsch, denn man hat in Sterkfontein und Swartkrans zusammen mit den Steinwerkzeugen (ähnlich dem Oldowan von Olduvai) Vertreter von *Homo* gefunden. In Swartkrans ist es der fragmentarische Schädel SK 847 (CLARKE et al. 1970); in Sterkfontein der Schädel Stw 53 aus der Schicht 5 (HUGHES u. TOBIAS 1977) mit einem Alter von 1,5–1,2 Millionen Jahren. Die *A. africanus*-Funde sind hier aus der älteren Schicht 4 – ohne Werkzeuge – mit einem Alter von ca. 2,5 Millionen Jahren (TOBIAS 1978).

Australopithecus hat auch nicht in diesen Höhlen gelebt, sondern seine körperlichen Reste sind wie die der Säugetiere zusammen mit Sand und Erde von Zeit zu Zeit durch Schächte in die Karsthöhlen oder Fissuren hineingeschwemmt worden. Dort wurden sie in aufeinanderfolgenden Schichten abgelagert und durch kalkhaltiges Wasser zu einer sog. Breccie verbunden, wobei solche Schichten ganze Populationen von *A. africanus* (Sterkfontein) bzw. *A. robustus* (Swartkrans) aller Altersstufen (MANN 1975) enthalten. Für Swartkrans konnte BRAIN (1970, 1975) zeigen, daß Raubtiere, vor allem Leoparden für die Knochenansammlungen verantwortlich sind.

Diese Befunde schließen aber nicht aus, daß *Australopithecus* Werkzeuge benutzte und solche aus Holz und anderen Materialien hergestellt hat, die jedoch nicht – wie solche aus Stein – erhalten geblieben sind. Wenn *A. robustus/boisei* ein spezialisierter Vegetarier war, so nehmen wir für frühere Australopithecinen eine omnivore Ernährungsweise an. Ihr Lebensraum waren baumbestandene Savannen. Dieses Habitat war ideal für Omnivore, d.h. Allesfresser. Wohl bildete das Sammeln von Früchten, Beeren, Wurzeln, Insekten und anderem Kleingetier die Grundlage ihrer Ernährung – wie etwa bei heutigen Wildbeutern (Buschmännern) in Afrika –, weil es sich hier um eine stabile, von den Zufällen der Jagd unabhängige Ernährungsbasis handelt. Das aber schließt nicht aus, daß sie gegebenenfalls auch jagten, zumal sie durch ihre zweibeinige Lokomotion – das Schlüsselmerkmal der Hominiden – auch bei der Fortbewegung beide Hände frei hatten für neue Funktionen, wie etwa das Tragen von Säuglingen und Kleinkindern, von Naturalien und Wild, sowie von Waffen für Angriff und Verteidigung. Eine solche Hypothese wird gestützt durch die Tatsache, daß sie kleine Eckzähne besitzen und der auf *Australopithecus* in Afrika folgende *Homo habilis* Jäger war, der u.a. auch Steinwerkzeuge hergestellt hat (s.u.). In diesem Sinne handelt es sich offensichtlich mehr um quantitative als um qualitative Unterschiede in der Lebensweise dieser Hominiden.

Homo habilis

In Afrika hat man nämlich seit den 60er Jahren auch Hominide gefunden, die zeitlich auf *A. africanus* folgen und gleichzeitig neben *A. robustus/ boisei* vorkommen. Sie wurden 1964 von LEAKEY et al. mit dem Namen *Homo habilis* belegt.

Waren die ersten Funde dieses Taxon aus Bed I/II der Olduvaischlucht noch umstritten (zwei Unterkiefer mit „harmonischem" Gebiß, OH 7, 13; zwei fragmentarische Schädel mit Gehirnvolumina von 650 bzw. 590 cm³, OH 13, 24; eine Hand mit kräftigem Daumen, OH 7; ferner ein Unterschenkel mit Fuß, OH 8; Bezeichnungen nach DAY 1977), weil man geneigt war, sie zu den bereits bekannten Taxa *Australopithecus africanus* bzw. *Homo erectus* zu stellen (BIEGERT 1973; LE GROS CLARK 1964; PILBEAM 1972; ROBINSON 1965, WASHBURN 1968), so gelang ein erster Durchbruch in den 70er Jahren in Koobi Fora und Illeret am Ostufer des Turkanasees durch R. F. LEAKEY u. G. ISAAC, wo über ein Gebiet von über 1000 km² Hunderte von Hominiden in plio-pleistozänen Schichten gelagert sind (LEAKEY u. LEAKEY 1978).

1972 wurde dort im Lower Member der Koobi Fora-Formation der nach seiner Rekonstruktion „modern" anmutende Schädel ER (=East Rudolf) 1470 gefunden (LEAKEY 1973), dessen Alter knapp unterhalb des KBS-Tuffs mit 1,8 Millionen Jahren heute gut abgesichert erscheint (HAY 1980).

Der Hirnschädel (DAY et al. 1975) mit *nicht* verdickten Schädeldachknochen, einem nur wenig ausgebildeten knöchernen Überaugendach, mit geringer postorbitaler Einschnürung und deutlicher Stirnbildung, mit ausgerundetem Hinterhaupt ohne markanten Torus occipitalis ist kein *Homo erectus,* sondern erinnert auch mit seiner „glockenähnlichen" Hinterhauptansicht an Verhältnisse wie bei *A. africanus,* allerdings mit dem Unterschied, daß der Hirnschädel viel größer ist und die Schädelkapazität 775 cm³ beträgt (Abb. 9).

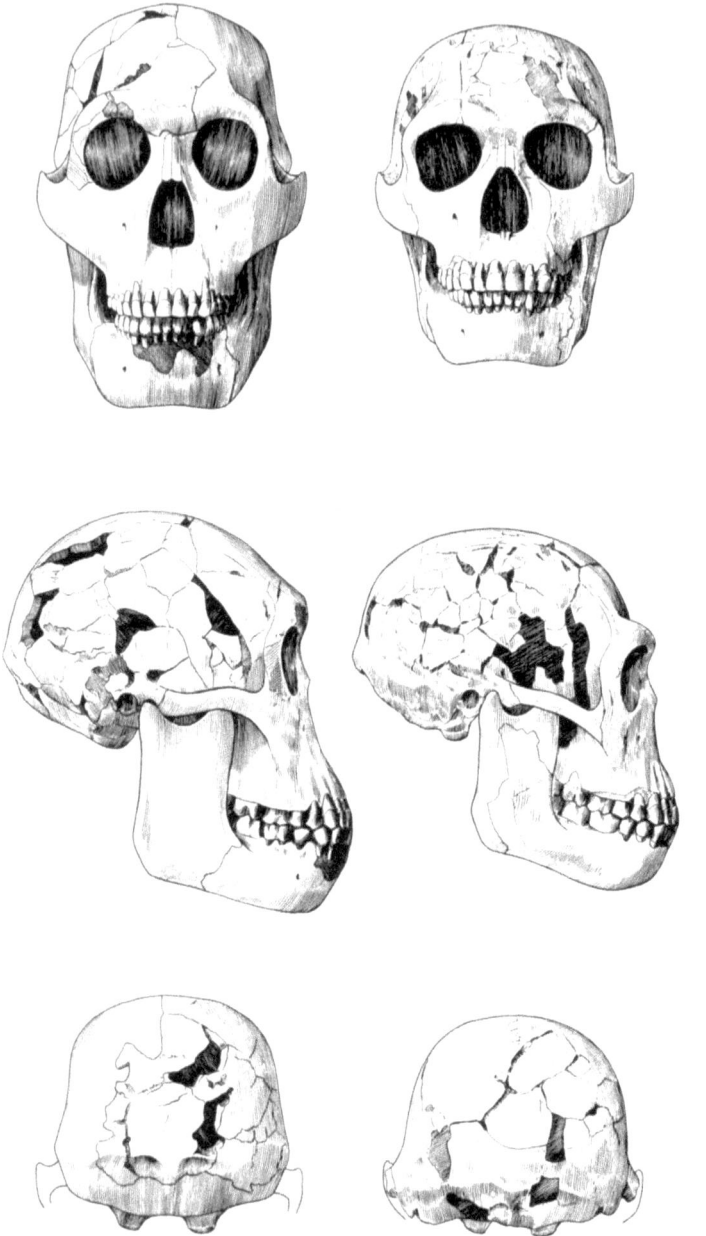

Abb. 9. Schädel eines männlichen (*links*) und eines weiblichen (*rechts*) *Homo habilis*

Vom Schädel ER 1813 (DAY et al. 1976) ist auch das Splanchnocranium mit den Zähnen erhalten. Mit 530 cm³ ist der Hirnschädel kleiner[5], aber aus den Merkmalen – stärkere Schädelbasisknickung mit zentraler Lage des Kopfgelenkes und nach unten gerichtetem Foramen magnum, mit ausgerundetem Occipitale (Seitenansicht) und dem der Horizontalen angenäherten Nackenmuskelfeld, mit deutlicher Stirne – erkennt man eine gegenüber *A. africanus* verstärkte Entfaltung des Frontal-, Temporal- und Parietallappens, d. h. eine offenbar „menschlichere" Umstrukturierung des Gehirns (Abb. 9).

Das Gesicht ist gegenüber *A. africanus* weniger prognath und stärker in die Tiefe gestaffelt. Die Nasalia treten vor, die seitlichen Ränder der Nasenöffnung sind evertiert, der Boden ist vorne abgegrenzt mit angedeuteter Spina nasalis, der Jochbogenpfeiler ist zurückversetzt und graziler. Der Zahnbogen ist parabolisch und die Schneidezähne stehen gegenüber den Eckzähnen vor. Vorder- und Backenzahngebiß sind ausgeglichen.

Es handelt sich zweifellos um den Schädel eines weiblichen Individuums, zu dem der Unterkiefer OH 13 mit harmonischem Gebiß und kleinen Canini ausgezeichnet paßt. Auch die Schädel von OH 13 und OH 24 aus Olduvai mit Gehirnvolumina von 650 bzw. 590 cm³ dürften weiblichen Geschlechtes sein.

Der Gesichtsschädel des ER 1470 (s. o.) ist verdrückt und nur über das Nasenskelett und den äußeren Rand der linken Orbita mit dem Hirnschädel verbunden (WALKER u. LEAKEY 1978). Immerhin besteht kein Zweifel, daß es sich um ein sehr hohes Gesicht handelt, das in seiner Flächenhaftigkeit an *Australopithecus* erinnert. Die Maxilla ist schwer, aber der Zahnbogen ist parabolisch, Backenzahn- und Vordergebiß (ersichtlich aus den Alveolen) sind nicht spezialisiert, sondern wie bei *Homo* ausgeglichen. Es handelt sich um einen männlichen Schädel, zu dem der mächtige Unterkiefer ER 1802 recht gut paßt (Abb. 9). Der Unterkieferkörper ist breit und hoch (er erreicht beinahe die Größe des *Meganthropus palaeojavanicus* aus Java, s. u.); im Bereich der Symphyse sind Torus superior und inferior reduziert und der Zahnbogen ist, wie bei OH 13, nicht mehr V-, sondern U-förmig. Das Gebiß ist harmonisch, die Backenzähne sind nicht verbreitert[6].

Der Unterschied in der Größe des Gehirns und des Kauapparates dieser Schädel hat zunächst die Meinung aufkommen lassen, daß im unteren

---

5 ER 1813 gehört offenbar zu einem besonders kleinen weiblichen Individuum. OH 24 ist größer und würde dem „normalen" Geschlechtsdimorphismus besser entsprechen, ist aber verdrückt und für eine Abbildung so nicht geeignet

6 Eine ausführliche Dokumentation aller afrikanischen Hominiden und deren Diagnose findet der Leser bei HOWELL (1978), einem der führenden Kenner der Paläoanthropologie

Pleistozän in Ostafrika drei Hominidentaxa sympatrisch gelebt haben, nämlich *Australopithecus robustus,* sowie eine "small-brained" und eine "large-brained" Art der Gattung *Homo* (LEAKEY 1976), während TOBIAS (1975, 1978) in der kleinhirnigen Form einen ostafrikanischen Vertreter von *Australopithecus africanus* sieht. Daraus wurde gefolgert, daß dies der Ausdruck einer adaptiven Hominidenradiation mit entsprechenden ökologischen Anpassungen an verschiedene Mikro-Habitate, mit schnellen evolutiven Veränderungen, mit lokaler Speziation i.S. der Kladogenese sei (ISAAC 1978; TOBIAS 1980).

Diese Ansicht entspricht modernen Evolutionsvorstellungen (PILBEAM 1975), ist aber sicher nicht die einzig mögliche Interpretation der Fundsituation. Vor allem haben wir immer intraspezifische Variabilität und Geschlechtsdimorphismus im Auge zu behalten (SCHULTZ 1963). Sexualdimorphismus ist, von Ausnahmen abgesehen, für rezente catarrhine Primaten charakteristisch. Im Rahmen der Hominiden ist der Geschlechtsdimorphismus in Gehirn-, Kiefer- und Körpergröße bei *Australopithecus afarensis* (JOHANSON u. WHITE 1979), *A. africanus* und *A. robustus* aus Südafrika (ROBINSON 1956; TOBIAS 1980; WOLPOFF 1976), *A. boisei* von Ostafrika (WALKER u. LEAKEY 1978) glaubhaft nachgewiesen (s. Abb. 7). Dies gilt auch für den *Homo erectus* (WEIDENREICH 1936–1943) und für archaische Vertreter des *Homo sapiens* (s.u.).

Unter diesen Umständen erscheint die Interpretation gerechtfertigt, daß der Schädel ER 1470 und der Unterkiefer ER 1802 zu einem männlichen, der Schädel ER 1813 und der Unterkiefer OH 13 zu einem weiblichen Individuum des *H. habilis* gehören.

Das Körpergewicht des *H. habilis* ist größer als bei *A. africanus;* der Geschlechtsdimorphismus ist sehr ausgeprägt. Becken, Beine (Abb. 10) und Füße (ER 3228, ER 1481, OH 8) zeigen Konstruktionsprinzipien des aufrechten Ganges wie beim heutigen Menschen, der es ermöglicht, auch größere Distanzen auf ökonomische Weise zurückzulegen. Die Hände haben einen kräftigen Daumen (OH 7), der sowohl zu feiner Manipulation wie auch zum Tragen schwererer Lasten (Kinder, Naturalien, Geräte, Waffen, etc.) geeignet ist.

Homo habilis folgt in Afrika auf *Australopithecus (afarensis, africanus).* Die frühesten Vertreter sind ca. zwei Millionen Jahre alt. Man kennt sie aus Olduvai, Koobi Fora und Omo in Ostafrika und aus Südafrika von Sterkfontein (Stw 53) und Swartkrans (SK 847).

In der Olduvaischlucht, aber auch um den Turkanasee, in Sterkfontein und Swartkrans hat man zusammen mit diesen Hominiden Steinwerkzeuge des Oldowan, das sind einfache Geröllgeräte mit nur einer scharfen Kante, gefunden. Solche Geräte und ihre Abschläge sind geeignet zum Aufbrechen, Abhäuten und Zerlegen von Wild, zum Herrichten anderer

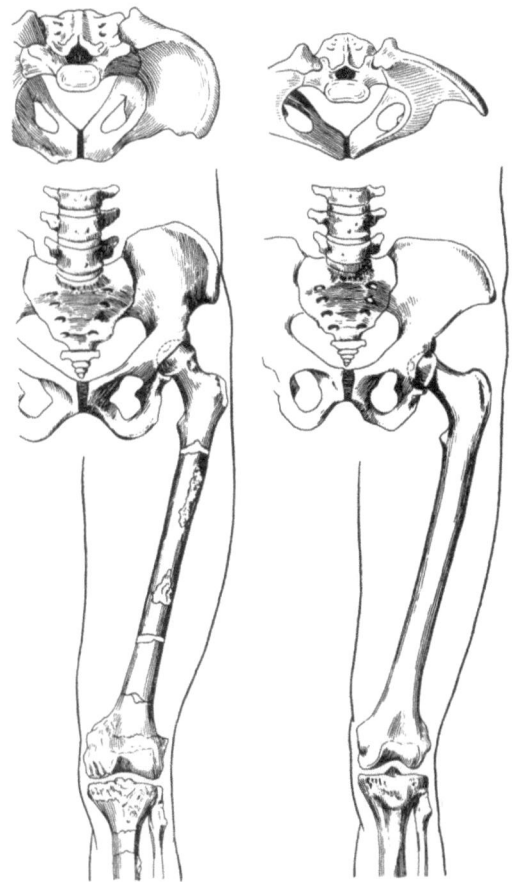

Abb. 10. Beckengürtel von *Homo habilis (links)* und *Australopithecus robustus (rechts)*

Geräte aus weicherem Material, etwa Grabstöcke und Schlagstöcke aus Holz, und zum Herstellen von Behältern, die zum Tragen von Wasser, zum Sammeln von Wurzeln, Beeren, Früchten und Kleingetier dienen können; kurzum ein Geräteinventar, wie man es, natürlich ungleich perfektionierter, bei heutigen Wildbeutern, z. B. den Buschleuten findet (TOBIAS 1978). Außerdem beschreibt LEAKEY (1978) für Olduvai sogenannte "butchering sites", "living sites" mit Ansammlungen von zerschlagenen Knochen und Werkzeugen, die auf eine längere Inbesitznahme schließen lassen. In Bed I sind 18, in Bed II gar 63 solcher "sites" dokumentiert. Dasselbe berichtet ISAAC (1976) für Koobi Fora.

Erwiesen ist ferner, daß damals vor 1,8 Millionen Jahren um einen See und seine Zuflüsse am westlichen Fuß eines Hochlandes mit aktiven Vulkanen eine artenreiche Wirbeltierfauna mit Elefanten, Huftieren, Raubtieren, Pavianen, um nur einige zu nennen, in einer üppigen Vegetation lebte. Zu dieser Fauna gehören aber auch der *Australopithecus robustus* als spezialisierter Vegetarier, und frühe Vertreter des *Homo*, die nicht nur Nahrung gesammelt, sondern auch gejagt haben. Das schließt nicht aus, daß sie im gleichen Gebiet verschiedene Standorte besetzten, wobei die biologisch und materiell höher entwickelte Art *Homo habilis* weniger standortgebunden war als *A. robustus*[7]. Ist für die Linie zum robusten *Australopithecus* ein Übergang von Omnivorie zu Herbivorie, eine beträchtliche Steigerung der Körpergröße mit entsprechender Molarisierung und Vergrößerung der Backenzähne und des Kauapparates bei gleichzeitig klein bleibendem Gehirn und das Fehlen von Zeugnissen materieller Kultur charakteristisch, so bleibt die Linie zum heutigen Menschen plastisch.

Charakteristisch für die Linie[8] zum Menschen ist der Trend zur Perfektion des zweibeinigen aufrechten Ganges mit der spezialisierten Verlängerung der Beine und anderen Veränderungen der muskulo-skeletären Verhältnisse (MCHENRY u. TEMERIN 1979; ZIHLMANN u. BRUNKER 1979); ist ferner der Trend zu einer körpergrößenunabhängigen Entfaltung des Neopallium und Neocerebellum, wobei diese Vergrößerung vor allem den Frontal-, Temporal- und Parietallappen betrifft, die u.a. für menschliches Verhalten, für begriffsbildende Sprache und Intellekt verantwortlich sind. Entsprechend dem vergrößerten Gehirn schon bei Neugeborenen ist der Beckendurchgang deutlich vergrößert (Abb. 10).

In diesem Zusammenhang sind folgende Feststellungen wichtig: Der größte Unterschied zwischen den Menschen und allen anderen Primaten besteht im Verhalten. Es ist ein ganzes Verhaltenspaket, das sich seit dem Pliozän entwickelte. Es sind dies: (1) *Arbeitsteilung* zwischen Männern und Frauen, indem die Männer z.B. jagen und die Familie schützen, während den Frauen das Sammeln von Nahrung, die Aufzucht der Kinder und die Sorge um die Kranken obliegt. (2) *Partnerbindung*, d.h. enge dauerhafte Beziehungen innerhalb der Geschlechter, sowie zwischen Mann und Frau; einhergehend mit dem Verlust der Körperbehaarung, der Ausbildung der sekundären Geschlechtsmerkmale und der Entwicklung eines spezifisch menschlichen Sexualverhaltens. (3) *Kooperation,* aktiv im Sinne eines Teamwork beim Jagen und Beschützen, passiv im Sinne eines Teilens der

---

[7] Gegenwärtig sind wir aber noch nicht in der Lage, die Ökologie von *A. robustus* gegenüber *H. habilis* differenzierter zu beschreiben (BEHRENSMEYER 1978; BUTZER 1977)

[8] Gemeint ist ein Fortpflanzungskontinuum mit jeweils mehreren gleichzeitig lebenden Populationen und Rassen

Nahrung mit anderen. (4) *Motivation* und *Drive* über längere Zeiträume hinweg im Sinne von Vorausplanen und zielstrebigem Handeln. Einzelne dieser Verhaltensstrukturen findet man rudimentär auch bei anderen Primaten (GOODALL 1976; VAN LAWICK-GOODALL 1975; TELEKI 1974); ausschließlich menschlich sind dagegen (5) der regelmäßige Gebrauch von Werkzeugen und die *Herstellung von Geräten* mit Hilfe von Werkzeugen, d. h. die Entwicklung materieller Kultur und (6) *sprachliche Mitteilung*, zunächst im einfachsten Sinne, nicht nur Gegenwärtiges, sondern auch Vergangenes und Zukünftiges zu erfassen (Denken in Symbolen) und gegenüber anderen Artgenossen durch sprachliches Benennen (Sprechen in Worten) zum Ausdruck zu bringen.

Dieses Verhaltenspaket hat anatomisch-physiologisch ein menschliches Gehirn (STARCK 1975) und einen menschlichen Sprechapparat zur Voraussetzung. Dies zeigt sich darin, daß das Gehirn des Menschen viermal so groß ist wie das der Menschenaffen von gleicher Körpergröße; daß es mehr und größere Gehirnzellen mit mehr Verschaltungen besitzt; daß neben einer Vergrößerung der primären senso-motorischen Regionen der Gehirnrinde auch die zugeordneten Assoziationsareale vergrößert sind. Die Assoziationsareale sind es, die das Verhalten integrieren. Besonders vergrößert ist das Assoziationsareal in der Parietalregion. Dieses hat nur Verbindungen mit anderen Assoziationsarealen. Es wird deshalb als das übergeordnete Assoziationsareal bezeichnet, und es ist von grundlegender Bedeutung für Wortsprache und Geräteherstellung, zwei exklusiv menschliche Verhaltensweisen. Es sind also Veränderungen der inneren Organisation und der inneren Verschaltung, die für das menschliche Verhalten verantwortlich sind. Dabei kam die Umstrukturierung des Gehirns vor der Vergrößerung; das jedenfalls zeigen die neuen fossilen Dokumente aus dem Rift Valley in Ostafrika.

Es besteht kaum ein Zweifel (LEAKEY 1978; ISAAC 1978), daß der *Homo habilis* Steinwerkzeuge und andere Geräte hergestellt hat und dieses kulturelle Inventar einem integrierten Bestandteil des täglichen Lebens entsprach. Das oben genannte Verhaltensinventar ist zu einem erheblichen Grade verwirklicht und es bestehen meines Erachtens auch wenig Zweifel daran, daß die Anfänge einer Wortsprache gegeben waren. Durch die stärkere Schädelbasisknickung, die unter dem Hirnschädel gelegenen Kiefer mit hohem Gaumen, die geschlossenen, vorne ausgerundeten Zahnbogen mit vertikal implantierten Schneide- und Eckzähnen, die vertikal orientierte und zentral gelegene Halswirbelsäule sind Larynx und Pharynx übereinander und unter der Mund- und Nasenhöhle plaziert, d. h. es sind im Mund-Rachenraum topographische Verhältnisse gegeben, die Wortsprache ermöglichen, wenn eine entsprechende Differenzierung der Zungen- und Lippenmuskulatur, sowie des Gehirns erreicht ist.

Wenn andere annehmen, daß sprachliche Kommunikation erst im oberen Pleistozän und zunächst in lallender Weise aufgetreten sei (LIEBERMANN et al. 1972), so läßt eine solche Hypothese völlig außer acht, daß schon das Vorhandensein einer Werkzeug-„Industrie" und organisierte Jagdmethoden die Fähigkeit zum Vorausplanen („Denken in Namen") und zu zielstrebigem Handeln sowie sprachliche Kommunikation voraussetzen[9].

Homo erectus

Zwei Millionen Jahre alt sind aber auch Hominide, die man aus den Djetischichten bei Modjokerto und Sangiran auf Java geborgen hat (NINKOVICH u. BURKLE 1978). VON KOENIGSWALD (1967, 1968, 1973, 1980) hat sie unter Namen wie *Pithecanthropus modjokertensis* (sive *Homo e. modjokertensis*), *P. dubius* und *Meganthropus palaeojavanicus* beschrieben (Abb. 11).

Java war während des Pleistozän wiederholt durch Landbrücken mit dem Festland verbunden. In diesen Zeiten konnten Teile der Tierwelt und Hominide Asiens nach Java einwandern, so die ältere Djetisfauna aus dem Süden Indiens und die jüngere Trinilfauna, deren Angehörige Zusammenhänge mit China zeigen. China selbst hatte immer Landverbindung mit Indien und Europa. Dies ist von Bedeutung, denn wir kennen sowohl aus Indien, Pakistan und China Vertreter des *Ramapithecus,* wobei nach VON KOENIGSWALD (1980) der Unterkiefer von *R. lufengensis* aus Yunnan mit kleinem Eckzahn und zweispitzigen vorderen unteren Prämolaren der „menschenähnlichste" zu sein scheint. Asien ist zweifellos ein Evolutionszentrum der Hominiden gewesen, aber leider sind in Asien die Fundstellen offensichtlich weniger reich als in Afrika. Es erscheint durchaus wahrscheinlich, daß in Asien die Wurzelgruppe der *Erecti* zu suchen ist und deren Vertreter von Asien schließlich nach Afrika und Europa gelangt sind (Abb. 11).

Das kindliche Kalvarium von Modjokerto mit einer Gehirngröße von 650 cm^3 zeigt bereits relativ dicke Schädelknochen, einen im Wachstum befindlichen Torus supraorbitalis mit einer Einschnürung dahinter, das bei Seitenansicht abgewinkelte Hinterhaupt und ein sehr tiefes Kiefergelenk, Merkmale wie sie bei dem erwachsenen Sangiran IV Schädel mit einer

---

9 Die komplexen Beziehungen zwischen Symbol- und Wortsprache, zwischen menschlicher Strukturierung von Gehirn und Sprechapparat, zwischen handwerklicher Tätigkeit, Jagdverhalten und einer parallel verlaufenden Symbolisierungsfunktion, die sich in artikulierter Wortsprache äußert, sind von BONÉ (1975), WIND (1975) u. STARCK (1975) eingehend dargelegt worden. SPUHLER faßte 1977 die Literatur über Sprache und Sprechen zusammen

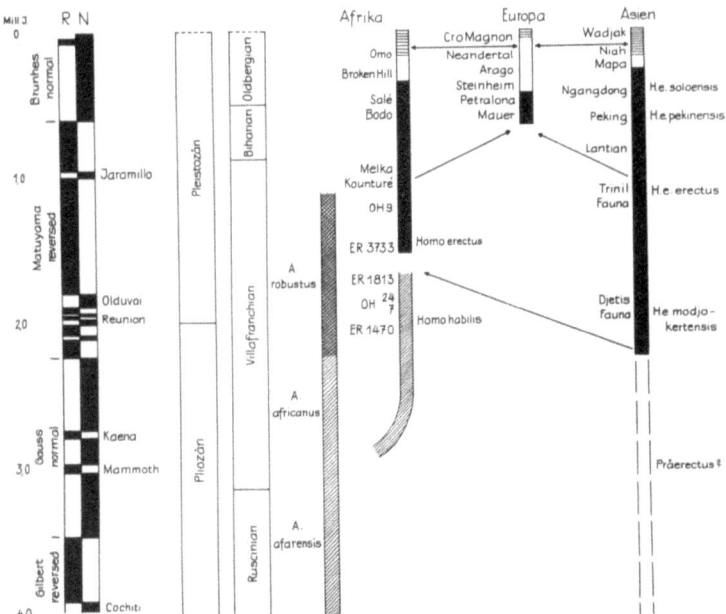

Abb. 11. Chronologische und geographische Verbreitung der Hominiden aus Afrika und Eurasien. *Einfach schraffiert: Australopithecus afarensis, A. africanus, Homo habilis; gekreuzt schraffiert: A. robustus/boisei; schwarze Balken: Homo erectus; weiße Balken: Homo sapiens; weiße Balken mit Querstrichen: Homo s. sapiens*

Schädelkapazität von 800–900 cm^3 und den späteren *Erecti* besonders ins Auge fallen (Abb. 12 u. 13). Bei Ansicht von hinten ist die Kontur des Hirnschädels hauszeltartig und nicht „glockenförmig" wie bei *Homo habilis*. Der dazugehörige Oberkiefer ist breit, die Kieferhöhlen sind voluminös und die Zahnreihen divergieren nach hinten. Schneide- und Eckzähne sind groß. Letztere tragen einen relativ hohen Spitzenteil mit Schliffacetten ähnlich einem reduzierten sectorialen Vordergebiß. Auch findet man ein Diastema (Affenlücke) davor. Anders als bei *Australopithecus* ist der Boden der äußeren Nasenöffnung gegenüber dem vortretenden Alveolarteil abgegrenzt und mit einer Spina nasalis versehen. Auf diesen altpleistozänen *Homo erectus modjokertensis* folgt der mittelpleistozäne *Homo e. erectus* (Trinilfauna auf Java, Lantian in Südwest-China), der *H. e. pekinensis* (Choukoutien bei Peking) und der jungpleistozäne *H. e. soloensis*[10] (Ngan-

---

10 Letztere werden auch als archaische Vertreter des *Homo sapiens (H. s. soloensis)* angesehen, da es zwischen späten Vertretern des *Erectus* und frühen Vertretern des *Sapiens* keine scharfe Trennung gibt, wie dies auch etwa für die Funde von Broken Hill (Afrika) und Petralona (Europa) gilt

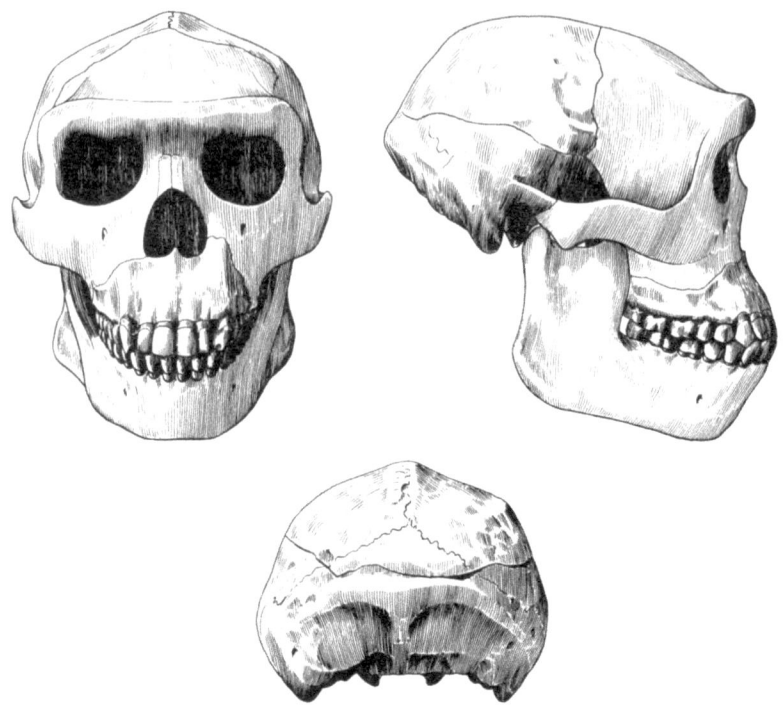

Abb. 12. Schädel eines *Homo erectus modjokertensis*

dong auf Java). In dieser Reihenfolge kommt es in Asien zu einer zunehmenden Entfaltung des Gehirns bei gleichzeitiger Reduktion des Kauapparates. Dementsprechend verändert sich die Schädeltopographie (vgl. Abb. 12 u. 13).

Die Unterkiefer von *Pithecanthropus dubius* und *Meganthropus* sind keine Australopithecinen, sondern entsprechen in Morphologie (hoch gelegenes Foramen mentale, wulstähnliche Linea obliqua, Reduktion von Torus superior und T. inferior, Spina mentalis, Molarisation der Backenzähne) und Größe Verhältnissen, wie man sie beim Unterkiefer ER 1802 von Koobi Fora und OH 7 von Olduvai findet. Der Unterkiefer Sangiran B dagegen korrespondiert nach TOBIAS und VON KOENIGSWALD (1964) mit dem Unterkiefer OH 13 aus der Olduvaischlucht, der nach unserer Meinung zu einem weiblichen Individuum gehört (s.o.). Alle diese Kiefer aus Java gehören zu männlichen bzw. weiblichen Vertretern des *H. e. modjokertensis*. Das heißt, sowohl in Afrika (*H. habilis*) wie in Ostasien (*H. e. modjokertensis*) sind die frühesten Vertreter der Gattung *Homo* megagnath und mega-

Neue Aspekte der Hominidenevolution 25

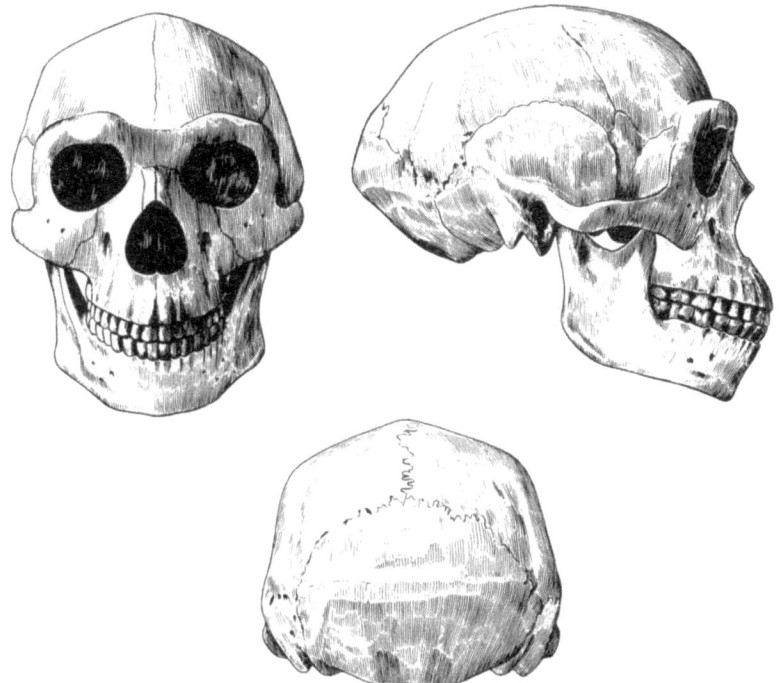

Abb. 13. Schädel eines *Homo erectus pekinensis*

dont, vor allem bei Männern, entsprechend dem ausgeprägten Geschlechtsdimorphismus.

Dagegen ist die Konfiguration des Hirnschädels in Asien ganz verschieden von der des *H. habilis* in Afrika. *Homo habilis* zeigt morphologisch deutliche Anklänge an *Australopithecus,* allerdings mit größerem Gehirn. Charakteristisch für die *Erecti* dagegen ist die typische „Hauszeltform" von hinten gesehen, ist der im Profil lange und niedrige Hirnschädel mit dem abgewinkelten Hinterhaupt und mit einem Torus occipitalis versehen, ist das markante (♀) bis massive (♂) knöcherne Überaugendach mit einer ausgeprägten postorbitalen Einschnürung (s. Abb. 12 u. 13). Allen *Erecti* gemeinsam ist – und auch darin unterscheiden sie sich von *Australopithecus* und *H. habilis* in Afrika – die ungewöhnliche Dicke der Schädelknochen und der Corticalis der Langknochen, ein Charakteristikum des *Homo erectus,* dessen Bedeutung wir noch nicht verstehen.

Wenn wir daher in Afrika, zunächst gleichzeitig und dann auf *Homo habilis* folgend, derartige Schädel und Langknochen finden, erscheint es plausibel, den *Homo erectus* in Afrika als einen „Einwanderer" aus Asien anzusehen, denn neben lokaler Evolution hat zweifellos auch Migration – etwa auf der Suche nach neuen „Jagdrevieren" – eine große Rolle gespielt. Dafür spricht auch, daß die ältesten *Erecti* in Europa jünger sind als solche aus Asien und Afrika (s. u.).

Die *Erecti* aus Ostafrika stammen aus Bed II (OH 9) und Bed IV (OH 12, OH 28) von Olduvai und von Koobi Fora (ER 3733) bzw. Illeret (ER 3883; DAY 1977; LEAKEY u. WALKER 1976; RIGHTMIRE 1979). Dabei sind die ältesten Vertreter etwa 1,5 Millionen Jahre alt. Sie haben Schädelkapazitäten von 730, 850 und 1070 cm^3 und stehen darin den früheren *Erecti* aus Asien näher als den späteren[11]. Aus Olduvai wie vom Turkanasee kennen wir postkraniale Skelettreste, die von sehr muskulösen Menschen stammen und den effizienten zweibeinigen aufrechten Gang beweisen. Auch war der *Homo erectus* der erste Mensch, der nicht nur in Asien, sondern auch in Afrika und Europa im Pleistozän durch Migration eine weite Verbreitung erlangte. In Afrika stirbt mit dem Erscheinen der biologisch und kulturell höher entwickelten *Erecti* der *Homo habilis* aus[12].

Das Geräteinventar des *H. erectus* (Acheulean = „Faustkeile" in Afrika und Europa; Chopper-chopping tools = „Haumesser" in Ostasien) zeigt Formalisierung. Formalisierung aber deutet auf Tradition hin, die von Generation zu Generation durch Lernen weitergegeben und weiterentwickelt wird. Lernfähigkeit wiederum ist die leistungsfähigste Voraussetzung, Kultur zu entwickeln. Kultur aber ist das mächtigste Mittel, sich verschiedenen Umwelten anzupassen. Der Prozentsatz an zerschlagenen Knochen von großen Säugetieren ist in Olduvai in den jüngeren Schichten größer als in den älteren. In China (Choukoutien bei Peking) und Europa (Torralba und Ambrona in Spanien) gibt es eindeutige Beweise für organisierte Großwildjagd mit Bevorzugung besonderer Arten von Wild (Hirsche in China, Elefanten in Spanien) und für Feuergebrauch. Das Klima war dort kühler. Feuergebrauch bedeutet die Möglichkeit, auch klimatisch weniger günstige Gebiete zu erschließen, bedeutet, die Nacht durch Licht zu erhellen; bedeutet aber auch, daß durch thermische Behandlung eine Verbesserung der biologischen Wertigkeit der Nahrung erreicht werden kann.

Schließlich werden durch Hitze Parasiten und Mikroorganismen abgetötet. Sie waren seit jeher eine ganz gewichtige Todesursache. So betrug die durchschnittliche Lebenserwartung des prähistorischen Menschen ca. 22 Jahre. Nur wenige erreichten ein höheres Alter. Die Mehrzahl starb jung (VALLOIS 1961). Daß unter solchen Umständen eine sehr wirksame Auslese stattfand, ist verständlich. Sie begünstigte biologische Fitness, intelligentes und plastisches Verhalten, nebst einer Verbesserung der materiellen Kultur.

Nach Europa ist der *Homo erectus* erst später gelangt (HOWELLS 1980). Die ältesten Fossilien sind ca. 600 000 bis 700 000 Jahre alt[13] und sie sind spärlich (Unterkiefer aus Mauer bei Heidelberg, Schädelfragmente aus Bilzingsleben in Ostdeutschland und Vertésszöllös in Ungarn, Schädel von Petralona in Griechenland). Sie lebten am Eingang von Höhlen (Petralona/Lazaret) oder bauten Hütten (Terra Amata in Nizza, Torralba und Ambrona in Spanien). Daß Europa durch diese Großwildjäger später besiedelt wurde, zeigt ihre Beweglichkeit von Kontinent zu Kontinent. Neben „lokaler" Evolution, wie man sie in Ostasien und Afrika feststellen kann, waren Migration und Bastardierung zwischen gleichzeitig lebenden Populationen und Rassen ein wichtiger Faktor für die biologische und kulturelle Evolution vom *Homo erectus* zum *Homo sapiens*.

Der *Homo erectus* war biologisch und kulturell höher entwickelt als der *Homo habilis*. Dafür spricht seine weite geographische Verbreitung im Rahmen der Alten Welt und die Besetzung neuer ökologischer Standorte, sein größeres Gehirn, sein reduzierter Kauapparat, seine Jagdmethoden, seine Behausungen und seine materielle Kultur (EDWARDS u. CLINNICK 1980; WYNN 1979). Das aber setzt ein Gehirn mit großem Lern- und Gedächtnisvermögen, mit der Fähigkeit zu abstraktem Denken und zur sprachlichen Mitteilung voraus. Der *Homo erectus* war trotz seines fremdartigen Aussehens und trotz seines geologischen Alters ein intelligenter Mensch.

Das „fremdartige" Aussehen der *Erecti* wird weniger durch die Größe des Kauapparates als durch die Massivität des knöchernen Überaugendaches bedingt. Der Torus supraorbitalis auch der späteren *Erecti* ist trotz der Reduktion der Zähne und Kiefer viel stärker entwickelt als bei *Homo habilis*. Das aber kann bedeuten, daß die Torusbildung bei *Homo erectus*

---

11 Weitere Funde aus dem mittleren Pleistozän Afrikas sind solche vom Lake Ndutu in Tanzania (MTURI 1976, CLARKE 1976), von Melka Kunturé (CHAVAILLON et al. 1977) und vom Mhagreb (Salé, Sidi Abderrahman, Rabat; Ternifine (ARAMBOURG 1963, JAEGER 1975)
12 Andere Autoren sehen den *Habilis* als den unmittelbaren Vorläufer des *Erectus* in Afrika an mit anschließender Verbreitung der *Erecti* von dort nach Asien. Für sie ist Afrika, durch die Fülle der neuen Funde beeindruckt, die „Wiege der Menschheit". Dieser Schluß ist zum mindesten voreilig, wie auch von KOENIGSWALD (1980) betont
13 Steinwerkzeuge, wie man sie in Frankreich gefunden hat (GUTH 1974), sind möglicherweise älter

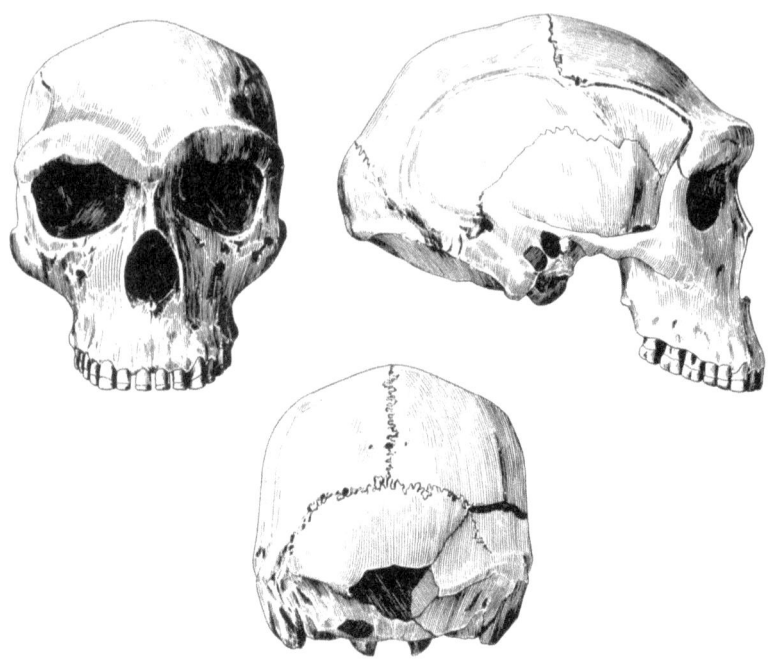

Abb. 14. Schädel archaischer Sapiensvertreter von Broken Hill (*links*), Arago und Steinheim (*rechts*)

optische „Signal"-Bedeutung hat[14]. Dies gilt auch für die archaischen Vertreter des *Homo sapiens* in Europa (Steinheim, Arago) und Afrika (Broken Hill und Hopefield aus Südafrika; Bodo in Äthiopien; CONROY et al. 1978; DAY 1977) mit einem Alter von 200 000–300 000 Jahren, die noch sehr eindrücklich an *H. erectus* erinnern. Aber auch bei noch späteren Vertretern des *Homo s. neanderthalensis* aus dem Nahen Osten (Tabun, Shanidar, Amud) und aus Europa (Neandertaler) wird das Gesicht maßgebend

---

14 Die Ausbildung des Torus supraorbitalis bei catarrhinen Primaten steht einerseits im Zusammenhang mit der Größe des Kauapparates (BIEGERT 1957, 1963), andererseits aber auch mit Sehen und Gesehen-werden. Anders läßt sich beispielsweise das sehr ausgeprägte knöcherne Überaugendach mit markanter postorbitaler Einschnürung bei den Hylobatidae (mit einem vergleichsweise kleinen Kauapparat) nicht erklären. So ist es auch interessant, daß der Orang Utan – im Gegensatz zu Schimpanse und Gorilla – in der Ontogenie nur einen wenig ausgeprägten Torus, dafür aber, vor allem im männlichen Geschlecht, mächtige, seitlich ausladende Wangenpolster aus Fett und Bindegewebe entwickelt, die dem Gesicht auf ihre Weise einen imposanten Ausdruck verleihen. Primaten insgesamt, vor allem aber die höheren sind „Augentiere"

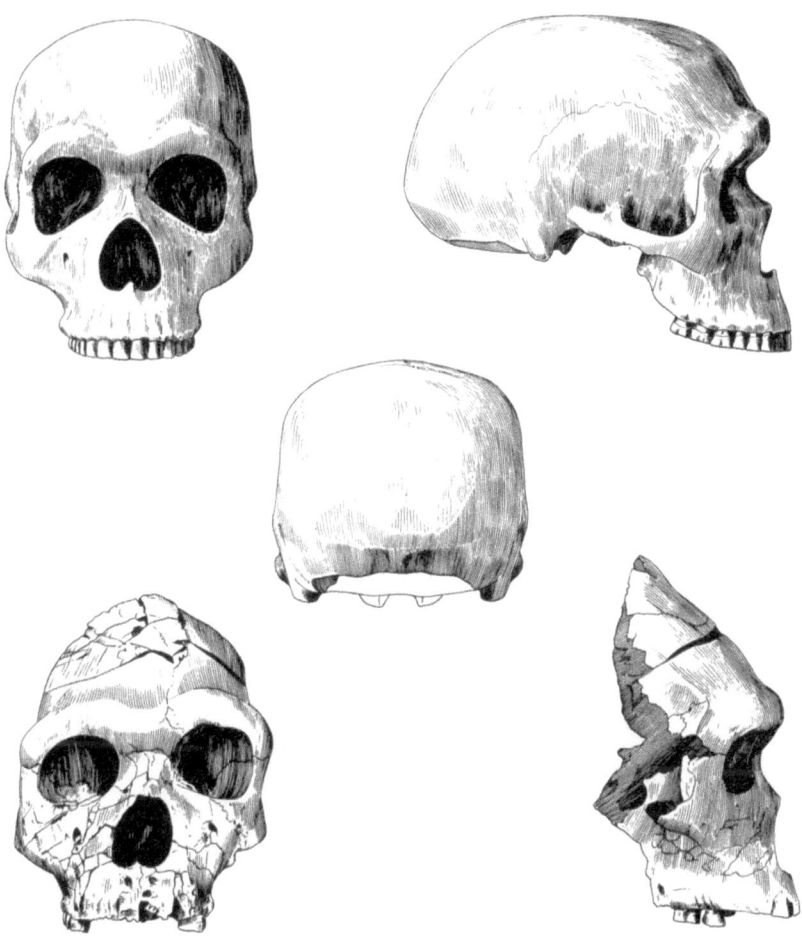

Abb. 14

durch die Größe des knöchernen Überaugendaches geprägt, und es verliert sich eigentlich erst mit dem Auftreten des *Homo s. sapiens* gegen Ende der Eiszeit.

Homo sapiens

Von den frühen Vertretern des *Homo sapiens* – mit einem Alter zwischen 200 000 und 300 000 Jahren – seien solche aus Steinheim bei Stuttgart, Arago (nördlich von Perpignan) und Broken Hill in Zambia genannt (Abb. 14).

Der weibliche Schädel von Steinheim zeigt die Merkmale des *Sapiens* besonders deutlich, weil bei weiblichen Schädeln der Kauapparat kleiner ist und Superstrukturen weniger in Erscheinung treten als bei männlichen Schädeln. Er unterscheidet sich von den *Erecti* durch eine höher gewölbte Hirnschädelkapsel, eine steilere und breitere Stirn, ein ausgerundetes Hinterhaupt mit einem kleinen Nackenmuskelursprungsfeld und vertikal gestellte Seitenwände der Schädelkapsel (Abb. 14).

Der Gesichtsschädel ist kleiner und in seinem Aufbau verschieden. Die Augenwülste sind betont, aber nicht durchziehend, sondern doppelschwingenförmig. Auch ist die Nasenwurzel eingezogen und die Nasenbeine sind aus dem Gesichtsprofil herausgewinkelt. Der Oberkiefer steht weniger vor, und es findet sich eine Wangengrube (Fossa canina).

Demgegenüber ist der männliche Schädel von Broken Hill (Abb. 14) wesentlich größer. Dies gilt sowohl für den Hirnteil wie für das Gesicht,

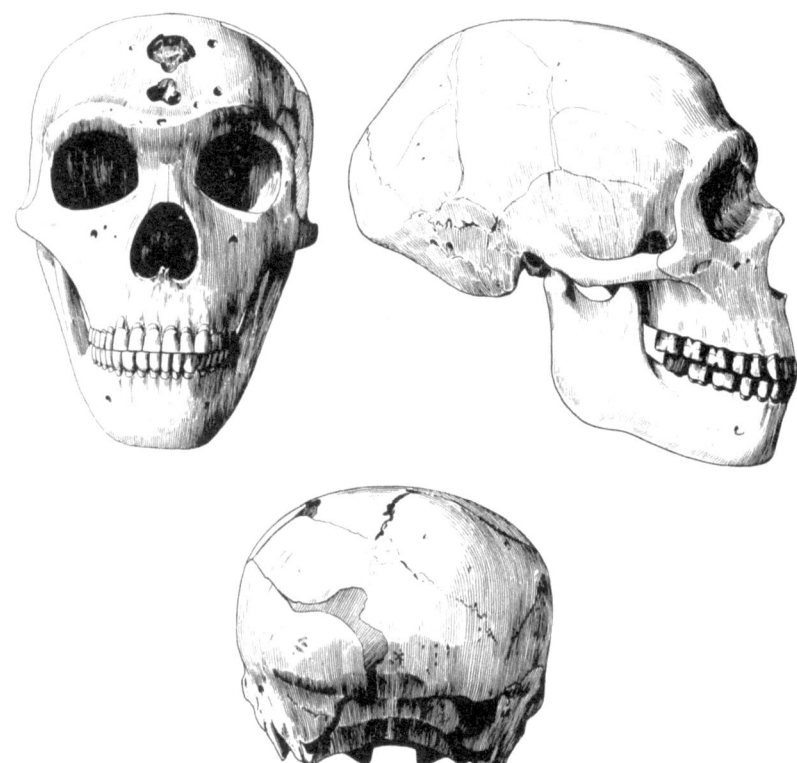

Abb. 15. Schädel eines männlichen *Homo sapiens neanderthalensis* aus Europa

das durch den massiven Torus supraorbitalis besonders archaisch wirkt. Auch ohne Unterkiefer ist das Gesicht sehr hoch, profiliert und flächenhaft. Der Hirnschädel zeigt ein heruntergezogenes Hinterhaupt mit horizontal orientiertem Nackenmuskelfeld. Die Seitenwände stehen vertikal. Die Schädelkapazität liegt im unteren Bereich der Variabilität der heutigen Menschen.

Zeitlich auf diese frühen Vertreter der Art *Homo sapiens* folgen Funde, die zu mehreren Individuen gehören: von Weimar-Ehringsdorf, von Krapina, Fontéchevade und Saccopastore, sowie Einzelfunde von Gánovce, Ochoz, Šala, Subalyuk und Quinzano, alle aus der Riss/Würm-Warmzeit von Europa.

Sie repräsentieren in ihrer Merkmalskombination ein breites Übergangsfeld zu den zeitlich späteren Neandertalern (DE LUMLEY 1978).

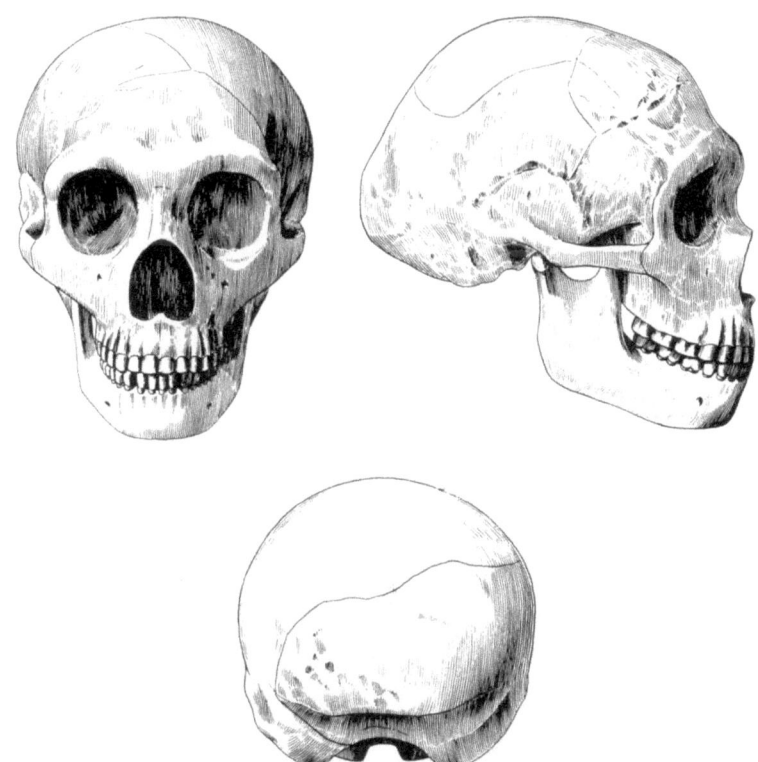

Abb. 16. Schädel eines weiblichen *Homo sapiens neanderthalensis* aus Europa

Homo s. neanderthalensis

Der *Homo s. neanderthalensis* lebte während des ersten Teiles der Würmeiszeit in Europa und im Nahen Osten. Auch er ist gekennzeichnet durch einen betonten Geschlechtsdimorphismus (Abb. 15 u. 16). Mit Ausnahme der Höhe zeigt die Schädelkapsel bei Männern sehr große Dimensionen. Daher ist bei ihnen das Gehirn (z. B. La Chapelle-aux-Saints 1620 cm^3, La Ferrassie 1641 cm^3) vielfach größer als beim heutigen Europäer. Vor einer fliehenden, wenig abgesetzten Stirnpartie, die in den flach gewölbten Scheitel nach hinten zieht, findet sich (vor allem bei Männern) ein großes knöchernes Überaugendach. Das Hinterhaupt erscheint wie ausgezogen. Es ist im oberen Teil abgeflacht und hinten mit einem Wulst versehen. Von hinten gleicht die Schädelkapsel einem breiten Oval (Abb. 15 u. 16, S. 30 u. 31).

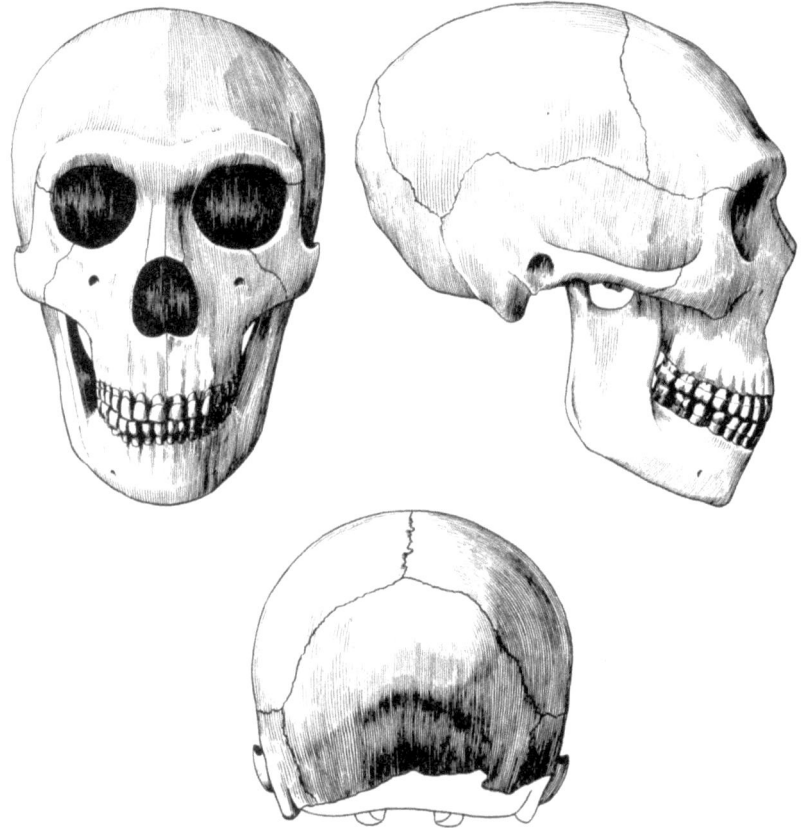

Abb. 17. Schädel eines männlichen *Homo sapiens neanderthalensis* aus dem Nahen Osten

Das Gesicht, besonders bei Männern noch stärker entwickelt als der Hirnteil, zeigt wenig Relief. Augen- und Nasenhöhlen sind voluminös. Hoch ist auch die Wangenregion, und sie ist nicht eingesenkt, sondern ausgewölbt. Von oben gesehen springt das Gesicht keilförmig vor. Die Vorderansicht vermittelt den Eindruck eines „Spitzgesichtes", weil die seitlichen Konturen unterhalb der Augenhöhlen nicht einwärts gekurvt, sondern gerade nach unten-innen konvergieren. Dies gilt auch für die Unterkieferäste. Der Kieferkörper selbst ist schwer und ohne Kinnvorsprung (Abb. 15).

Die Schäfte der Langknochen sind sehr robust und gekrümmt; ihre Gelenke sind groß. Bei einer Körperhöhe von 155 bis 165 cm waren die Neandertaler sehr muskulöse, kräftige Menschen, wobei dies vor allem für die Männer gilt.

Der Neandertaler war ein ausgezeichneter Jäger, der u. a. das Mammut, das wollhaarige Nashorn, Ren, Wildpferd und den Höhlenbär jagte. Die Nahrungsgrundlage waren Wild und Kleingetier, da die tundraartige Flora außer Pilzen, Beeren und Wurzeln wenig mehr zu bieten hatte. Seine Steingeräte sind gekonnt (sog. Moustérien), er benutzte das Feuer und bestattete seine Toten in Höhlen. Deshalb finden wir nun erstmals nicht nur Schädel und vereinzelte Knochen, sondern ganze Individuen vom Kopf bis zum Fuß.

Außer in Europa kennt man den Neandertaler auch aus dem Nahen Osten, so von Tabun (♀), Amud (♂) (Abb. 17) und Shanidar (GIESELER 1974; TRINKAUS u. HOWELLS 1979).

Homo s. sapiens

Die Neandertaler „sterben" in Europa gegen Mitte der Würmeiszeit aus. An ihrer Stelle findet man nun in Europa nahezu übergangslos und in größeren Zahlen den *Homo s. sapiens,* den modernen Menschen, der sich – nach Schädel, Zähnen und Skelett zu schließen – nicht vom heutigen Europäer unterscheidet. Die ältesten Funde sind ca. 35 000 Jahre alt.

Vor bzw. gleichzeitig mit dem Neandertaler lebten im Nahen Osten (Kafzeh, VANDERMEERSCH 1978, Skhul, McCOWN u. KEITH 1939) moderne Menschen (Abb. 18). Noch ältere Funde des *Homo s. sapiens* sind aus der Kibish Formation in Äthiopien ($\approx$ 130 000 J.), von Laetolil in Tansania ($\approx$ 120 000 J.), von Border Cave in Südafrika ($\approx$ 115 000 J.) und aus China bekannt (HOWELLS 1981). Deshalb ist es wahrscheinlich, daß das Auftreten des modernen Menschen in Europa vor 35 000 Jahren auf Einwanderung beruht. Die ersten Wellen sind schon zu Beginn der Würmeiszeit in den östlichen Mittelmeerraum eingedrungen und von dort auch nach Europa

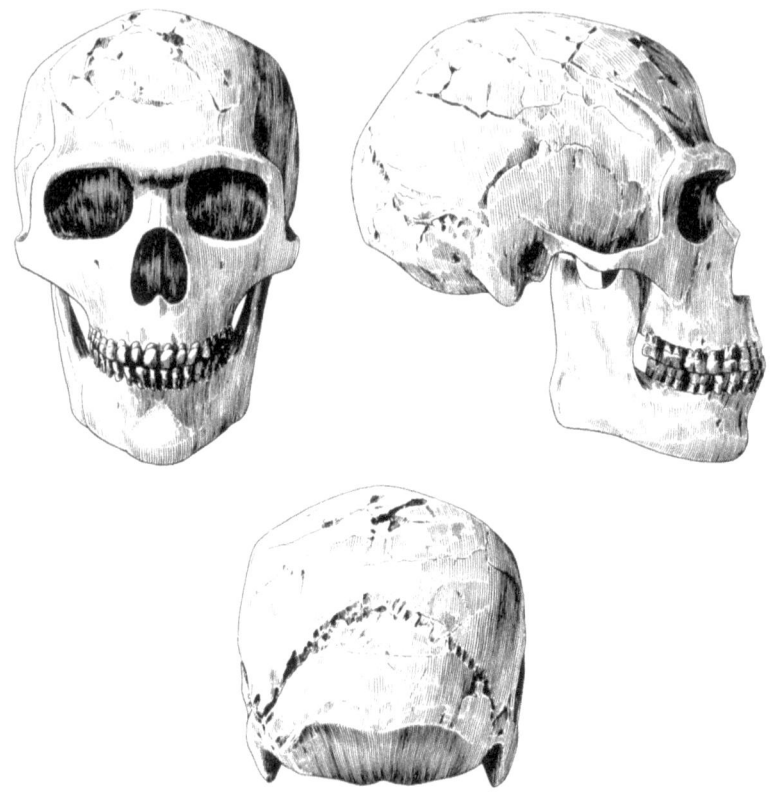

Abb. 18. Schädel eines ca. 28 000 Jahre alten, männlichen *Homo sapiens sapiens* aus dem Nahen Osten mit Stirnwulst und Kinn

gelangt. Die Neandertaler sind nicht unsere Vorfahren, wohl aber unsere Vettern. Daß Bastardierung zwischen Eingesessenen und Neuankömmlingen möglich war und auch stattgefunden hat, ist sehr wahrscheinlich. So gesehen sind sie uns nahe verwandt.

Wie der Jetztmensch unterscheiden sich die spätpleistozänen Vertreter des *Homo s. sapiens* von allen früheren und gleichaltrigen Sapienspopulationen durch schlanke und lange Extremitäten. Jetzt werden Körperhöhen über 1,70 m erreicht.

Der Hirnschädel ist nun hochgewölbt mit gerundetem, tief heruntergezogenem Hinterhaupt. Die Seitenwände stehen vertikal (sog. hohe Hausform). Von dem früher dominierenden knöchernen Überaugendach ist nur noch wenig zu sehen. Statt dessen betont nun eine steile, breite und hohe Stirn mit den tiefliegenden Augen das Gesicht (Abb. 18 u. 19). Der Kiefer-

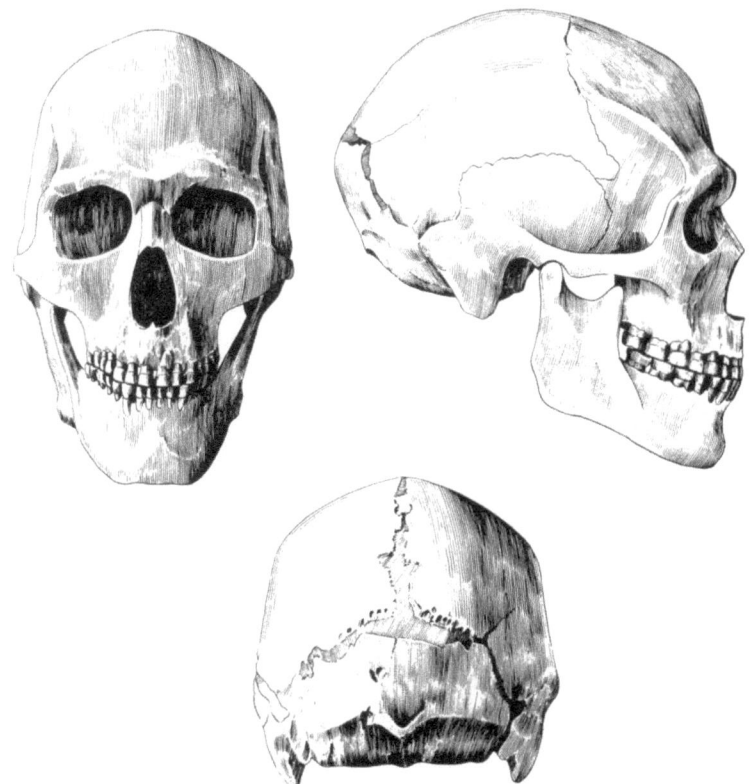

Abb. 19. Schädel eines ca. 26 000 Jahre alten, männlichen *Homo sapiens sapiens* aus Europa

schädel ist graziler. Er liegt nicht mehr vor, sondern unter dem Hirnteil. Durch die vortretende knöcherne Nase und das prominente Kinn wirkt das Gesicht profiliert. Eine derartige Veränderung der Gesichtsmorphologie wird signifikant, weil hochentwickelte kulturelle Attribute nicht nur bei der Zubereitung der Nahrung (Reduktion des Kauapparates), sondern auch für das Aussehen dieser Menschen mit künstlichen Ornamenten und Dekorationen als „optische Signale" und damit für das Sozialverhalten immer größere Bedeutung erlangt haben, wie wir das in vielfältiger Weise auch heute noch, und nicht nur im Zusammenhang mit Riten, in allen Ländern der Erde beobachten können.

Dabei entspricht die Gehirngröße der des Jetztmenschen. Die Vergrößerung hat speziell auch das Stirnhirn betroffen, das von den Hirnphysiologen als eine wichtige Region für die Fähigkeit zu höherem Denken angesehen wird. In der Kombination dieser biologisch-kulturellen Aspekte zeigt sich nun erstmals das Phänomen des modernen Menschen.

Denn auch materiell wird ein ganz neues Niveau erreicht. Neben Klingen, Bohrern und Pfeilspitzen aus Stein findet man bei ihnen u.a. auch Speerschleudern, Harpunen und Nadeln aus Geweih und Horn. Es werden ganz neue Materialien zur Geräteherstellung herangezogen und mit ganz neuen Techniken bearbeitet. Jedes Gerät ist für einen ganz bestimmten Gebrauch vorgesehen.

Erstmals entstehen künstlerische Werke wie Gravuren, Höhlenmalereien und Plastiken. Ihre naturalistischen Darstellungen von Pferden, Rindern, Ren, Höhlenbär und Mammut zeugen von der Kenntnis der Anatomie und der Lebensweise der damaligen Tierwelt.

Ihre Ahnung von einem Weiterleben nach dem Tode läßt sich aus ihren Bestattungssitten ersehen. Die Toten werden mit Ocker gefärbt, mit Bändern und Ketten aus Muscheln und Tierzähnen geschmückt begraben. Religiöse Werte bestimmen das Denken und Handeln der Menschen.

Als Folge einer gewaltig gesteigerten biologischen und kulturellen Kapazität hatten diese Menschen gegen Ende der Eiszeit eine sehr weite Verbreitung in Europa, Asien und Afrika. Sie gelangten erstmals auch nach Australien und Amerika. Der *Homo s. sapiens* wird ein Kosmopolit.

Gleichsam als sei ein Bann gebrochen, kommt es nun in immer rascherer Folge zu neuen Erkenntnissen und Erfindungen. Das kulturelle Repertoire wird immer breiter:

Waren die eiszeitlichen Menschen noch ausschließlich Sammler und Jäger, die von dem leben mußten, was ihnen die Natur jeweils bot, so wurde vor etwa 11 000 Jahren durch Domestikation von Pflanzen und Tieren erstmals eine Erzeugungswirtschaft entwickelt. Erstmals in der Geschichte des Menschen wird von ihm selbst Nahrung produziert. Dies erst ermöglichte das Seßhaftwerden und das Wachsen größerer Populationen. Die zunehmende Unabhängigkeit von der Umwelt macht zunehmend Kräfte frei, sich anderen Tätigkeiten als der Nahrungsbeschaffung zu widmen. Eine stetig beschleunigte Kulturentwicklung ist die Folge:

So entstanden vor ca. 8000 Jahren erste städtische Hochkulturen mit sozial und wirtschaftlich gegliederten Gemeinschaften. Kalender, Schrift, Töpferscheibe und Metallbearbeitung werden wenig später erfunden. Begann die griechische Zivilisation vor ungefähr 2500 Jahren, so folgte der Anbruch des Entdeckungszeitalters vor 450 Jahren, der Beginn des Maschinenzeitalters vor 250 Jahren. Heute stehen wir inmitten des Zeitalters der Raketen, Computer und Mikroprozessoren. Das natürliche Menschsein, geht es verloren?

Die zunächst langsame, dann aber mit dem Erscheinen des modernen Menschen stetig beschleunigte Kulturentwicklung ist ein grundlegendes

Faktum der Menschwerdung. Daraus folgt: Immer intensiver wurde seit dem Erscheinen des *Homo s. sapiens* die Natur verändert, immer mehr wurde die Kultur zur Umwelt des Menschen. Erst die Kultur machte den Menschen zum Menschen. Nur der Mensch weiß, daß er für sein Handeln verantwortlich ist. Er hat die Kenntnis des Guten und Bösen erworben. Bei aller Bewunderung für die moderne Technik und Wissenschaft bleibt diese Bewunderung doch zwiespältig, denn weder die technische Perfektion, noch das wissenschaftliche Ideal bilden eine ausreichende Grundlage für die höchste Zivilisierung der Gesellschaft. Entscheidend ist die ethische und moralische Kapazität des Menschen.

All das begann vor Millionen Jahren, als omnivore Primaten zu einer zweibeinigen Lebensweise übergingen, Werkzeuge benutzten und erste Aspekte menschlichen Sozialverhaltens entwickelten. Später erst kamen Gehirnentfaltung, Wortsprache, komplexe materielle Kultur und organisierte Jagdmethoden als Ausdruck menschlicher Intelligenz und schließlich rituelle Bestattungen als Zeichen geistig-ethischer Wertvorstellungen.

Noch immer sind viele Fragen ungelöst. Eindeutig kann heute aber belegt werden: Auch der Mensch hat sich entwickelt. Seine ihn heute kennzeichnenden Besonderheiten, wie der aufrechte Gang, sein großes und kompliziertes Gehirn, seine Sprache, sein Geist und seine Kultur sind zu verschiedenen Zeiten aufgetreten. Der Jetztmensch mit seinem ungeheuren kulturellen Repertoire ist ein sehr später Vertreter der Menschwerdung, den ur- und vormenschliche Lebensformen mit dem Regnum animale verwurzeln.

Stammesgeschichtliche Verwandtschaft mit den Primaten und Einmaligkeit im Rahmen aller Lebewesen bedeuten also keinen Widerspruch, denn das eine schließt das andere nicht aus.

Dank. Der Verfasser bedankt sich herzlich bei den Herren G. H. R. von KOENIGSWALD, Frankfurt/Main, R. E. F. LEAKEY, Nairobi, D. C. JOHANSON, Cleveland und der WENNER-GREN FOUNDATION, New York, für die Überlassung von Abgüssen und Herrn O. GARRAUX, Basel, für die Anfertigung der Abbildungen.

Literatur

Andrews P (1978) Taxonomy and relationships of fossil apes. In: Chivers DJ, Joysey KA (eds) Recent advances in primatology Vol 3. Evolution. Academic Press, London, pp 43–56
Andrews P (1981) Hominoid habitats of the Miocene. Nature 289:749
Andrews P, Groves CP (1976) Gibbons and brachiation. In: Rumbaugh DM (ed) Gibbon and siamang Vol 4. Karger, Basel, pp 167–218
Andrews P, Tekkaya I (1980) A revision of the Turkish miocene hominoid sivapithecus meteai. Palaeontology 23: Pt I:85–95

Andrews P, Tobien H (1977) New miocene locality in Turkey with evidence on the origin of ramapithecus and sivapithecus. Nature 268:699–701
Arambourg C (1963) L'atlanthropus mauritanicus. In: Rambourg C et Hoffstetter R (eds) Le gisement de ternifine. Arch de l'Inst de Paléontologie Humaine Mém 32, pp 37–190
Behrensmeyer AK (1978) The habitat of Plio-Pleistocene hominids in East Africa: taphonomic and microstratigraphic evidence. In: Jolly C (ed) Early hominids of Africa. Duckworth, London, pp 165–189
Biegert J (1956) Das Kiefergelenk der Primaten, seine Altersveränderungen und Spezialisationen in Gestaltung und Lage. Morph Jb 97:249–404
Biegert J (1957) Der Formwandel des Primatenschädels. Morph Jb 98:77–199
Biegert J (1963) The evaluation of characteristics of the skull, hands, and feet for primate taxonomy. In: Washburn SL (ed) Classification and human evolution. Aldine, Chicago, pp 116–145
Biegert J (1973) Der Mensch, seine Herkunft, sein Werden. In: Autrum H, Wolf U (eds) Humanbiologie. Springer, Berlin Heidelberg New York, pp 1–48
Biegert J, Maurer R (1972) Rumpfskelettlänge, Allometrien und Körperproportionen bei catarrhinen Primaten. Folia Primatol 17:142–156
Bishop WW (1978) Geological background to fossil man. Recent research in the Gregory Rift Valley, East Africa. Scott Acad Press, Univ of Toronto Press, pp 1–585
Boné E (1975) Paläontologie des Menschen und Erscheinen der Sprache. Acta Teilhardiana: Die Evolution der Sprache. XII Jahrgang, pp 23–39
Boné E, Coppens Y, Genet-Varcin E, Grassé P-P, Heim J-L, Howells WW, Hürzeler J, Krukoff S, de Lumley H, de Lumley M-A, Piveteau J, Saban R, Thoma A, Tobias PhV, Vandermeersch B (1978) Les origines humaines et les époques de l'intelligence. Masson, Paris, pp 1–303
Brain CK (1970) New finds at the Swartkrans Australopithecus Site. Nature 225:1112–1119
Brain CK (1975) An interpretation of the bone assemblage from the Kromdraai Australopithecine Site, South Africa. In: Tuttle RH (ed) Paleoanthropology, morphology and paleoecology. Mouton, The Hague Paris, pp 225–243
Butzer KW (1977) Environment, culture, and human evolution. Am Sci 65:572–584
Butzer KW, Isaac GLl (1975) After the Australopithecines. Stratigraphy, ecology, and culture change in the middle pleistocene. Mouton, The Hague Paris, pp 1–911
Chavaillon J, Chavaillon N, Coppens Y, Senut B (1977) Présence d'hominidé dans le Site Oldowayen de Gomboré I a Melka Kunturé, Ethiopie. CR Acad Sci Paris Séance Ser D 285:961–963
Clark WE Le Gros (1964) The fossil evidence for human evolution. Univ Chicago Press, Chicago pp 1–201
Clarke RJ (1976) New cranium of homo erectus from Lake Ndutu, Tanzania. Nature 262:485–487
Clarke RJ, Howell FC, Brain CK (1970) More evidence of an advanced hominid at Swartkrans. Nature 225:1219–1222
Conroy GC, Jolly ClJ, Cramer D, Kalb JE (1978) Newly discovered fossil hominid skull from the Afar depression, Ethiopia. Nature 276:67–70
Coppens Y (1980) The differences between Australopithecus and Homo; Preliminary conclusions from the omo research expedition's studies. In: Königsson L-K (ed) Current argument on early man. Pergamon Press, Oxford New York, pp 207–225

Coppens Y, Howell FC, Isaac GL, Leakey REF (1976) Earliest man and environment in the Lake Rudolf Basin: Stratigraphy, paleoecology and evolution. Univ Chicago Press, Chicago London, pp 1–615

Day MH (1969) Omo human skeletal remains. Nature 222:1135–1138

Day MH (1977) Guide to fossil man. 3rd edition. Cassel London, pp 1–346

Day MH, Leakey REF, Walker AC, Wood BA (1975) New hominids from east Rudolf, Kenya, I. Am J Phys Anthropol 42:461–476

Day MH, Leakey REF, Walker AC, Wood BA (1976) New hominids from East Turkana, Kenya. Am J Phys Anthropol 45:369–436

Day MH, Wickens EH (1980) Laetoli Pliocene hominid footprints and bipedalism. Nature 286:385–387

Delson E, Andrews P (1975) Evolution and interrelationships of the catarrhine primates. In: Luckett WP, Szallay FS (eds) Phylogeny of the primates. Plenum Press, New York London, pp 405–446

Edwards StW, Clinnick RW (1980) Keeping the lower palaeolithic in perspective. MAN 15:381–383

Gieseler W (1974) Die Fossilgeschichte des Menschen. Fischer, Stuttgart, pp 1–357

Goodall J (1976) Continuities between chimpanzee and human behaviour. In: Isaac GL, McCown ER (eds) Human origins. Staples Press, Menlo Park, pp 81–95

Goodman M, Tashian RE (1976) Molecular anthropology. Plenum Press, New York London

Guth C (1974) Découverte dans le Villafranchien d'Auvergne de galets aménagés. CR Acad Sci 279:1071–1073

Hay RL (1980) The KBS tuff controversy may be ended. Nature 284:401

Holloway RL (1975) The casts of fossil hominid brains. In: Readings from Scientific American: Biological Anthropology. Freeman, San Francisco, pp 69–78

Howell FC (1978) Hominidae. In: Maglio VJ, Cooke HBS (eds) Evolution of African mammals. Harvard Univ Press, Cambridge, Mass, pp 154–248

Howells WW (1980) Homo erectus – who, when and where: a survey. Yearb Phys Anthropol 23:1–23

Howells WW (1981) Current theories on the origin of homo sapien sapiens. In: Ferembach D (ed) Les processus de l'hominisation. Colloq Int Cent Nat Rech Sci 599:73–77

Hughes AR, Tobias PV (1977) A fossil skull probably of the genus homo from Sterkfontein, Transvaal. Nature 265:310–312

Isaac GL (1976) The activities of early African hominids: A review of archaeological evidence from the time span two and a half to one million years ago. In: Isaac GL, McCown ER (eds) Human origins – Louis Leakey and the East African evidence, Benjamin, Menlo Park, Cal, pp 483–514

Isaac GL (1978a) Early man reviewed. Nature 273:588–589

Isaac GL (1978b) The archaeological evidence for the activities of early African hominids. In: Jolly Cl (ed) Early hominids in Africa. Duckworth, London, pp 219–254

Isaac GL, McCown ER (1976) Human origins – Louis Leakey and the East African evidence. Benjamin, Menlo Park, Cal pp 1–591

Jaeger J-J (1975) Découverts d'un crâne d'hominidé dans le pleistocène moyen du Maroc. Colloq Int Cent Nat Rech Sci Evol Vert 218:897–902

Johanson DC (1980) Early African hominid phylogenesis: A re-evaluation. In: Königsson L-K (ed) Current argument on early man, Pergamon Press, pp 31–69

Johanson DC, White TD, Coppens Y (1978) A new species of the genus australopithecus (primates hominidae) from the pliocene of Eastern Africa. Kirtlandia, The Cleveland Museum of Natural History 28:29

Johanson DC, White TD (1979) A systematic assessment of early African hominids. Science 203:321–330

Jolly Cl (1978) Early hominids of Africa. Duckworth, London, pp 1–598

Koenigswald GHR von (1967) Neue Dokumente zur menschlichen Stammesgeschichte. Aus: Bericht der schweiz. Palaeontologischen Ges. 46. Jahresversammlung, Eclogae GEOL Helv Vol 60 No 2:641–655

Koenigswald GHR von (1968) Observations upon two pithecanthropus mandibles from Sangiran Central Java. Proc K Ned Akad Wet Ser B Amsterdam 71:No 2

Koenigswald GHR von (1973) The oldest hominid fossils from Asia and their relation to human evolution. Accademia Nazionale dei Lincei, Roma, Quaderno N 182:97–118

Koenigswald GHR von (1980) Neue Einblicke in die Geschichte der Hominiden. Ann Naturhist Mus Wien, 83:181–195

Koenigswald GHR von (1981) Gibt es in China noch Orang Utans? Nat Mus, 111 (8) Frankfurt, pp 260–261

Lawick-Goodall J van (1975) The behaviour of the chimpanzee. In: Kurth G, Eibl-Eibesfeldt I (eds) Hominisation und Verhalten, Hominisation and Behavior. Fischer, Stuttgart, pp 74–136

Leakey LSB, Tobias PV, Napier JR (1964) A new species of the genus homo from Olduvai Gorge. Nature 202:7–9

Leakey MD (1978) Olduvai fossil hominids: their stratigraphic positions and associations. In: Jolly Cl (ed) Early hominids of Africa. Duckworth, London, pp 3–16

Leakey MD, Hay RL (1979) Pliocene footprints in the Laetolil beds at Laetoli, northern Tanzania. Nature 278:317–323

Leakey MG, Leakey RE (1978) Koobi fora research project, volume 1: The fossil hominids and an introduction to their context 1968–1974. Clarendon Press, Oxford, pp 1–191

Leakey REF (1973) Skull 1470. Discovery in Kenya of the earliest suggestion of genus homo – nearly three million years old – compels a rethinking of mankind's pedigree. Nat Geogr Mag 143:819–829

Leakey REF (1976) Hominids in Africa. Am Sci 64:174–178

Leakey REF, Walker AC (1976) Australopithecus, homo erectus and the single species hypothesis. Nature 261:572–574

Lieberman Ph, Crelin ES, Klatt DH (1972) Phonetic ability and related anatomy of the newborn and adult human, Neanderthal man, and the chimpanzee. Am Anthropol 74:287–307

Lumley MA de (1978) Les Anténéanderthaliens. In: Boné Ed, Coppens Y, Genet-Varcin E, Grasse P-P, Heim J-L, Howells WW, Hürzeler J, Krukoff S, de Lumley H, de Lumley M-A, Piveteau J, Saban R, Thoma A, Tobias PV, Vandermeersch B (eds) Les origines humaines et les époques de l'intelligence. Colloque international (Juin 1977) organisé par la Fondation Singer-Polignac. Masson Paris, pp 159–182

Mann AE (1975) Some paleodemographic aspects of the South African australopithecines. Univ Pennsylvania Public Anthropol 1:1–171

McCown ThD, Keith A (1939) The stone age of Mount Carmel Vol II. Clarendon Press, Oxford

McHenry HM, Temerin LA (1979) The evolution of hominid bipedalism: Evidence from the fossil record. Yearb Phys Anthropol 22:105–131
Mitchell AR, Gosden JR (1978) Evolutionary relationships between man and the great apes. Sci Prog Oxf 65:273–293
Mturi AA (1976) New hominid from Lake Ndutu, Tanzania. Nature 262:484–485
Ninkovich D, Burkle LD (1978) Absolute age of the base of the hominid-bearing beds in Eastern Java. Nature 275:306–308
Pilbeam D (1972) The ascent of Man. Macmillan, New York, pp 1–207
Pilbeam D (1975) Middle pleistocene hominids. In: Butzer KW, Isaac GL (eds) After the australopithecines. Mouton, The Hague Paris, pp 809–856
Pilbeam D (1980) Major trends in human evolution. In: Königsson LK (ed) Current argument on early man. Report from a nobel Symp. Pergamon Press, Oxford New York, pp 261–285
Pilbeam D, Gould StJ (1974) Size and scaling in human evolution. Sci 186:892–901
Pilbeam D, Meyer GE, Badgley C, Rose MD, Pickford MHL, Behrensmeyer AK, Shah SMI (1977) New hominoid primates from the Siwaliks of Pakistan and their bearing on hominoid evolution. Nature 270:689–695
Rightmire GP (1979) Cranial remains of homo erectus from beds II and IV, Olduvai Gorge, Tanzania. Am J Phys Anthropol 51:99–116
Robinson JT (1956) The dentition of the Australopithecinae. Transvaal Mus Mem No 9 Pretoria, pp 1–179
Robinson JT (1965) Homo habilis and the Australopithecines. Nature 205:121–124
Robinson JT (1972) Early hominid posture and locomotion. Univ Chicago Press, Chicago, pp 1–361
Sarich VM, Wilson AC (1967) Immunological time scale for hominid evolution. Science 158:1200
Schultz AdH (1950) The physical distinctions of Man. Proceedings of the American Philosophical Society, Vol 94. No 5
Schultz AdH (1956) Postembryonic age changes. In: Hofer H, Schultz AdH, Starck D (eds) Primatologia, Handbuch der Primatenkunde Vol I, Karger, Basel, pp 886–964
Schultz AdH (1963) Age changes, sex differences, and variability as factors in the classification of primates. In: Washburn SL (ed) Classification and human evolution. Aldine, Chicago, pp 85–115
Schultz AdH (1968) The recent hominoid primates. In: Washburn SL, Jay C (eds) Perspectives on human evolution 1, Holt, Rinehart and Winston, New York, pp 122–195
Schultz AdH (1969) The life of primates. Universe Books, New York, pp 1–281
Simons EL, Pilbeam DR (1978) Ramapithecus (hominidae, hominoidea). In: Maglio VJ, Cooke HBS (eds) Evolution of African mammals. Harvard Univ Press Cambridge, Mass, pp 147–153
Spuhler JN (1977) Biology, speech and language. Annu Rev Anthropol 6:509–561
Starck D (1974) Die Stellung der Hominiden im Rahmen der Säugetiere. In: Heberer G (ed) Die Evolution der Organismen, 3 Aufl, Band III: Phylogenie der Hominiden. Fischer, Stuttgart, pp 1–131
Starck D (1975) Neenkephalisation. Die progressive Entfaltung des Neuhirns in der menschlichen Stammesgeschichte. In: Kurth G, Eibl-Eibesfeldt I (eds) Hominisation und Verhalten, Hominisation and Behavior. Fischer, Stuttgart, pp 201–233

Starck D (1975) Phylogenetische Aspekte der morphologischen Substrate der Sprachfunktion. Acta Teilhardiana: Die Evolution der Sprache. XII Jahrgang, pp 57–85
Suzuki H, Takai F (1970) The amud man and his cave site. Univ Tokyo Press, Tokyo, pp 1–439
Szalay FS, Delson E (1979) Evolutionary history of the primates. Academic Press, New York London, pp 1–580
Teleki G (1974) Chimpanzee Subsistence Technology: Materials and skills. J Hum Evol 3:575–594
Tobias PV (1975) African cradle of mankind. Optima, Johannesburg, 25:24–35
Tobias PV (1978) The Place of australopithecus africanus in hominid evolution. In: Chivers DJ, Joysey KA (eds) Recent advances in primatology Vol 3 Evolution. Academic Press, London, pp 372–394
Tobias PV (1978) The bushmen. San hunters and herders of Southern Africa. Human and Rousseau, Cape Town Pretoria, pp 1–206
Tobias PV (1978) The earliest Transvaal members of the genus homo with another look at some problems of hominid taxonomy and systematics. Z Morphol Anthropol 69:225–265
Tobias PV (1980) A survey and synthesis of the African hominids of the late tertiary and early quaternary periods. In: Königsson L-K (ed) Current argument on early man. Pergamon Press, Oxford New York, pp 86–113
Tobias PV (1980) Australopithecus afarensis and A. africanus: Critique and an alternative hypothesis. Palaeontol Afr 23:1–17
Tobias PV, von Koenigswald GHR (1964) A comparison between the Olduvai hominines and those of Java and some implications for hominid phylogeny. Nature 204:515–518
Trinkaus E, Howells WW (1979) The Neanderthals. Sci Am December 1979:118–133
Vallois HV (1961) The social life of early man: The evidence of skeletons. In: Washburn SL (ed) Social life of early man. Aldine, Chicago
Vandermeersch B (1978) Quelques aspects du problème de l'origine de l'homme moderne. In: Boné (eds) Les origines humaines et les époques de l'intelligence. Colloque international (Juin 1977) organisé par la Fondation Singer-Polignac. Masson, Paris, pp 251–260
Walker A, Leakey REF (1978) The hominids of East Turkana. Sci Am 239:44–56
Wallace J (1978) Evolutionary trends in the early hominid dentition. In: Jolly C (ed) Early hominids of Africa. Duckworth, London, pp 285–310
Washburn SL (1968) The study of human evolution. Condon Lectures, Oregon State System of higher education, Eugene, Oregon
Weidenreich F (1936) The mandibles of sinanthropus pekinensis: A comparative study. Palaeontol Sin Ser D Vol VII, Fasc 3, pp 1–163
Weidenreich F (1937) The dentition of sinanthropus pekinensis: A comparative odontography of the hominids. Palaeontol Sin Ser D No 1, Whole Series No 101, pp 1–121
Weidenreich F (1941) The extremity bones of sinanthropus pekinensis. Palaeontol Sin New Ser D No 5, Whole Series No 116, pp 1–151
Weidenreich F (1943) The skull of sinanthropus pekinensis. A comparative study on a primitive hominid skull. Palaeontol Sin New Ser D No 10, Whole Series No 127, pp 1–485
Wilson AC, Sarich VM (1969) A molecular time scale for human evolution. Proc Nat Acad Sci USA 63:1088–1093

Wind J (1975) Methoden zur Erforschung des Sprachursprungs. Acta Teilhardiana: Die Evolution der Sprache. XII. Jahrgang, pp 41–56

Wolpoff MH (1976) Primate models for australopithecine sexual dimorphism. Am J Phys Anthropol 45:497–510

Wynn Th (1979) The intelligence of later acheulean hominids. MAN 14:371–391

Yunis JJ, Sawyer JR, Dunham K (1980) The striking resemblance of high-resolution G-banded chromosomes of man and chimpanzee. Science 208:1145–1148

Zihlman A, Brunker L (1979) Hominid bipedalism: Then and now. Yearb Phys Anthropol Vol 22, pp 132–161

Ziehlman AL, Cronin JE, Cramer DL, Sarich VM (1978) Pygmy chimpanzee as a possible prototype for the common ancestor of humans, chimpanzees and gorillas. Nature 275:744–746

Selektion als wirksamer Faktor in der Evolution des Menschen

F. VOGEL

Ein Elternpaar kam zur Familienberatung. Das erste Kind hatte im Alter von einem Jahr an beiden Augen bösartige Tumoren, sogenannte Retinoblastome, bekommen und war erblindet. Nun wollten die Eltern wissen, ob sie ein weiteres Kind riskieren könnten oder ob sie damit rechnen müßten, daß es ebenfalls ein Retinoblastom bekäme. Als der Berater sich die Eltern genau ansah, bemerkte er, daß der Vater ein Glasauge trug. Nach der Ursache befragt, gab er an, das Glasauge habe er schon seit seiner frühen Kindheit; seine Mutter habe ihm erzählt, daß sein eines Auge wegen eines angeborenen Stars herausgenommen werden mußte, als er ein Jahr alt war. Man konnte herausfinden, in welchem Krankenhaus die Operation damals ausgeführt worden war, und als man von dort den Befund erhielt, bestätigte sich die Vermutung: Auch der Vater hatte ein Retinoblastom gehabt, nur war es bei ihm einseitig geblieben, und er war durch Operation geheilt worden. Das stimmte mit der allgemeinen Erfahrung überein, wonach das Retinoblastom in einem Teil der Fälle einen dominanten Erbgang zeigt; es vererbt sich also von einem der Eltern auf durchschnittlich die Hälfte der Kinder. Den Eltern konnte diese schlechte Nachricht nicht erspart werden: Jedes weitere Kind hätte eine Chance von 50%, eine Erbanlage für den gleichen Tumor zu bekommen. Was hat dieser Fall mit dem Thema dieses Beitrages zu tun, der Selektion als wirksamem Faktor in der Evolution des Menschen?

Noch vor gut 100 Jahren war es nicht möglich, ein Retinoblastom erfolgreich zu behandeln; alle erkrankten Kinder gingen fast ohne Ausnahme innerhalb kurzer Zeit zugrunde. Erst als der Augenarzt ALBRECHT VON GRAEFE 1865 gezeigt hatte, wie man ein ganzes Auge operativ entfernen kann, wurden immer mehr Patienten operiert. Viele von ihnen, so auch der Vater unseres Kindes, wuchsen heran, heirateten und hatten selbst Kinder. Erst als einzelne dieser Kinder an Retinoblastom erkrankten, konnte man erkennen, daß der Tumor in diesen Fällen durch eine krankhafte Erbanlage bedingt ist. In früheren Jahrhunderten waren die Träger dieser krankhaften Erbanlage als Kinder verstorben; sie hatten sich nicht fortpflanzen können. So oft dieses Gen auch durch Mutation neu entstand, in der ersten Generation wurde es schon wieder eliminiert. Die Selektion oder natürliche Auslese gegen die krankhafte Erbanlage war vollständig. Jetzt dagegen

Selektion als wirksamer Faktor in der Evolution des Menschen

vermag ärztliche Kunst, einen großen Teil der Patienten zu heilen; sie pflanzen sich fort und vererben das Retinoblastom-Gen auf durchschnittlich die Hälfte ihrer Kinder. Die Selektion hat also *nachgelassen;* diese krankhafte Erbanlage und damit das Retinoblastom muß in der Bevölkerung häufiger werden. In Holland hat man anhand großer Statistiken nachweisen können, daß dieser Tumor in den letzten 30 Jahren in der Tat häufiger wurde (SCHAPPERT-KIMMIJSER et al. 1966). Es gibt viele andere Erbleiden, die bisher deshalb seltener waren, weil die Träger sich niemals oder nur selten fortpflanzen konnten. Vielen dieser Kranken kann der Arzt heute wirksam helfen. Das hat die negative Folge, daß die Selektion gegen solche Gene nachläßt; sie müssen darum häufiger werden.

Um diese und ähnliche Beziehungen quantitativ etwas genauer beschreiben zu können, verwendet man in der Populationsgenetik bestimmte Ausdrücke und Symbole (vgl. LI 1955). Unter der „fitness" eines bestimmten Genotyps versteht man seine effektive Fortpflanzung. Sie wird gemessen relativ zu der fitness des „besten Genotyps" in einer Bevölkerung, der gleich 1 gesetzt wird. Abweichungen werden mit s bezeichnet. Für einen Genotyp, dessen fitness 80% des „besten Genotyps" beträgt, ist also: $s = 0{,}2$. Seine fitness beträgt $1 - 0{,}2 = 0{,}8$.

Diese Ausdrücke sollen uns jetzt helfen, die Selektionsbedingungen für den genannten Fall des Retinoblastoms zu beschreiben zu einer Zeit, als noch jeder Patient vor Erreichung des fortpflanzungsfähigen Alters starb ($s = 1$). In diesem Fall müßte die Genhäufigkeit des defekten Allels in nur *einer* Generation auf 0 heruntergehen, gäbe es keine Neumutationen (Abb. 1; Kurve für $s = 1$). Beträgt dagegen der Selektionswert $s = 0{,}5$, so geht die Genhäufigkeit auf die Hälfte, in der nächsten Generation auf ¼, dann auf ⅛ usw. hinunter (Abb. 1; Kurve für $s = 0{,}5$).

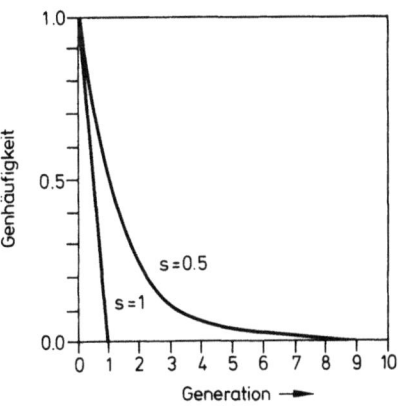

Abb. 1. Abnahme der Genhäufigkeit eines dominanten Gens in Abwesenheit von Neumutationen mit vollständiger Selektion gegen die Heterozygoten ($s = 1$) und mit auf die Hälfte herabgesetzter fitness ($s = 0{,}5$; VOGEL u. MOTULSKY 1979)

Das gilt jedoch nur, so lange wir nicht das Auftreten von *Neumutationen* berücksichtigen. In Wirklichkeit werden immer wieder defekte Gene durch Neumutationen entstehen, und zwar dürfen wir die „spontane" Mutationsrate von Generation zu Generation in erster Näherung als konstant ansehen. Werden alle Neumutanten sofort wieder eliminiert, so entspricht die *Merkmalshäufigkeit in der Bevölkerung* genau der Mutationsrate. Verbessert sich nun die fitness eines Genotyps – etwa, weil ärztliche Kunst eine neue Therapie für eine genetische Erkrankung ersonnen hat –, so kommen nunmehr zu den Neumutanten die überlebenden Gene aus der vorigen Generation hinzu; die Erbkrankheit wird häufiger. Abb. 2 (nach VOGEL 1979 a) zeigt das für das Retinoblastom und verschiedene Annahmen für den neuen Selektionswert (s). Dabei ist darauf Rücksicht genommen, daß nicht alle Fälle von Retinoblastom durch eine Neumutation in der *Keimzelle* eines der Eltern verursacht sind; die meisten einseitigen Fälle entstehen durch somatische Mutation in einer embryonalen Retinazelle, und auf ihre Häufigkeit hat die fitness der Patienten natürlich keinen Einfluß.

Wie Abb. 2 zeigt, geht der Häufigkeitsanstieg in der Regel keineswegs geradlinig ins Unendliche, sondern die Kurve neigt sich, bis sie nach einigen Generationen wieder waagerecht verläuft; von jetzt an bleibt das Merkmal wieder von Generation zu Generation gleich häufig. Man sagt, es ist ein neues „*genetisches Gleichgewicht*" erreicht; in diesem Falle ein Gleichgewicht zwischen Mutation und Selektion. Der Gleichgewichtswert, d. h. die Häufigkeit des Merkmals in der Bevölkerung, ist – bei gleichbleibender Mutationsrate – desto höher, je geringer der Selektionsnachteil (s) des betreffenden Genotyps wird. Sollten die Retinoblastom-Patienten einmal überhaupt keinen Selektionsnachteil haben, sondern sich normal fortpflanzen ($s = 0$), dann würde die Häufigkeit allerdings theoretisch (in Abwesenheit von Rückmutationen) ansteigen, bis alle normalen Allele in der Bevölkerung durch Retinoblastomgene ersetzt wären. Das ist jedoch eine rein abstrakte Annahme; in Wirklichkeit wird mindestens die künstliche Selektion durch freiwilligen Verzicht auf Fortpflanzung dafür sorgen, daß die Häufigkeit relativ gering bleibt.

Ein ähnliches genetisches Gleichgewicht zwischen Selektion und Mutation, wie es hier am Beispiel einer dominant erblichen Krankheit gezeigt wurde, besteht auch für X-chromosomal rezessive Erbleiden, insbesondere solche mit erheblichem fitness-Verlust und entsprechendem Selektionsnachteil des mutierten Gens. Entsprechend reagiert auch die Häufigkeit in der Bevölkerung auf eine Verbesserung der fitness, – etwa durch ärztliche Therapie: Sie (die Häufigkeit) steigt an. Die Häufigkeit autosomal-rezessiver Erbleiden wird dagegen durch Änderungen in der fitness der homozygot Kranken kaum beeinflußt; denn die große Mehrzahl aller entsprechen-

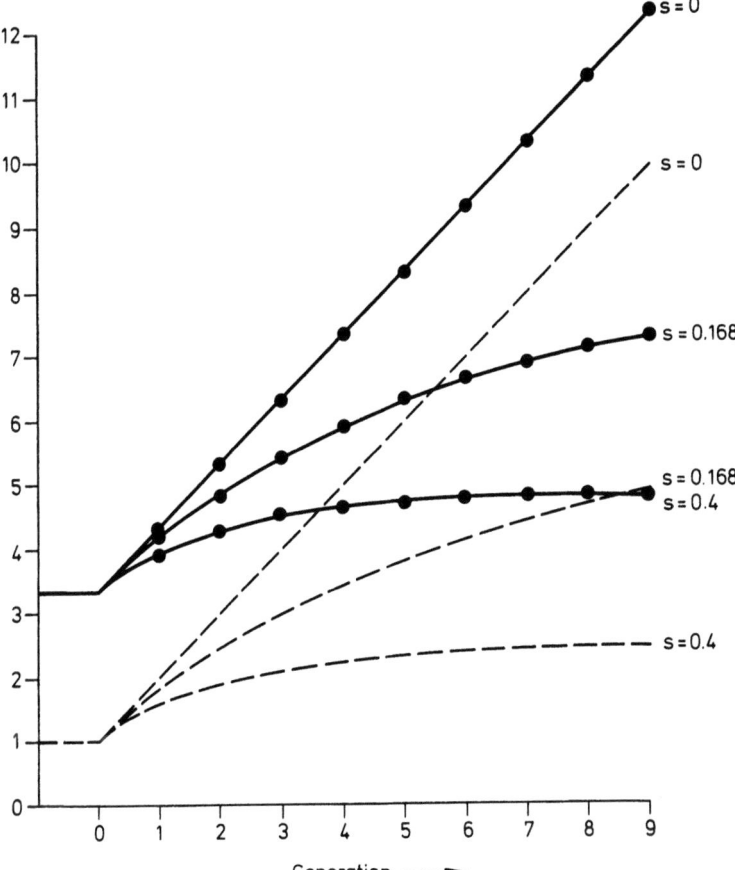

Abb. 2. Voraussagbarer Anstieg in der Häufigkeit des Retinoblastoms infolge des Nachlassens der Selektion. Ordinate: 1 = Häufigkeit des erblichen Retinoblastoms, entsprechend der Mutationsrate, bei vollständiger Selektion durch Tod aller Retinoblastom-Patienten vor Erreichung des fortpflanzungsfähigen Alters. Die Abszisse zeigt die Zahl der Generationen. *Gestrichelte Linie:* Anstieg der Häufigkeit des erblichen Retinoblastoms unter drei Annahmen für die Selektion. Unter heutigen Verhältnissen trifft die mittlere Annahme ($s=0{,}168$) etwa zu. *Durchgezogene Linie:* Häufigkeit und Anstieg aller Retinoblastom-Fälle, der erblichen und der nichterblichen (durch somatische Mutation verursachten) zusammen. Dabei ist angenommen, daß die Häufigkeit der nichterblichen Fälle etwa gleich bleibt (nach VOGEL 1979a)

den Gene in einer Bevölkerung ist ja nicht in den Homozygoten, sondern in den Heterozygoten enthalten (vgl. das Hardy-Weinberg-Gesetz und die Diskussion in VOGEL u. MOTULSKY 1979, Sekt. 5.1.).

Für unser Thema *Selektion als wirksamer Faktor in der Evolution des Menschen* wollen wir aus diesen Betrachtungen zwei Tatsachen festhalten:

1. Selektion ist nicht nur etwas weit in der Vergangenheit Liegendes, sondern sie findet mitten unter uns ständig statt. Alle Menschen – mit Ausnahme eineiiger Zwillinge – sind in der Kombination ihrer Erbanlagen verschieden. Sobald die Kombination dieser Erbanlagen ihre Kinderzahl beeinflußt, wie beim Retinoblastom, wo eine Mutation früher die Fortpflanzung ganz unmöglich machte, da findet Selektion statt. Sie hat zur Folge, daß die Häufigkeit bestimmter Erbanlagen in der nächsten Generation eine andere sein wird als jetzt. Genau das gleiche geschah im Laufe der Jahrmillionen immer wieder und hat – zusammen mit den ständig neu auftretenden Mutationen – zur Entwicklung aller heute beobachteten Formen des Lebens geführt, einschließlich des Menschen. Die gleichen beiden Grundvorgänge, Mutation und Selektion, werden auch heute noch ständig beobachtet. Die Evolution ist also nicht abgeschlossen; sie geht auch in Gegenwart und Zukunft weiter. Wir haben Grund zu der Vermutung, daß die Änderungen in den Lebensbedingungen der Menschheit, wie sie die moderne Zivilisation seit ca. 200 Jahren mit sich gebracht hat, die Evolution sogar beschleunigt haben dürften.

Damit sind wir bei der zweiten Lehre, die wir aus unserer Beobachtung ziehen wollen:

2. Evolution verläuft niemals geradlinig und einem bestimmten Ziel entgegen, sondern ihre Richtung hängt ab von den Veränderungen der Selektionsbedingungen. Sie braucht auch nicht „aufwärts" zu gehen, was immer man im einzelnen darunter verstehen mag, sondern sie kann auch durchaus einmal in einer Sackgasse enden oder gar „abwärts" verlaufen. Im Laufe der Erdgeschichte sind viele Tier- und Pflanzenarten ausgestorben, und es steht nirgends geschrieben, daß es der Species Homo sapiens nicht einmal genauso ergehen wird.

Eine *Gefahr* ist hier sicher die Zunahme krankhafter Erbanlagen durch bessere ärztliche Behandlung und deshalb vermehrte Fortpflanzung der Erbkranken; wir haben das an unserem Beispiel gesehen. Ein anderes, relativ harmloses Beispiel ist die Rot-Grün-Blindheit. Etwa 8% der Männer in der Bundesrepublik leiden an dieser Anomalie; da die betreffenden Gene auf dem X-Chromosom liegen und rezessiv vererbt werden, ist nur etwa ein halbes Prozent aller Frauen befallen. Denn die Chance, daß ihre beiden X-Chromosomen dieselbe Erbanlage für Rot-Grün-Blindheit tragen, ist niedriger als die Chance, daß das einzige X-Chromosom des Mannes diese Erbanlage trägt (vgl. das Hardy-Weinberg-Gesetz). Die Rot-Grün-Blinden sind im täglichen Leben nicht sehr behindert; für manche Berufe allerdings sind sie unbrauchbar.

Als man die Häufigkeit der Rot-Grün-Blindheit bei verschiedenen Bevölkerungen verglich, stieß man auf einen interessanten Zusammenhang: bei primitiven Jäger- und Sammlerbevölkerungen ist sie sehr selten; sie wird desto häufiger, je länger in der Geschichte der betreffenden Bevölkerung das Jäger- und Sammlerstadium zurückliegt, weil es durch den Ackerbau abgelöst wurde. Diese Regel ist fast durchgehend erfüllt. Die Erklärung liegt auf der Hand: Ein Jäger oder Sammler ist erheblich im Nachteil, wenn er im Urwald oder in der Savanne rote und grüne Objekte nicht deutlich voneinander unterscheiden kann. Es ist schwieriger für ihn, Nahrung zu finden, und er wird vielleicht auch einem Raubtier leichter zum Opfer fallen. Der Ackerbau- oder Viehzuchttreibende kann dagegen auch ganz gut ohne normales Farbsehvermögen durchkommen; die Selektion läßt also nach, wenn sich die Lebensform ändert, und das Gen kann häufiger werden (POST 1971).

Man könnte noch viele weitere Beispiele für das Nachlassen der Selektion unter fortgeschrittenen Lebensbedingungen anführen. Auf den ersten Blick möchte man meinen, dies müsse in jedem Fall ungünstige genetische Folgen haben; Schwächlinge und anfällige Menschen müßten sich ständig vermehren, bis die Menschheit einem „Gentod" entgegenginge. Manche Genetiker sind tatsächlich dieser Auffassung (vgl. u. a. MULLER 1950; VOGEL 1979b), und daß es solche ungünstigen Folgen hat, wenn die Selektion nachläßt, kann vernünftigerweise niemand bestreiten.

Trotzdem kann man den Gesamtweg der gegenwärtig ablaufenden Evolution doch wohl etwas optimistischer sehen. Die tatsächlichen Verhältnisse sind nämlich komplizierter. Es ist ja zu bedenken: Noch vor ca. 200 Jahren war die Sterblichkeit in Kindheit und Jugend so hoch, daß weniger als 50% aller Menschen das fortpflanzungsfähige Alter erreichten. Mehr als 50% starben also in Kindheit und Jugend. Daß diese Menschen so früh starben, war ja nur zum allerkleinsten Teil durch Erbleiden wie das Retinoblastom bedingt. Die große Mehrheit starb an Ernährungsstörungen oder – noch viel häufiger – an Infektionskrankheiten.

Die Selektion bediente sich gewissermaßen der Infektionskrankheiten, um den Nachwuchs in jeder Generation aufs neue zu dezimieren. Daraus läßt sich logisch zwingend eines folgern: *Die genetische Zusammensetzung unserer gegenwärtigen Bevölkerung ist großenteils durch Anpassung an Infektionskrankheiten bestimmt.* Wir dürfen aber noch einen Schritt weitergehen und vermuten, daß sogar solche Gene sich vermehren konnten, die in manch anderer Beziehung Nachteile für den Menschen mit sich brachten, wenn sie nur außerdem die Überlebenschance gegenüber den Infektionskrankheiten erhöhten. Man kann das einmal bewußt ungenau so ausdrücken: Die Natur war gezwungen, *Kompromisse* einzugehen, indem sie für eine verbesserte genetische Resistenz gegenüber Infektionen andere genetische Nachteile mit in Kauf nahm. Dieser Satz ist deshalb ungenau, weil darin etwas wie Zielbewußtsein der Natur ausgedrückt wird, während die Vorgänge in Wirklichkeit rein kausal erklärbar sind.

Wie soll man sich einen solchen Kompromiß konkret vorstellen? Das soll an einem Beispiel erläutert werden: In Zentral- und Ostafrika, im Mittelmeergebiet und in Teilen Südasiens ist eine Blutkrankheit häufig, die *Sichelzell-Anämie*. Ihr Name kommt daher, daß die roten Blutkörperchen, die normalerweise rund sind, eine Neigung zeigen, Sichelform anzunehmen. Außerdem zerfallen sie auch leichter als normale Blutkörperchen; die Patienten erkranken daher schon als Kinder an einer schweren Anämie, die ohne Behandlung früher oder später, meist schon während der Kindheit und Jugend zum Tode führt.

Diese Sichelzell-Anämie ist eine rezessiv-erbliche Krankheit: Um zu erkranken, muß der Patient für das krankhafte Gen homozygot sein, d. h. er muß von jedem seiner Eltern die gleiche krankhafte Erbanlage erhalten haben. Da Homozygote früh sterben und sich normalerweise nicht fortpflanzen, müssen also beide Eltern heterozygot für die Anlage zur Sichelzell-Anämie sein; sie selber haben keine wesentlichen Symptome, aber von ihren Kindern wird ein Viertel homozygot und erkrankt. Die Sichelzell-Gene dieser Kinder werden aus der Bevölkerung eliminiert. Das hat eine erhebliche Selektion zur Folge, und um so mehr interessiert uns die Frage: Warum konnte dieses Gen in bestimmten Bevölkerungen trotzdem so häufig werden?

Zunächst dachte man an eine besonders hohe Mutationshäufigkeit. Diese Hypothese konnte aber sehr rasch widerlegt werden. Auf die richtige Spur kam man, als man sich fragte: Vielleicht ist es hier mit der Selektion komplizierter, als wir ursprünglich angenommen haben. Vielleicht haben die gesunden Heterozygoten dieses Sichelzell-Gens gegenüber den Menschen ohne Sichelzell-Gen einen Überlebensvorteil, der sich unter den Lebensbedingungen in den tropischen Ländern bemerkbar macht. In erster Linie kamen hier tropische Infektionskrankheiten als Selektionsfaktor in Frage. Eine Krankheit war vor allem verdächtig: Es ist die Malaria tropica, die hervorgerufen wird durch Plasmodium falciparum, und der noch bis vor wenigen Jahren in jenen Ländern unglaublich viele Menschen zum Opfer fielen, die meisten schon im Kindesalter.

Viele Befunde haben den Verdacht zur Sicherheit werden lassen: Heterozygote des Sichelzell-Gens erkranken als kleine Kinder weniger oft an tropischer Malaria als andere Menschen, und wenn sie erkranken, dann überleben sie öfter und haben vor allem durchschnittlich mehr Kinder.

Deshalb konnte das Gen sich in diesen Bevölkerungen vermehren, obwohl die Homozygoten an der Sichelzell-Anämie erkranken und früh zugrundegehen. Der Verlust an Sichelzell-Genen durch Sterben dieser Homozygoten wird kompensiert durch einen Gen-Gewinn, weil sich die Heterozygoten vermehrt fortpflanzen (ALLISON 1964).

Das ist der Kompromiß, den die Natur eingegangen ist: Die verbesserte Chance eines Teiles der Bevölkerung, nämlich der Heterozygoten des Sichelzell-Gens, eine Infektion an tropischer Malaria zu überstehen, wird erkauft durch den Nachteil, daß viele Homozygoten des gleichen Gens an einer schweren erblichen Anomalie zugrundegehen müssen.

Auch hier soll sich eine etwas mehr formale Betrachtung anschließen: In diesem Falle bevorzugt die Selektion den Heterozygoten auf Kosten der beiden Homozygoten, von denen der eine an Sichelzell-Anämie erkrankt ist, und der andere ein höheres Risiko hat, an Malaria tropica zu sterben. Demnach ist die fitness des Heterozygoten $Aa = 1$; $s = 0$. Wir nennen den Selektionswert des Homozygoten $AA = s_1$, den des Homozygoten $aa = s_2$. Nach dem Hardy-Weinberg-Gesetz gilt offenbar für die Häufigkeit der Genotypen:

	AA	Aa	aa	Summe
Vor der Selektion	p^2	$2pq$	q^2	1
Fitness	$1 - s_1$	1	$1 - s_2$	
Nach der Selektion	$p^2(1-s_1)$	$2pq$	$q^2(1-s_2)$	$1 - s_1 p^2 - s_2 q^2$

Unter Benutzung der Beziehung $pq + q^2 = q$ erhalten wir die folgende Formel für die Änderung der Genhäufigkeit q von einer Generation zur nächsten:

$$\Delta q = \frac{q - s_2 q^2}{1 - s_1 p^2 - s_2 q^2} - q = \frac{pq(s_1 p\, s_2 q)}{1 - s_1 p^2 - s_2 q^2} \quad ^1$$

Abbildung 3 zeigt die Werte für Δq für verschiedene q und für $s_1 = 0{,}15$; $s_2 = 0{,}35$. Δq kann negativ oder positiv sein, je nachdem, ob $s_1 p$ größer oder kleiner als $s_2 q$ ist. Wenn $s_1 p = s_2 q$, dann ist $\Delta q = 0$. Auflösen der Gleichung für p oder q ergibt die folgenden Gleichgewichtswerte:

$$\hat{p} = \frac{s_2}{s_1 + s_2}; \quad \hat{q} = \frac{s_1}{s_1 + s_2}$$

---

[1] Diese Formeln können durch simple Bruchrechnung verifiziert werden, worauf hier verzichtet sei

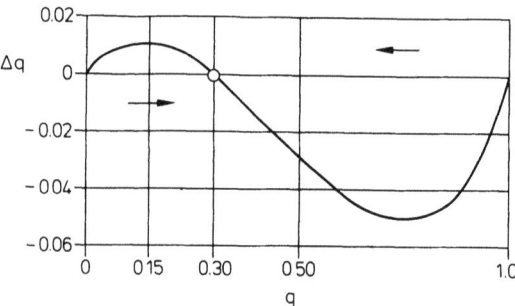

Abb. 3. Die Veränderung der Genhäufigkeit von einer Generation zur nächsten, Δq, für verschiedene Werte von q, und für $s_1 = 0,15$ und $s_2 = 0,35$. Gleichgewichtswert $\hat{q} = 0,3$. Beachte, daß Δq bei Werten von q unter dem Gleichgewichtswert positiv, bei Werten über dem Gleichgewichtswert negativ ist (= stabiles Gleichgewicht) (nach Li 1955)

Es findet sich also wieder – wie oben schon für die Beziehung von Selektion mit der Mutation dargestellt – ein *genetisches Gleichgewicht*. Dieses Gleichgewicht ist nur von der Größe von s_1 und s_2 relativ zueinander abhängig; also von den Selektionswerten der beiden Homozygoten. Es ist außerdem „stabil"; d.h. eine zufällige Verschiebung der Genhäufigkeit hat die Tendenz, sich von allein wieder auszugleichen; die Genhäufigkeit kehrt zum Gleichgewichtswert zurück. Auf Abb. 3 kann man das daran erkennen, daß Δq oberhalb des Gleichgewichtswertes negativ, unterhalb des Gleichgewichtswertes jedoch positiv ist. Auch das oben dargestellte Gleichgewicht zwischen Selektion und Mutation ist stabil; es gibt aber in der Populationsgenetik durchaus auch unstabile Gleichgewichte. Ein Beispiel ist die Selektion *gegen* die Heterozygoten, wie sie z. B. aufgrund serologischer Mutter-Kind-Unverträglichkeit auftritt, z. B. beim Rhesus-Faktor.

In vielen Fällen herrschen wesentlich kompliziertere Verhältnisse, als sie hier dargestellt sind (für Einzelheiten vgl. Li 1955; Vogel u. Motulsky 1979).

Doch zurück zu dem Sichelzell-Beispiel: In neuerer Zeit wurde die Malaria tropica weitgehend ausgerottet. Welche genetischen Folgen wird das haben? Mit dem Vorteil der Heterozygoten hat es nun ein Ende. Dagegen bleibt der Nachteil der Homozygoten bestehen; auf diese Weise verschwinden Generation für Generation viele Sichelzell-Gene aus der Bevölkerung. Infolgedessen muß diese schwere Erkrankung im Laufe der Zeit seltener werden: die Ausrottung der tropischen Malaria hat also das Seltenwerden eines schweren Erbleidens zur Folge. Der Kompromiß, den die Natur eingegangen war, ist nun nicht mehr nötig und wird abgebaut. Zweifellos ist das ein günstiger genetischer Effekt.

Es gibt viele Hinweise dafür, daß das nicht ein Einzelfall ist. So spricht vieles dafür, daß die Unterschiede in den gewöhnlichen AB0-Blutgruppen ebenfalls in Anpassung an frühere Infektionen zustandegekommen sind (Disk. in VOGEL u. MOTULSKY 1979, Sekt. 6); sie haben aber heute zur Folge, daß es zu sog. serologischen Unverträglichkeitsreaktionen zwischen Mutter und Kind kommen kann. Wenn die Selektion durch Infektionen wegfällt, so ist vorauszusehen, daß menschliche Bevölkerungen bezüglich ihrer Blutgruppen immer mehr homozygot werden; Unverträglichkeitsreaktionen zwischen Mutter und Kind werden dadurch seltener.

Wir halten also fest: Es gibt gegenwärtig auch günstige Selektionswirkungen; welchen Umfang allerdings die günstigen Selektionswirkungen dieser Art insgesamt haben, – und insbesondere, ob sie genügen, die vorhin genannten ungünstigen Wirkungen zu kompensieren, – das kann heute noch niemand sagen. Insbesondere soll nicht der Eindruck entstehen, als ob das Nachlassen der Selektion durch Infektionskrankheiten nur günstige genetische Wirkungen haben müßte. Es ist auch hier außerdem mit ungünstigen Tendenzen zu rechnen. Im Laufe der Evolution ist ein äußerst kompliziertes und sehr wirksames Abwehrsystem gegen Krankheitserreger entstanden: Das *Immunsystem*. Es besteht aus zahlreichen, zellulären und humoralen Komponenten. Für alle diese Komponenten kennt man Defektmutanten; sie führen zu einer verminderten Resistenz gegenüber verschiedenen Gruppen von Infektionen. Früher sind diese Patienten fast ausnahmslos an Infektionen zugrundegegangen. Heute kann man sie mit Hilfe von Antibiotika retten, so daß sie ihre Gene auf künftige Generationen übertragen können. Wahrscheinlich sind Mutationen, die zu leichten Anomalien führen, noch viel häufiger. Auch Träger leichter Immundefekte waren früher stärker gefährdet. Heute erkennt man sie nicht einmal, da die meisten Infektionen mit Antibiotika behandelt werden. Kumulieren aber im Laufe der Zeit verschiedene leichte Anomalien, so kann das gefährlich werden. Wird in ferner Zukunft die Menschheit ihren genetischen Schutz durch das Immunsystem langsam aber sicher einbüßen? Das ist eine wirkliche Sorge (vgl. VOGEL 1973).

Kehren wir zurück zu dem *Sichelzell-Gen:* Das Sichelzell-Beispiel erlaubt uns, auch eine andere Tatsache besser zu verstehen:

Bekanntlich hat die Evolution des Menschen nicht zu einer einheitlichen Bevölkerung geführt, sondern die Menschheit gliedert sich vielfältig in Rassen und Stämme, die neben vielen Ähnlichkeiten auch eine Reihe bedeutender Unterschiede in ihrem Erbanlagenbestand aufweisen. Wie konnten diese Unterschiede entstehen? Die Antwort lautet: Im Wesentlichen, d.h. neben zufälligen Verschiebungen von Genhäufigkeiten, durch unterschiedliche Selektionsbedingungen in den verschiedenen Lebensbereichen, die der Mensch besiedelte. So konnte das Sichelzell-Gen nur in

Gegenden häufig werden, in denen Malaria tropica vorkam. Deshalb ist es jetzt bei Schwarzen häufig, bei Nordeuropäern und Chinesen aber nicht. Auch die bekannten äußeren Rassenmerkmale, soweit sie überhaupt eine genetische Grundlage besitzen, sind sicher auf grundsätzlich ähnliche Weise im Laufe der Menschheitsentwicklung durch Selektion gezüchtet worden.

Zum Beispiel vermutet man als Ursache für die *helle Hautfarbe* der Nordeuropäer eine Anpassung an den chronischen Ultraviolett-Lichtmangel in unserem nordeuropäischen Klima. Durch den Lichtmangel soll die Aktivierung von Vitamin D in der Haut unzulänglich sein, und das Kind erkrankt an einer Knochenerweichung, der Rachitis. Die Rachitis aber war früher eine Hauptursache von Geburtsschwierigkeiten, die oft zum Tode von Mutter und Kind führten; eine sehr wirkungsvolle Selektion! Der Pigmentmangel in der Haut des Nordeuropäers soll es nun möglich machen, daß er die Ultraviolettstrahlung maximal ausnützt und damit der Rachitis vorbeugen kann. Weitere Beispiele ließen sich nennen.

Wie wird es weitergehen? Niemand kann diese Frage beantworten. Eines steht aber fest: Die Selektion als wichtigste Triebfeder der Evolution ist noch heute (auch beim Menschen) wirksam. Darum ist auch die Evolution des Menschen nicht abgeschlossen. Ob sie zum Guten oder zum Schlechten führen wird – das hängt weitgehend von uns selbst ab. Denn es besteht ein ganz wesentlicher *Unterschied* zwischen der Evolution des Menschen in der Vergangenheit und Gegenwart und seiner Evolution in der Zukunft: Früher lief dieser Vorgang unerkannt ab, man konnte ihn deshalb auch nicht bewußt beeinflussen. Vor 100 Jahren aber, im Jahre 1859, veröffentlichte CH. DARWIN sein Buch: „Die Entstehung der Arten durch natürliche Zuchtwahl." In diesem Buch hat er begründet, warum die Selektion die beherrschende Kraft der Evolution ist. Was damals noch Hypothese war, wurde seitdem über jeden vernünftigen Zweifel hinaus bestätigt und gehört jetzt zu dem gesicherten Wissensbestand der Biologie.

Die Populationsgenetik des Menschen, also jener Teil der Erbforschung, der sich mit den Gesetzmäßigkeiten der Häufigkeit und Verteilung von Erbanlagen in menschlichen Bevölkerungen beschäftigt, hat es sich zur Aufgabe gemacht, auch die Selektion beim Menschen zu erforschen; einige Beispiele dieser Arbeitsrichtung wurden oben dargestellt. Um den Gesamtvorgang der Selektion beim Menschen in Gegenwart und Zukunft zu übersehen, dazu reicht unser konkretes Wissen noch längst nicht aus. Deshalb können wir nicht prophezeien, was aus der Menschheit genetisch einmal werden wird. Sobald wir aber einige Selektionsfaktoren erkannt haben, können wir sie – in gewissen Grenzen – beeinflussen. Wie kann das geschehen? Da haben Wissenschaftler in den letzten Jahren gelegentlich Gedanken geäußert, die mit Recht viele Menschen beunruhigt haben.

Ähnlich der künstlichen Selektion, wie man sie in der Tier- und Pflanzenzucht mit so viel Erfolg anwendet, sollen Menschen gezüchtet werden, ja manchen war selbst dieser Weg zu konservativ, und sie wollten den Zuchtprozeß durch direkten Eingriff an den Erbanlagen beschleunigen und lenken (WOLSTENHOLME et al. 1963). Glücklicherweise sind das Hirngespinste ohne jede Aussicht auf praktische Verwirklichung. Wie meistens, so ist auch hier die Wirklichkeit weit weniger sensationell.

Erinnern wir uns wieder des Kindes mit Retinoblastom! Die Eltern kamen, um sich beraten zu lassen. Die Geschichte geht jedoch weiter: Als sie erfuhren, daß jedes weitere Kind eine Gefährdung von 50% hat, ebenfalls ein Retinoblastom zu bekommen, da entschlossen sie sich, auf weitere Kinder zu verzichten. Das Motiv war ganz naheliegend und natürlich: Sie wollten den Kindern die Gefahren und Leiden ersparen, die mit dieser Krankheit verbunden sind. Darüber hinaus leisten diese Eltern damit aber einen Beitrag dazu, das krankhafte Gen an seiner Verbreitung zu hindern. Sie beeinflussen damit die Selektion in vorteilhaftem Sinne.

Dieses Beispiel zeigt, wo unsere Chancen liegen: Unsere biologischen Kenntnisse helfen uns, im Einzelfall ratend und helfend einzugreifen und damit auf die Dauer die Selektionsvorgänge und die zukünftige Evolution des Menschen in positivem Sinne zu beeinflussen. Dabei kommt uns zugute, daß wir jetzt wirksame Methoden der pränatalen Diagnostik und der Geburtenkontrolle besitzen. Diese Methoden müssen wir ohnehin in weltweitem Maßstab anwenden, weil es nur so gelingen kann, die Bevölkerungsexplosion abzubremsen. Sie können aber auch helfen, die Selektion zu beeinflussen – zum Besten zukünftiger Generationen.

Literatur

Allison AC (1964) Polymorphism and natural selection in human populations. Cold Spring Harbor Symp Quant Biol 24:137–149

Li CC (1955) Population genetics. Univ Chicago Press, Chicago

Muller HJ (1950) Our load of mutation. Am J Hum Genet 2:111–176

Post RH (1971) Possible cases of relaxed selection in civilized populations. Hum Genet 13:253–284

Schappert-Kimmijser J, Hemmes GD, Nijland R (1966) The heredity of retinoblastoma. Ophthalmologica 151:197–213

Vogel F (1973) Der Fortschritt als Gefahr und Chance für die genetische Beschaffenheit des Menschen. Klin Wochenschr 51:575–585

Vogel F (1979a) Genetics of retinoblastoma. Hum Genet 52:1–54

Vogel F (1979b) Our load of mutation: reappraisal of an old problem. Proc R Soc Lond Ser B 205:77–90

Vogel F, Motulsky AG (1979) Human genetics – problems and approaches. Springer, Berlin Heidelberg New York

Wolstenholme GEW (ed) (1963) Man and his future. CIBA Found Symp Churchill, London

Aspekte der molekularen Organisation des menschlichen Genoms

J. Schmidtke

Das menschliche Genom ist etwa 1000mal größer als das Genom eines Bakteriums. Da die Bakterienzelle einige Tausend verschiedene Proteine herstellen kann, sollte man erwarten, daß das menschliche Genom das Potential für die Produktion einiger Millionen verschiedener Proteine hat. Die tatsächliche Zahl von Proteinen, die in den verschiedenen Zelltypen des menschlichen Organismus benötigt werden, dürfte weitaus geringer sein. Man hat geschätzt, daß nur einige Zehntausend strukturelle Gene für Polypeptidketten kodieren, deren Verlust oder Fehlfunktion vom Organismus nicht toleriert werden kann.

Es stellt sich die Frage, welche Funktion der Anteil des Genoms erfüllt, der nicht in solche Proteine übersetzt wird bzw. unmittelbar andere Strukturelemente der Proteinsynthese hervorbringt (wie ribosomale und transfer RNA's, s.u.). Wie sind regulatorische Gene beschaffen, also solche Sequenzen, die zwar selbst nicht für Polypeptide kodieren, aber deren Synthese kontrollieren? Wie sind regulatorische und strukturelle Genelemente zueinander geordnet? Welche Gene steuern Keimesentwicklung und Organogenese, beeinflussen Erscheinungsbild und Verhalten? Welche genetischen Prozesse führen zur Entstehung von Entwicklungsstörungen und Krebs? Gibt es Genomabschnitte, die überhaupt keine Funktion haben?

Keine dieser Fragen läßt sich zur Zeit schlüssig beantworten. Die neueren Entwicklungen der molekularbiologischen Forschung haben jedoch zumindest einen Einblick in die molekulare Organisation auch des menschlichen Genoms eröffnet; es sind Techniken entwickelt worden, mit denen eine Beantwortung der aufgeworfenen Fragen in Zukunft möglich sein kann.

Für die klinisch angewandte Humangenetik sind die neuen Methoden und Erkenntnisse schon jetzt von praktischer Bedeutung, insofern sie das Diagnosenspektrum von Erbkrankheiten erweitern.

DNA und RNA

Das menschliche Erbgut besteht – wie das der meisten anderen Lebewesen – aus Desoxyribonukleinsäure (DNA). In jedem diploiden Zellkern sind 7×10^{-12} Gramm dieses Makromoleküls gespeichert. Es besteht jeweils aus einer Kette von Bausteinen, den Nukleotiden, die die organischen Basen Adenin (A), Thymin (T), Guanin (G) und Cytosin (C) enthalten. Jedes DNA-Molekül ist ein Doppelstrang dieser Nukleotidketten, wobei jeweils A mit T und G mit C gepaart zueinander geordnet sind. Die eigentliche genetische Information besteht in der linearen Anordnung dieser Bausteine. Zunächst wird in der Zelle mit Hilfe von speziellen Enzymen (RNA-Polymerasen) einer der beiden DNA-Stränge in Ribonukleinsäure (RNA) übersetzt (Transkription). Hierbei werden die Regeln der Basenpaarung eingehalten, d.h. die Sequenz CGTA wird in GCAU transkribiert (statt Thymin wird in der RNA Uracil (U) verwendet). Nach ihrer Struktur und ihrer Funktion lassen sich die RNA's im wesentlichen drei Gruppen zuordnen: ribosomale RNA, transfer RNA und messenger RNA. Ribosomale RNA's sind Strukturelemente der Ribosomen, jener Zellorganellen, an denen die Proteinsynthese abläuft. Transfer RNA's stellen hierbei die Bausteine der Polypeptide, die Aminosäuren, bereit, die entsprechend der Nukleotidfolge der messenger RNA's miteinander verknüpft werden (Translation). Jeweils drei aufeinanderfolgende Basen spezifizieren dabei eine Aminosäure, UUC z.B. führt zum Einbau der Aminosäure Phenylalanin, AGC zum Einbau von Serin. Manche Basentripletts dienen als Steueranweisung: AUG = Beginn einer Polypeptidkette, UAA = Stop der Translation.

Genstruktur

Während der genetische Code bereits 1953 entschlüsselt wurde, so ist es doch erst vor kurzem gelungen, die Struktur individueller menschlicher Gene aufzuklären. Drei neue Methoden haben dies ermöglicht: der Einsatz von Restriktionsendonukleasen, das molekulare Klonieren und die Technik der Nukleotidsequenzanalyse. Eines der Hauptprobleme bei der Untersuchung des menschlichen Genoms ist nämlich dessen ungeheure Größe. Würde man die Nukleotidfolge der DNA eines einzigen menschlichen Zellkerns ausschreiben wie die Buchstaben in diesem Buch, so würde das eine Zeile von der Länge eines Erddurchmessers ergeben. Restriktionsendonukleasen sind Enzyme, die große DNA-Moleküle in kleinere Fragmente zerlegen können, und zwar in Abhängigkeit von der gegebenen Nukleotidfolge. Verschiedene Restriktionsenzyme erkennen verschiedene Nukleotidfolgen. Das Enzym EcoRI – wie alle Restriktionsenzyme benannt nach dem Mikroorganismus, aus dem es gewonnen wurde (hier *Escherichia coli*) – spaltet an der Nukleotidsequenz GAATTC zwischen G und A, Hae III (aus *Haemophilus aegypticus*) die Sequenz GGCC zwischen G und C. Mehrere Hundert solcher Enzyme sind bereits identifiziert worden.

Durch Restriktionsenzymbehandlung läßt sich die DNA eines menschlichen Genoms mit einer Gesamtlänge von 3 Milliarden Nukleotiden in einige Hunderttausend bis Millionen verschiedener Fragmente spalten. Es stellt sich nun das Problem, aus der Vielzahl dieser DNA Fragmente ein einzelnes Gen zu isolieren und in einer für die weitere Analyse ausreichenden Menge zu gewinnen. Dies geschieht mit Hilfe des sogenannten molekularen Klonierens.

Die wesentlichen Schritte eines solchen Experimentes sind in Abb. 1 schematisch wiedergegeben. Die zu klonierende Spender-DNA wird mit einem Vektor „rekombiniert", z. B. mit einem Plasmid, einem Stück zirkulärer DNA, die sich im Zellplasma eines Bakteriums autonom vermehren kann. Es stehen heute zahlreiche verschiedenartige solcher Vektoren zur Verfügung, die ihrerseits speziell für Klonierungszwecke genetisch manipuliert worden sind. Unter geeigneten experimentellen Bedingungen läßt sich eine Bakterienkultur in der Weise mit neurekombinierten Plasmiden transformieren, daß alle verschiedenen Spender-DNA-Fragmente repräsentiert sind. Bakterienzellen, die ein neurekombiniertes Plasmid aufgenommen haben, werden herausselektioniert und klonal vermehrt. Der entscheidende letzte Schritt zur Identifizierung eines Klons, der das Spendergen von Interesse enthält, erfordert in der Regel eine für diese Sequenz spezifische, d.h. basenkomplementäre Nukleinsäureprobe (DNA oder RNA). Gesetzt den Fall, man wolle die Gene für Globine (Bestandteile des roten Blutfarbstoffes) nachweisen, so bietet sich an, zunächst die Globin-messenger RNA, die in unreifen roten Blutzellen in hoher Konzentration vorliegt, zu isolieren. Diese Globin-messenger RNA selbst oder eine in vitro rückübersetzte DNA (cDNA=complementary DNA) wird radioaktiv markiert und mit der auf einem Filter gebundenen DNA der Bakterienklone inkubiert. Enthält ein Klon die entsprechende Sequenz in einem in ihm enthaltenen Plasmid so „hybridisiert" die radioaktive Probe, d.h. entsprechende Basen gehen eine stabile Paarung miteinander ein. Die Hybridmoleküle werden auf dem Filter zurückgehalten, und der „positive" Klon

---

Abb. 1. Molekulares Klonieren. Restriktionsenzymbehandelte Spender-DNA und Vektor-DNA (hier ein Plasmid) werden enzymatisch verbunden. Eine Bakterienkultur wird mit den neurekombinierten Plasmiden inokuliert. Mit Hilfe geeigneter Selektionsverfahren werden transformierte Zellen aussortiert und klonal vermehrt. Die DNA dieser Zellkolonien wird freigesetzt, auf einer festen Matrix (Nitrozellulosefilter) fixiert und sodann mit einer für die interessierende Sequenz spezifischen, radioaktiv markierten Probe hybridisiert. Positive Klone werden durch Autoradiographie (Schwärzung eines Röntgenfilmes) sichtbar gemacht und auf einer vorher angelegten Replica der Bakterienkolonieplatte wieder aufgesucht. Unter erneuter Kultivierung des Klons können nun beliebige Mengen der DNA-Sequenz von Interesse gewonnen werden

Aspekte der molekularen Organisation des menschlichen Genoms

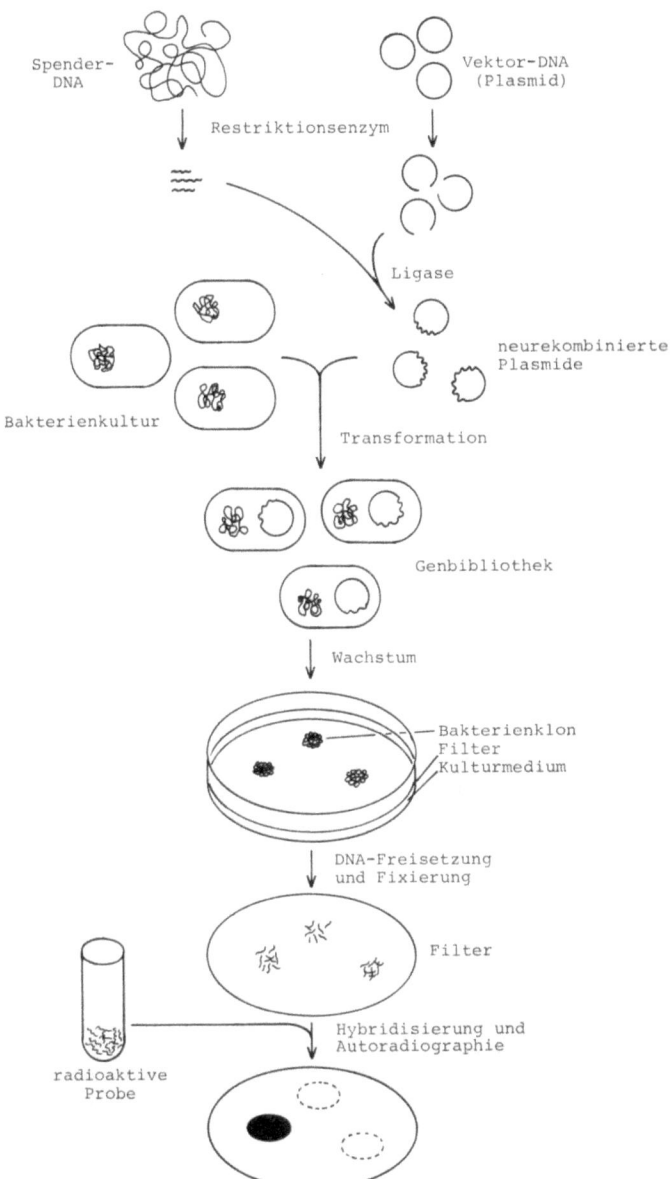

wird mit Hilfe eines autoradiographischen Verfahrens auf einem Röntgenfilm dokumentiert. Auf vorher angefertigten Replika der Bakterienkolonie läßt sich dieser Klon leicht wiederauffinden. Diese Zellen können erneut kultiviert werden, und die Globingene damit in beliebiger Menge für weitere Untersuchungen vermehrt werden.

Eine detailliertere Analyse der Genstruktur ist nun möglich. Der erste Schritt dieser Feinanalyse besteht – insbesondere dann, wenn das klonierte Fragment sehr groß ist – in der Konstruktion einer „Restriktionskarte" (s. Abb. 2). Dies erleichtert beispielsweise die genaue Lokalisation des interessierenden Gens auf dem klonierten Fragment, welches das Gen flankierende DNA-Sequenzen einschließen kann. Nun können, gegebenenfalls nach Sub-Klonierung, die interessierenden Abschnitte „sequenziert", d. h. ihre Nukleotidfolge bestimmt werden.

Aus Abb. 2 geht der überraschendste Befund hervor, den man erheben konnte, als man damit begann, die Struktur individueller eukaryotischer Gene aufzuklären. Anders als bei den Bakterien, deren messenger RNA-Nukleotidfolge der Gen-Nukleotidfolge vollkommen entspricht, sind die meisten Gene der höheren Organismen von Abschnitten unterbrochen, die in der messenger RNA nicht vorhanden sind. Unterbrochene Gene finden sich nicht nur in der Kern-DNA, sondern auch in viralen und mitochondrialen Genomen. Man bezeichnet die Genabschnitte, die in der mRNA repräsentiert sind, als Exons, und die dazwischenliegenden DNA-Sequenzen als Introns. Eine funktionelle messenger RNA wird aus einem großen Transkript hergestellt, das sowohl die Exons als auch die Introns umfaßt. Dieses Vorläufer-Molekül wird noch im Zellkern prozessiert, indem die intervenierenden RNA-Sequenzen entfernt und die den Exons entsprechenden Abschnitte vereinigt werden (splicing). Die Verbindungsstellen wer-

---

Abb. 2. Genstruktur. Die β-Globingenfamilie des Menschen besteht aus sieben Genen, die in enger Nachbarschaft auf dem Chromosom 11 lokalisiert sind. Die Produkte der ε- und γ-Gene sind Bestandteile des embryonalen bzw. fötalen Hämoglobins, δ- und β-Ketten werden im adulten Organismus benötigt. $\psi\beta_2$ und $\psi\beta_1$ sind Pseudogene, die nicht exprimiert werden. Die Struktur des β-Gens ist in größerem Detail wiedergegeben. Einige der bekannten Restriktionsenzymschnittstellen in diesem Gen und seinen flankierenden Regionen sind eingezeichnet. (*Hp* Hpa I; *B* Bam HI; *E* EcoRI; *P* Pst I). Die HpaI-Stellen in der Nachbarschaft des Gens sind variabel; dieser Polymorphismus ermöglicht die Diagnose von Gendefekten mittels Kopplungsanalyse (s. Text). Das β-Globingen hat, wie die meisten eukaryotischen Gene, eine mosaikartige Struktur: Die für das Protein kodierenden Sequenzen (Exons, *Ex*) sind von nicht-kodierenden Abschnitten (Introns, *In*) unterbrochen, die nach der Transkription entfernt werden (Prozessierung). Die reife messenger DNA enthält noch Anteile, die nicht in Protein übersetzt werden. [Nach KAN u. DOZY, PNAS 75, 5631 (1978); FRITSCH et al., Cell 19, 959 (1980); LAWN et al., Cell 21, 647 (1980)]

Aspekte der molekularen Organisation des menschlichen Genoms

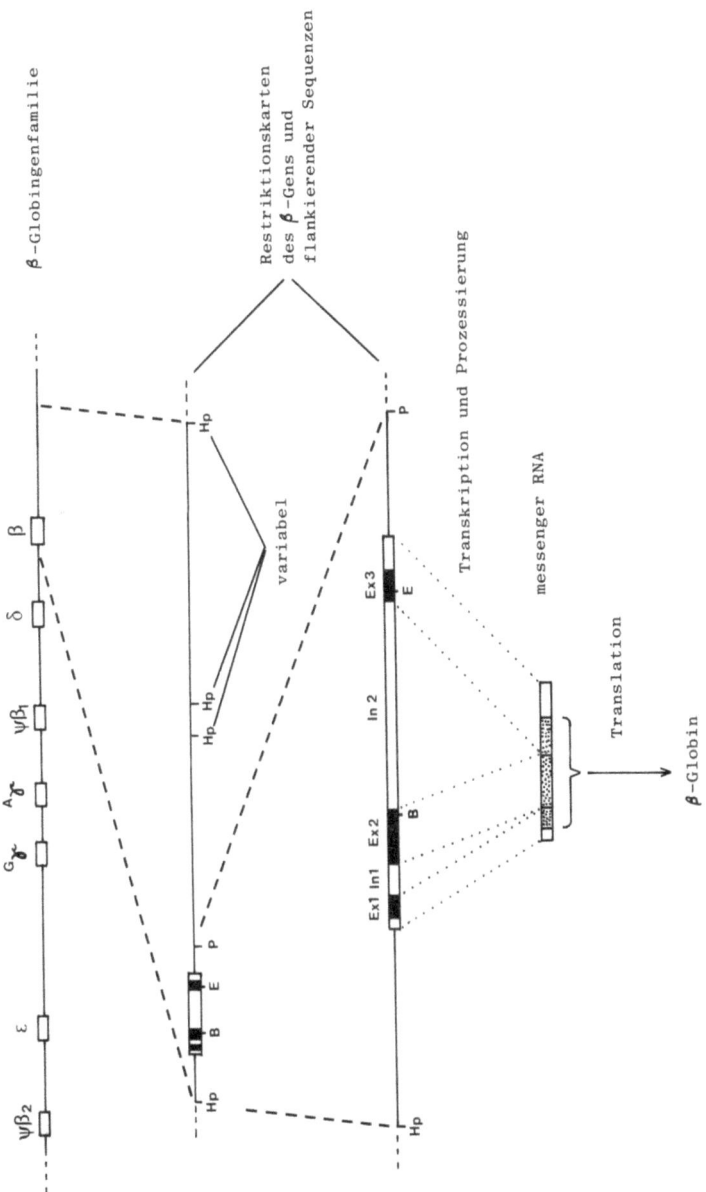

den offenbar von kurzen Nukleotidsequenzen an den Exon-Intron-Grenzen markiert. Nach Modifikation der beiden Enden wird das reife Transkript in das Zytoplasma, den Ort der Proteinsynthese, transportiert. Die Entdeckung, daß die meisten Gene in einer geteilten Konfiguration vorliegen, kann einerseits zur Erklärung beitragen, warum das menschliche Genom so groß ist: Gene nehmen einen viel größeren Platz im Genom ein, als von der Länge ihrer Produkte zu erwarten ist. Andererseits aber hat diese Entdeckung neue Fragen aufgeworfen. Welche Bedeutung haben die Introns?

Vergleicht man die Evolutionsgeschichte gewisser homologer Gene in verwandten Spezies, so kann man feststellen, daß manche Introns sehr alt sein müssen. Die Positionen der beiden Introns in den β-Globingenen von Mensch, Maus und Kaninchen und den α-Globingenen von Mensch und Maus sind identisch. Da α- und β-Gene wahrscheinlich aus einem Genduplikationsereignis hervorgingen, das vor 500 Millionen Jahren stattfand, kann angenommen werden, daß bereits ein archaisches Vorläufergen diese Introns in der gleichen Position enthielt. Nun braucht ein evolutionär konserviertes Phänomen nicht unbedingt zu bedeuten, daß es auch funktionell bedeutsam ist. Es ist durchaus denkbar, daß höhere Organismen nicht über einen generell effektiven Mechanismus verfügen, nicht funktionelle Sequenzen innerhalb funktioneller Gene präzise zu entfernen. Introns könnten jedoch Relikte aus sehr frühen Phasen der Genevolution darstellen, in denen sie eine wichtige Rolle gespielt haben mögen.

Es ist vorstellbar, daß eine mosaikartige Anordnung von Exons und Introns die Entstehung von komplizierteren Genen aus bereits funktionell bewährten kleineren Genabschnitten begünstigte. Durch genetische Rekombination können Anteile des Genoms miteinander vermischt werden. In einem diploiden Genom paaren normalerweise die beiden Chromosomen eines Chromosomenpaares der Länge nach, brechen an zufälligen Stellen und fusionieren wieder unter Austausch von homologen Segmenten. Dieser Prozeß kann jedoch auch an nicht-homologen Chromosomenabschnitten ablaufen und führt dann zu segmentaler Duplikation und Deletion. Bestünde das Genom nur aus funktionell essentieller DNA, so würden dabei zumeist funktionell ungeeignete Fusionsprodukte entstehen. Sind jedoch kodierende Sequenzen häufig von nicht-kodierenden unterbrochen, so werden viele Fusionen auch außerhalb der funktionell wichtigen Bereiche eintreten. Ein bereits existierender Splicing-Mechanismus garantiert dann die korrekte Exzision der fusionierten intervenierenden Sequenz auf der Stufe des Transkripts des neu entstandenen komplexen Gens.

Neben der allgemeinen Rolle, die Introns möglicherweise in der Genomevolution gespielt haben, kommt einigen von ihnen in den rezenten

Genomen eine Aufgabe bei der differentiellen Genexpression zu. Ein Beispiel ist das Gen für das Enzym α-Amylase in Leber und Speicheldrüse der Maus. In beiden Organen wird das gleiche Gen für die Produktion des Enzymproteins verwendet, jedoch sind die Exon-Abschnitte auf der Stufe der messenger RNA in unterschiedlicher, organspezifischer Weise miteinander verknüpft. Es wird angenommen, daß dies im Zusammenhang mit quantitativen Unterschieden der α-Amylase messenger RNA-Konzentrationen in den beiden Organen steht.

Keinesfalls sind jedoch die Introns per se eine Voraussetzung für die Genfunktion. Eine Reihe von Genen, darunter Gene für Histone (Strukturbestandteile der Chromosomen) und Interferone (Proteine, die u. a. bei der Infektabwehr eine Rolle spielen) weisen im menschlichen Genom keine Introns auf. Es ist wahrscheinlich, daß verschiedene Introns in verschiedenen Genen verschiedene oder auch gar keine Funktionen (mehr) ausüben und dann als evolutionärer Abfall (junk) anzusehen sind, der gelegentlich auch eleminiert worden ist. Dies kommt auch darin zum Ausdruck, daß viele Introns im Laufe der Evolution mehr Mutationen angehäuft haben als die benachbarten Exons. Anzumerken ist hier, daß Mutationen innerhalb eines Introns, selbst wenn dieses als solches offenbar nicht benötigt wird, zu drastischen funktionellen Veränderungen führen können. Durch Basenaustausche oder -deletionen können nämlich existierende splicing-Stellen aufgehoben oder neue erzeugt werden. Damit ist die Herstellung normaler messenger RNA (processing) gestört. Es sind genetische Defekte beim Menschen identifiziert worden, die sich über einen solchen Mechanismus erklären lassen.

Regulatorische Sequenzen

Bei der feinstrukturellen Analyse des menschlichen Genoms gilt ein Hauptinteresse der Identifizierung von regulatorischen Sequenzen, also DNA-Abschnitten, die die Expression struktureller Gene beeinflussen. Über die Mechanismen der Genkontrolle im Eukaryontengenom war bislang so gut wie nichts bekannt. Neuere Arbeiten haben jedoch immerhin erste Anhaltspunkte für ein Verständnis erbracht. Es war zu erwarten, daß einige für die Genaktivität essentielle Sequenzen in unmittelbarer Nachbarschaft von strukturellen Genen gelegen sein müßten, beispielsweise solche Segmente, die, den kodierenden Abschnitten vorausgehend, Startpunkt und Rate der Transkription durch RNA-Polymerase bestimmen (Promotoren). Als man eine Reihe von Strukturgenen verschiedenster Herkunft miteinander in ihrer Nukleotidsequenz vergleichen konnte, fiel auf, daß einige Abschnitte hinsichtlich ihrer Basenfolge und Lokalisation in bezug auf das folgende Gen extrem konserviert sind. Insbesondere handelt es sich dabei um die Basenfolgen (T)ATA und CCAAT, die in den meisten bisher untersuchten eukaryotischen Genen etwa 30 bzw. 80 Nukleotide vor der in messenger RNA übersetzten Sequenz liegen. Mehrere Experimente weisen darauf hin, daß es sich bei diesen Basenfolgen um Bestandteile der Promotorsequenz handeln dürfte. Von einer Beantwortung der Frage, welche regulatorischen Abschnitte die differentielle, d. h. gewebe- und entwicklungsspezifische Expression der strukturellen Gene steuern, ist man allerdings noch weit entfernt. In diesem Zusammenhang nehmen die Immunglobulingene offensichtlich eine Sonderstellung ein; ihrer Expression geht ein Rearrangement der Genbestandteile in der differenzierten Zelle voraus (s. Abschnitt *Immunbiologie*).

Genfamilien

Ein Charakteristikum bakterieller Genome ist die Operon-Konfiguration struktureller Gene: eine Gruppe von Genen, die gemeinsam exprimiert werden, liegt benachbart auf dem Chromosom. Diese Situation ist nicht typisch für das Eukaryontengenom; hier liegen Gene, die funktionell aufeinander bezogen sind, zumeist an verschiedenen Chromosomenorten. Allerdings existieren Ausnahmen. Ein Beispiel sind die Globingen-„Familien" in vielen höheren Genomen. In Abb. 2 ist die β-Globingen-Familie (cluster) des menschlichen Genoms dargestellt. Die β-Globin-artigen Gene liegen in der Reihenfolge $\psi\beta_2$-ε-G_γ-A_γ-$\psi\beta_1$-δ-β auf dem kurzen Arm des Chromosoms Nr. 11. Diese Gene sind das Ergebnis wiederholter Duplikationen im Laufe der Evolution. In der menschlichen Ontogenese werden ihre Produkte in verschiedenen Entwicklungsstadien benötigt: ε-Ketten als Bestandteil embryonalen Globins, G_γ- und A_γ-Ketten im fetalen und δ- und β-Ketten im adulten Organismus. $\psi\beta_2$ und $\psi\beta_1$ sind sogenannte „Pseudogene", d.h. funktionell degenerierte Genduplikate, die offenbar nicht exprimiert werden. (Es ist durchaus möglich, daß ein beträchtlicher Anteil des Genoms aus Pseudogenen besteht, denn Gen- und Genomduplikationen waren häufige Ereignisse in der Evolution. Dies kann als eine weitere Erklärung für die große Menge an Extra-DNA in unserem Genom dienen.)

Ihre differentiellen Aufgaben können die verschiedenen Gene des β-Globin-clusters im menschlichen Organismus dadurch erfüllen, daß sie nach Duplikation eines Vorläufergens durch Mutationen abgewandelt wurden und ihre Produkte eine unterschiedliche Aminosäuresequenz und damit verschiedene funktionelle Eigenschaften erhielten. Die enge Kopplung dieser Gene könnte in trivialer Weise darin begründet sein, daß sie erst vor relativ kurzer Zeit auseinander hervorgegangen sind – das erste Duplikationsereignis im β-Globin-cluster dürfte vor ca. 200 Millionen Jahren stattgefunden haben – und noch am Ort ihrer Entstehung verblieben sind. Da jedoch andere Genomabschnitte, „repetitive" Sequenzen (s. u.), in manchen Genomen sehr viel schneller verstreut zu werden scheinen, liegt die Vermutung nahe, daß die enge Genkopplung im β-Globingen-cluster eine funktionelle Bedeutung hat. Jedenfalls ist auffällig, daß die Gene des β-Globin-clusters in genau der Reihenfolge auf dem Chromosom angeordnet sind, in der sie im Laufe der Ontogenese exprimiert werden.

Neben den Globingenen gibt es weitere Genfamilien im menschlichen Genom. Diese können in unterschiedlicher Weise organisiert sein: Ribosomale Gene, z. B., liegen eng zusammen, tandemartig wiederholt auf mehreren Chromosomen vor. Histongene sind ebenfalls gemeinsam angeordnet, aber die Gene für die verschiedenen Histontypen sind in vielfältiger Weise miteinander verknüpft (über Immunglobulingene s. Abschnitt *Immunbiologie*). Die Bedeutung solcher unterschiedlicher Organisationsformen von Genfamilien ist noch unklar.

Repetitive DNA

Seit nunmehr über 15 Jahren ist bekannt, daß höhere Organismen DNA-Sequenzen aufweisen, die in multiplen Kopien pro Genom vorkommen. Repetitive Sequenzfamilien, die für eine bekannte Funktion kodieren, wie z. B. ribosomale DNA und Histongene, bilden im allgemeinen nur einen kleinen Anteil der repetitiven Sequenzen. Die Bedeutung der Hauptmenge der repetitiven DNA ist bislang immer noch rätselhaft.

Etwa ein Fünftel des menschlichen Genoms besteht aus repetitiver DNA, ein für tierische Genome recht typischer Anteil. Der Repetitionsgrad bewegt sich zwischen einigen wenigen bis hin zu vielen hunderttausend gleichen oder ähnlichen Kopien einer Sequenz. Viele repetitive Sequenzen sind recht regelmäßig mit nicht-repetitiven (unikalen) Abschnitten vermischt: der größte Teil des menschlichen Genoms besteht aus durchschnittlich 2000 Basen langen unikalen Sequenzen, die mit kurzen, wenige hundert Basen langen repetitiven Elementen alternieren. Auch im Hinblick auf die relative Organisation von repetitiven und unikalen Sequenzen unterscheidet sich das menschliche Genom nicht wesentlich von den meisten anderen Eukaryontengenomen.

Die Interspersion von unikalen mit repetitiven Sequenzen wird im menschlichen Genom von einer großen repetitiven Sequenzfamilie dominiert. Die Mitglieder dieser Familie erscheinen in ca. 300 000 in ihrer Basenfolge zum Teil divergenten Kopien pro Genom, mit einer Länge von jeweils 300 Nukleotiden. Allen gemeinsam ist eine Spaltstelle für die Restriktionsendonuklease Alu I. Mitglieder der „Alu-Familie" sind in der Nachbarschaft mehrerer struktureller Gene nachgewiesen worden. Es bestehen

Sequenzhomologien und andere strukturelle Eigenschaften zwischen Mitgliedern der Alu-Familie und mehreren anderen RNA- und DNA-Sequenzen, von denen bekannt ist oder vermutet wird, daß sie an so fundamentalen zellulären Prozessen wie DNA-Replikation, Transkription, messenger-RNA-Prozessierung und Gen-Translokation beteiligt sind. Es ist zu vermuten, daß Mitglieder der Alu-Familie eine wichtige Rolle bei diesen Vorgängen spielen, ohne daß zur Zeit jedoch ihre Funktion präzisiert werden könnte.

Zumindest in einigen eukaryotischen Genomen sind repetitive Elemente „transposabel", d.h. sie können ihre chromosomale Lokalisation ändern. Diese Befunde haben eine viel größere genomische Flexibilität erkennen lassen, als bislang angenommen wurde. Es ist durchaus wahrscheinlich, daß auch im menschlichen Genom derartige Veränderungen vorkommen und spezifische Genfunktionen beeinflussen.

Manche repetitiven Sequenzen liegen im menschlichen Genom nicht in der mit unikalen Sequenzen interspergierten Organisationsform vor, sondern sind an bestimmten Chromosomenorten konzentriert. Solche Sequenzen haben häufig den Charakter von sogenannter „Satelliten-DNA", d. h. sie haben eine vom Genomdurchschnitt abweichende Basenzusammensetzung und erscheinen bei bestimmten Gradientenzentrifugations-Techniken als „Satelliten-Bande" neben der Hauptfraktion. Satelliten-DNA-Sequenzen können aus einfachen, wenige Nukleotide langen, tandemartig aneinandergereihten Nukleotidfolgen bestehen, sie können jedoch auch aus wesentlich längeren Untereinheiten bestehen und ein Gemisch verschiedener Sequenzen darstellen, die zum Teil Chromosomen-Spezifität aufweisen. Solche Sequenzen könnten eine Funktion bei der Paarung homologer Chromosomen in bestimmten Stadien des Zellzyklus ausüben.

Die bestehenden Schwierigkeiten, einem großen Anteil des Eukaryontengenoms eine spezifische Funktion zuzuweisen, haben in jüngster Zeit zu der Hypothese geführt, daß es DNA-Sequenzen geben könne, deren einzige „Funktion" in ihrer Selbsterhaltung, Vermehrung und Ausbreitung im Genom besteht („selfish-DNA"). Dieses Konzept schließt nicht aus, daß egoistische DNA-Sequenzen sekundär von der Zelle für eine Art von passiver Funktion genutzt werden, z. B. um Zellgröße und Zellteilungsrhythmus zu steuern.

Diagnostik von Erbkrankheiten

Die Methoden der Feinstrukturanalyse des menschlichen Genoms haben neue Möglichkeiten auch für die Diagnostik von Erbkrankheiten erschlossen. War bislang die Diagnose einer genetischen Erkrankung auf die Beurteilung der phänotypischen Manifestation des zugrundeliegenden genetischen Defekts angewiesen, so kann jetzt der in der Nukleotidfolge der DNA festgelegte veränderte Genotyp selbst untersucht werden. Prinzipiell ist damit jede Erbgutveränderung sowohl bei Erkrankten als auch bei Anlageträgern erkennbar. Zweifellos ist die pränatale Diagnose einer der wichtigsten Anwendungsbereiche der neuen Methodik. Aufgrund der Differenziertheit der Gewebe äußert sich nur ein Teil der Erbkrankheiten in dem für die vorgeburtliche Diagnose am leichtesten zugänglichen Gewebematerial, den Zellen aus dem Fruchtwasser. Die Gene für die Hämoglobine, z.B., sind nur in den Blutzellen exprimiert. Um einen Globindefekt bei einem Föten zu diagnostizieren, war man daher bislang darauf angewiesen, eine fötale Blutprobe zu gewinnen – ein technisch schwieriges und risikoreiches Unterfangen. In der DNA der Zellen des Fruchtwassers sind jedoch auch die genetischen Defekte nachweisbar, die sich nur in anderen Geweben oder gar erst zu einem späteren Zeitpunkt der Entwicklung äußern.

Um eine Erbkrankheit auf DNA-Ebene zu diagnostizieren, ist es nicht unbedingt nötig, den molekularen Defekt selbst nachzuweisen, also beispielsweise exakt den Basenaustausch, der zum Einbau einer falschen Aminosäure führt. Im menschlichen Genom kommen zahlreiche „neutrale" DNA-Sequenzvarianten vor, also Basenfolgeveränderungen, die selber ohne phänotypischen Effekt sind (Abb. 2). Diese Varianten werden vererbt und, wenn sie in hinreichender Nähe zu einem defekten Gen liegen, mit hoher Wahrscheinlichkeit gemeinsam mit diesem an die Nachkommen weitergegeben. Mit Hilfe geeigneter Verfahren sind solche Genkopplungen leicht nachweisbar und können für die Untersuchung von Risikofamilien eingesetzt werden. Bislang ist dies nur für einige wenige genetische Krankheiten (z.B. Hämoglobingendefekte) möglich. Es ist jedoch wahrscheinlich, daß bereits in wenigen Jahren das menschliche Genom auf DNA-Ebene mit einer Genauigkeit kartiert sein wird, die ausreicht, um alle genetischen Defekte, denen eine Veränderung eines einzelnen Gens zugrundeliegt, bei Genüberträgern und potentiell Erkrankten zu diagnostizieren.

Weiterführende Literatur

Chambon P (1981) Gestückelte Gene – ein Informations-Mosaik. Spektrum der Wissenschaft, Juli 1981:104–117
Lewin B (1980) Gene expression Vol 2, Eucaryotic Chromosomes. 2nd edn. Wiley and Sons, New York
Old RW, Primrose SB (1980) Principles of gene manipulation. An introduction to genetic engineering. Studies in microbiology Vol 2 Blackwell, Oxford
Williamson R (ed) (1981) Genetic engineering, Vol 1, 2 Academic Press, London

Die normalen Chromosomen und Chromosomenstörungen beim Menschen

A. SCHINZEL

Der normale menschliche Karyotyp (=Chromosomensatz) enthält 46 Chromosomen, 22 Autosomen-Paare und 2 Geschlechtschromosomen. In der Tierwelt steht der Mensch damit etwa in der Mitte zwischen Arten mit viel geringerer Chromosomenzahl (etwa der Taufliege, *Drosphila melanogaster,* und dem indischen Muntjak mit 4 bzw. 6/7 Chromosomen) und solchen mit weitaus mehr Chromosomen (z.B. Pferd und Hund mit 64 bzw. 78 Chromosomen). Die zytogenetische Vielfalt der Arten ist durch Mutationen entstanden, die einen strukturellen Umbau eines Chromosoms, die Duplikation eines Segmentes, oder Polyploidisierung zur Folge hatten. Bei unseren nächsten Verwandten, den Hominiden, können wir die Evolution am Karyotyp „ablesen". Gorilla und Schimpanse etwa, die uns auch zytogenetisch am nächsten stehen, unterscheiden sich vom *Homo sapiens* nur geringfügig, nämlich in einigen morphologisch etwas verschiedenen Chromosomen (bedingt durch perizentrische Inversionen und Translokationen), und in der Chromosomenzahl (=48). Dem menschlichen submetazentrischen Chromosom 2 entsprechen 2 akrozentrische Gorilla-(Schimpansen-)Chromosomen. Da die anderen Hominiden analoge akrozentrische Chromosomen aufweisen, muß angenommen werden, daß in der Evolution auf dem Weg zum Menschen einmal eine Fusion dieser beiden Chromosomen mit Verlust eines Centromers stattgefunden hat. Diesem und dem umgekehrten Vorgang (Fission) begegnen wir in der Karyotypen-Evolution recht häufig.

Chromosomenanalyse

Chromosomenuntersuchungen werden in der Regel an sich teilenden Zellen durchgeführt. Die Wahl des *Untersuchungsmaterials* richtet sich nach Fragestellung und Verfügbarkeit. Bei der Abklärung von Patienten mit Verdacht auf eine Chromosomenaberration ist Blut das Material der Wahl wegen der leichten, schmerzarmen Entnahme und einfachen Kultivierbarkeit. Pränatale Untersuchungen werden an Zellen der Amnionflüssigkeit durchgeführt. Die Untersuchung des sog. Philadelphia-Chromosoms (Phl, ein No. 22, von dessen langem Arm ein Segment auf ein anderes Chromosom, meist ein No. 9, transloziert ist) zur Diagnose der chronischen myeloischen Leukämie muß aus Knochenmark erfolgen, da diese Aberration sich auf die Zellen der Myelopoese beschränkt. Für *Blutuntersuchungen* benötigt man pro Kultur (in der Regel werden 2–3 Kulturen parallel angesetzt) etwa 0,5 ml Blut, das mit etwa dem 10fachen Volumen Medium für 3–4 Tage bei 37 °C inkubiert wird. Der Kultur fügt man geringste Mengen von Phytohämogglutinin (einem Bohnenextrakt) oder einer anderen Substanz bei, die die Lymphocyten zur Teilung anregt. Die Lymphocyten schwellen unter dieser Behandlung zu Lymphoblasten an und beginnen nach etwa 48 Stunden sich zu teilen. Nach 3–4 Tagen ist meist eine maximale Teilungsrate erreicht; dann wird für einige Stunden ein Mitosehemmer zugesetzt (meist ein Spindelgift, das die Mitose in der Metaphase arretiert), um eine höhere Ausbeute an analysierbaren Chromosomen-Teilungsfiguren zu erhalten. Sodann erfolgt der Kulturabbruch mit hypotonischer Behandlung, gefolgt von Fixation. Die Zellen werden auf Objektträger aufgetropft und mit DNA-Farbstoffen gefärbt. Im Mikroskop werden geeignete Metaphasen analysiert und fotografiert. Aus den vergrößerten Kopien werden die Chromosomen ausgeschnitten und zum Karyogramm angeordnet.

Etwas langwieriger und arbeitsintensiver als eine Blutkultur sind Kulturen von (Haut-)Fibroblasten und Zellen der Amnionflüssigkeit. Diese Zellen müssen auf einer Unterlage haften, um Klone (Zellkolonien) bilden zu können. Die Kulturen müssen regelmäßig gefüttert werden (Mediumwechsel). Untersuchungen der männlichen Meiose werden ohne Kultur direkt aus einem Hoden-Excisat durchgeführt. Die Analyse ist recht aufwendig.

Screening auf Geschlechtschromosomen-Aberrationen

Für ein grobes Screening auf zahlenmäßige Aberrationen der Geschlechtschromosomen stehen uns zwei einfache Methoden zur Verfügung, für welche eine Kultur nicht nötig ist: *X-Chromatin-Untersuchung:* Beim Menschen ist in der Regel ein X-Chromosom aktiv, alle darüber hinaus vorhandenen sind inaktiv. Diese inaktiven X-Chromosomen lassen sich mit bestimmten Farbstoffen als Chromatin-Körperchen innerhalb des Zellkerns darstellen. Die Färbung wird an getrockneten, fixierten Ausstrichen von Zellen der Wangenschleimhaut oder der Haarwurzel durchgeführt. Die Untersuchung gibt Aufschluß über die Zahl der inaktiven X-Chromosomen und eignet sich somit als grober Test z. B. für das Turner-Syndrom und für das Klinefelter-Syndrom. *Y-Chromatin-Untersuchung:* Mittels der Fluoreszenzfärbung läßt sich das stark leuchtende, distale Segment des langen Arms des Y-Chromosoms in Interphasen-Zellkernen darstellen. Die Untersuchung eignet sich als grober Screening-Test für das Vorhandensein von einem oder mehreren Y-Chromosomen. Beide Untersuchungsmethoden sind ungenau; falsch positive und falsch negative Resultate sind möglich, und Mosaike sowie strukturelle Aberrationen der Geschlechtschromosomen lassen sich mit ihnen kaum erfassen.

Färbemethoden und Klassifikationen

Eine homogene Anfärbung der Chromosomen läßt sich mit DNA-Farbstoffen erzielen, etwa mit saurem Orcein. Bis etwa 1970 war diese Methode die einzig gebräuchliche, und noch heute wird sie für viele einfache Fragestellungen angewendet. Für die klinische Routine im Vordergrund stehen aber heute diejenigen Färbetechniken, die nach unterschiedlicher Vorbehandlung auf den Chromosomen ein spezifisches und konstantes Bandmuster erscheinen lassen; man spricht von Bänderungstechniken. Das Bandmuster reflektiert Unterschiede in der Zusammensetzung der DNA und der Histone. Benannt werden die Techniken nach dem Typ der dargestellten Bänder, der Vorbehandlung und der Färbelösung. GTG-Färbung etwa sagt aus, daß der Typ „G-Bänder" nach Vorbehandlung mit Trypsin und Färbung mit Giemsa zur Darstellung gebracht wird. Wir unterscheiden Fluoreszenz-Farbstoffe (etwa Quinacrin, Acridin, DAPI etc.), nach deren Anwendung ein Bandmuster durch unterschiedlich starke Fluoreszenz verschiedener Chromosomenabschnitte zustande kommt, und Farbstoffe (im wesentlichen Giemsa), nach deren Anwendung die Chromosomen im Lichtmikroskop eine permanente Bänderung aufweisen. Andere Färbungen stellen nur bestimmte Chromosomenregionen dar, etwa die C-Bänderung insbesondere die centromerischen Regionen, oder die Silberfärbung die NOR (die Nucleolus-organisierenden Regionen) (Satellitenstile). Die beiden letzteren und einige Fluoreszenzfärbungen eignen sich auch zur Markeranalyse (s. Chromosomen-Marker).

In der Orcein-Ära wurden die Chromosomen nach der sog. Denver-Konvention in Gruppen (A–G) gemäß Größe und Centromer-Lage eingeteilt. Innerhalb dieser Gruppen war z.T. eine weitere Unterscheidung möglich, anhand der Morphologie (etwa 1, 2, 3 in Gruppe A und 16, 17, 18 in Gruppe E) oder anhand unterschiedlicher Replikationsmuster mittels der Autoradiographie (etwa 4, 5 in Gruppe B). Mit den Bänderungstechniken änderte sich die Situation schlagartig: Nunmehr war jedes Chromosom eindeutig identifizierbar. In der Pariser Konvention (1971) und einigen Ergänzungen wurden die Bänder genau definiert, so daß sich in der Regel bei strukturell abnormen Chromosomen die Bruchpunkte definieren lassen. Es läßt sich, im Gegensatz zu vorher, damit das fehlende oder überzählige Segment bei unbalancierten strukturellen Aberrationen in Länge und Position definieren. Es leuchtet ein, daß mit Hilfe der Bänderungstechniken nicht nur viele Aberrationen besser definiert werden können, sondern daß sich so manche diskretere Aberration überhaupt erst nachweisen läßt.

Das Auflösungsvermögen der Bänderungstechniken hängt stark von der Qualität der Präparate ab, also von Faktoren wie Lage, Streckung der Chromosomen, Schärfe der Bandmuster und Helligkeitsunterschied zwischen dunklen und hellen Bändern. Für eine optimale Analyse wünscht man sich vor allem langgestreckte, schlanke Chromosomen. Solche Präparate lassen sich mit Hilfe spezieller technischer Anordnungen herstellen (Prometaphasen-Chromosomen).

Abbildung 1 zeigt ein Bandmusterschema vom Typ „G-Bänder" des menschlichen Karyotyps. Die Chromosomen sind nach Größe und Position des Centromers angeordnet; jedes Element besitzt sein charakteristisches Bandmuster. Je nach Lage des Centromers spricht man von metazentrischen, akrozentrischen und submetazentrischen Chromosomen, wenn das Centromer etwa in der Mitte, nahe an einem Ende (Telomer), bzw. dazwischen liegt. Der kurze Arm (gegen oben) wird mit p, der lange mit q symbolisiert. Die Numerierung der Regionen und Subregionen (Bänder) erfolgt vom Centromer angefangen gegen das Telomer zu fortlaufend. Band 13q14 etwa bezeichnet die helle Subregion 4 distal in der Region 1 des langen Arms von Chromosom 13.

Populations-Zytogenetik

Autosomale Chromosomenaberrationen führen in der Regel zu schweren Entwicklungsstörungen und verschiedenartigen Mißbildungen, die bereits in der Embryonal- und Fetalperiode häufig das Absterben der Frucht zur Folge haben. So sind etwa Trisomien von Autosomen mit Ausnahme einiger weniger Chromosomen beim Menschen Letalfaktoren. Daher fällt die Prävalenz von Chromosomenaberrationen stetig mit zunehmender Schwangerschaftsdauer; diese Tendenz setzt sich auch nach der Geburt fort. Die Erkenntnis fußt auf Untersuchungen an induzierten Aborten zwischen der 8. und 14. Woche, Serien von pränatalen zytogenetischen Diagnosen, von Frühgeburten, Totgeburten und perinatal Verstorbenen sowie nicht ausgelesenen Neugeborenen. Bei einem Schwangerschaftsstand von 8 Wochen weisen 4,2% aller Föten eine unbalancierte Chromosomenaberration auf, mit 12 Wochen ist der Anteil auf 2,4%, mit 16 Wochen auf 1,1% und mit 20 Wochen auf 0,8% gefallen. Die Zahlen verstehen sich unabhängig vom Alter der Eltern. Mit zunehmender Schwangerschaftsdauer wird die Kurve flacher; sie erreicht bei nicht ausgelesenen Neugeborenen etwa 0,6% (Prävalenz von Chromosomenaberrationen). Die Zahlen für

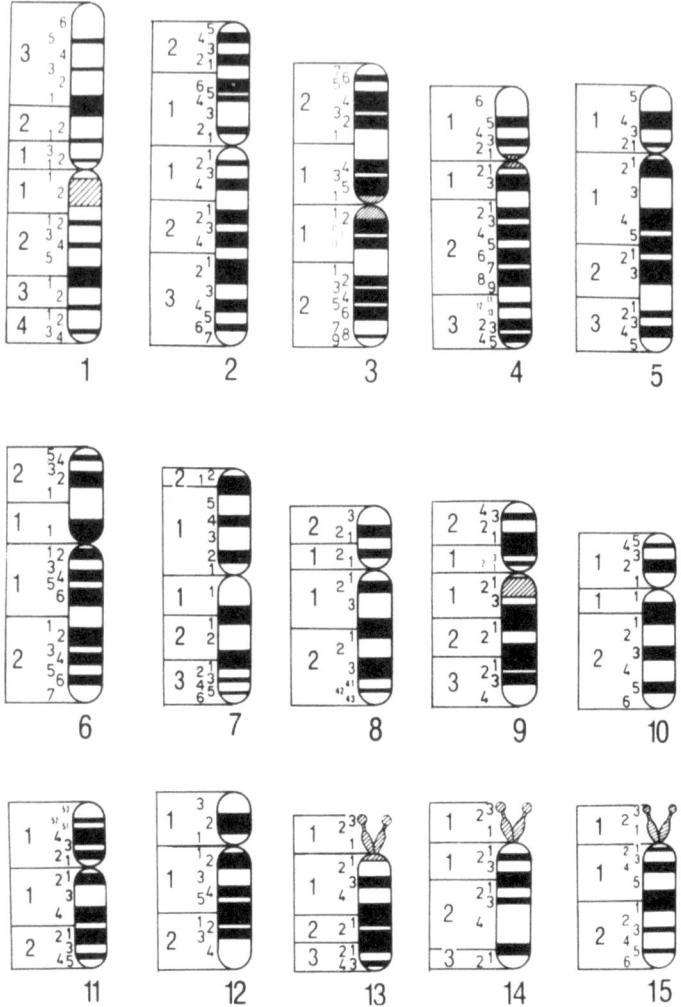

Totgeburten und perinatal Verstorbene liegen etwa 10× darüber, bei 5%. Von Spontanaborten im ersten Schwangerschaftsdrittel weisen etwa die Hälfte eine Chromosomenaberration auf; aufgeschlüsselt nach Stand der Schwangerschaft sind es um so mehr, je früher der Fötus abgestorben ist.

Betrachtet man die in den verschiedenen Stadien der Schwangerschaft vorherrschenden Aberrationen, entdeckt man gewaltige Unterschiede. Den größten Teil bei den Spontanaborten machen Störungen aus, die bei Neugeborenen nicht mehr oder äußerst selten vorkommen, etwa Triso-

Die normalen Chromosomen und Chromosomenstörungen beim Menschen 73

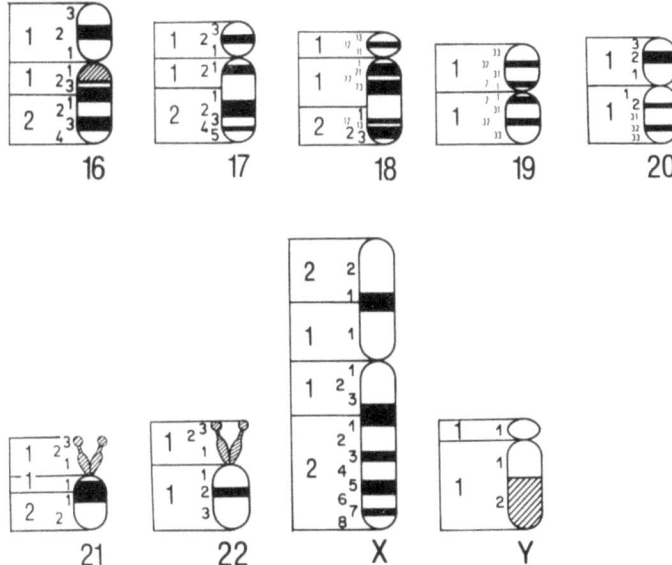

Abb. 1. Bandmusterschema vom Typ „G-Bänder" des menschlichen Karyotyps

mien der meisten Autosomen (insbesondere von Nr. 16), Triploidie und Tetraploidie. Erstaunlich ist die Häufigkeit des Karyotyps 45,X, der offenbar in mehr als neun von zehn Föten zum Abort führt, obwohl Neugeborene mit diesem Chromosomensatz relativ gute Lebenserwartungen haben. Bei Geburt treffen wir nur noch die wenigen autosomalen Aberrationen an, die beim Menschen überhaupt ein Austragen der Schwangerschaft bis zum Termin gestatten. Es sind das die Trisomien für die Chromosomen 21, 18 und 13, einige Mosaik-Trisomien sowie Deletionen und Duplikationen einer Reihe von Segmenten, die im einzelnen sämtlich äußerst selten vorkommen. Die Prävalenzen betragen bei Neugeborenen etwa 1‰ für Trisomie 21, je 0,1‰ für die Trisomien 18 und 13 und je 0,03‰ für die häufigste Deletion (diejenige des kurzen Arms von Chromosom 5) und Duplikation (diejenige des kurzen Arms vom Chromosom 9). Unter den Geschlechtschromosomen-Aberrationen sind am häufigsten, mit einer Prävalenz von je etwa 0,5‰, das 47,XXY (Klinefelter-)Syndrom, das 47,XXX-Syndrom und das 47,XYY-Syndrom. Das 45,X-(Turner-)Syndrom kommt nur bei etwa 0,1‰ der Neugeborenen vor. Etwa ⅓ der Neugeborenen mit unbalancierten Chromosomenaberrationen stirbt innerhalb der ersten Lebensjahre, worunter sich fast ausschließlich autosomale Aberrationen befinden (u.a. fast alle Fälle von Trisomie 18 und 13). Zu den 6‰ Chromosomenaberrationen bei Neugeborenen zählen auch etwa 2‰ balancierte Aberrationen ohne Auswirkung auf den Phänotyp.

Setzt man die Prävalenz von Chromosomenaberrationen in Relation zum Alter der Mutter, so findet man für die autosomalen Trisomien sowie für 47,XXX und 47,XXY einen Anstieg mit dem Alter. Die Zahlen für die pränatale Diagnose liegen in allen Altersstufen etwa um ⅓ höher als für Neugeborene, vermutlich da ein Teil der Föten zwischen 16. Woche und Termin spontan abstirbt, ohne daß eine cytogenetische Diagnose gestellt wird. Bei 15- bis 25jährigen Müttern liegt die Prävalenz von Chromosomenaberrationen bei 2‰. Vom 25. Lebensjahr an erfolgt ein leichter Anstieg, der ab 35 Jahren zusehends steiler wird: Mit 30 Jahren etwa 2,5‰, mit 35 Jahren 5‰, mit 40 Jahren 15‰, mit 45 Jahren 50‰ und mit 48 Jahren beinahe 100‰! Der Anteil der Trisomie 21 von etwa 50% bleibt in allen Lebensaltern etwa konstant.

Arten von Chromosomenaberrationen und deren Entstehung

Abweichungen in der Chromosomenzahl nennen wir numerische Chromosomenaberrationen. Den größten Teil von ihnen machen autosomale Trisomien und die Geschlechtschromosomen-Anomalien 47,XXY; 47,XYY und 45,X aus. Sie entstehen fast ausschließlich durch Teilungsfehler in der Meiose, und mit Ausnahme der 2 letztgenannten Aberrationen nimmt ihre Häufigkeit mit steigendem mütterlichen Alter zu (s.o.). Findet sich das überzählige Chromosom nur in einem Teil der untersuchten Zellen, spricht man von einem Mosaik. Der größte Teil der Mosaik-Trisomien entsteht vermutlich durch einen Teilungsfehler in einer postzygotischen Mitose. Für die Geschlechtschromosomen existieren beim Menschen im Gegensatz zu den Autosomen auch Tetra- und Pentasomien.

Strukturelle Chromosomenaberrationen sind Abweichungen in der Morphologie eines oder mehrerer Chromosomen. Sie können balanciert oder unbalanciert vorliegen und vererbt oder neu entstanden sein. Balancierte strukturelle Chromosomenaberrationen gehen nicht mit einem Zuviel oder Zuwenig an Chromatin einher und beeinflussen deshalb in der Regel den Phänotyp ihres Trägers nicht. Sie können aber zu Störungen in der Meiose und somit zu verminderter Fertilität führen, und vor allem können sie unbalanciert an Nachkommen weitergegeben werden.

Unbalancierte strukturelle Chromosomenaberrationen gehen einher mit dreifachem Vorliegen eines Chromosomensegments (Duplikation oder partielle Trisomie), einfachem Vorliegen eines Chromosomensegments (Deletion oder partielle Monosomie), oder der Kombination von beiden (Duplikations-Defizienz).

Unbalancierte strukturelle Aberrationen können de novo (etwa ⅔) oder durch ungleichmäßige meiotische Verteilung einer balancierten Aberration (etwa ⅓) entstehen. Im Gegensatz zu numerischen Aberrationen erfolgen die Brüche und der Chromosomenumbau bei de novo entstandenen strukturellen Aberrationen in der Regel vor der Meiose in einer Keimzelle. Es kann sich dabei um einen Bruch oder mehrere Brüche in einem oder mehreren Chromosomen handeln. Je nach Bruchlokalisation und Umbau ergeben sich Tranlokationen, Ringe, Inversionen, Insertionen u. a.

Wenn die Zahl der haploiden Chromosomensätze ungleich zwei beträgt, sprechen wir von einer Ploidie-Aberration. In der Praxis haben wir es beim Menschen mit Triploidie und Tetraploidie zu tun. Tetraploidie kommt ausschließlich bei Spontanaborten vor; meist handelt es sich um Windmolen, d.h., es ist kein Föt nachweisbar. Triploidie ist eine relativ häufige Ursache von Spontanaborten, kommt aber auch, selten, bei Lebendgeborenen vor. Diese sind stark untergewichtig, weisen meist multiple Mißbildungen auf und sterben ausnahmslos in den ersten Tagen bis Wochen. Eine triploide Zygote kann zustandekommen durch Digynie (1 väterlicher, 2 mütterliche haploide Sätze) oder Diandrie (vice versa). Im letzteren, weitaus häufigeren Fall dürfte Doppelbefruchtung durch zwei Spermien als Ursache überwiegen. Digynie entsteht u.a. durch Inkorporation eines Polkörperchens in die Zygote. Über die Ursachen der Entstehung von Chromosomenaberrationen wissen wir erstaunlich wenig. Fest steht, daß in der Prävalenz von Chromosomenaberrationen kaum regionale Unterschiede bestehen. Unter den ätiologischen Faktoren für die Entstehung numerischer Aberrationen steht das erhöhte mütterliche Alter an erster Stelle; ein signifikanter Einfluß von Mutagenen, die die Spindelbildung in der Meiose hemmen, hat sich bisher beim Menschen nicht sicher nachweisen lassen. Auch für neu entstandene strukturelle Aberrationen konnte bisher kein überwiegender einzelner (mutagener oder anderer) Faktor gefunden werden. Allerdings sind derartige Untersuchungen beim Menschen limitiert auf retrospektive und folglich unsichere Angaben und auf kleine Fallzahlen. Außerdem ist heute jedermann einem weiten Spektrum potentieller Mutagene ausgesetzt. Medikamentöse Auslösung des Eisprungs oder Absetzen der „Pille" kurz vor der Konzeption wurden anfänglich verdächtigt, mit dem Zustandekommen von triploiden Konzeptionen in Zusammenhang zu stehen. Beides ließ sich anhand prospektiver und nicht ausgelesener Serien von Spontanaborten nicht bestätigen.

Klinische Befunde bei unbalancierten Chromosomenaberrationen

Zum Nachweis und zur genauen Identifizierung einer Chromosomenaberration stehen uns drei Methoden zur Verfügung: Am wichtigsten ist die

Chromosomenanalyse. Vor allem bei neu entstandenen Duplikationen ist deren Resultat aber bisweilen nicht eindeutig. Hier hilft mitunter die *klinische Analyse des Phänotyps* und dessen Vergleich mit bekannten Aberrationen weiter. Eine weitere Möglichkeit besteht in der *Messung von Genprodukten.* Wird eine Duplikation (Deletion) eines Segments vermutet, auf dem sich nachgewiesenermaßen ein bestimmtes Gen befindet, dessen Produkt meßbar ist und das einen Gen-Dosis-Effekt zeigt (s. Kapitel W. KRONE), erwartet man bei Duplikation des Segments eine Menge an Genprodukt von etwa 150% der Norm (3 statt 2 aktive Gene), bei Deletion eine solche von etwa 50%. Limitiert ist die Methode dadurch, daß die Streubreiten der 3 verschiedenen Dosen gelegentlich überlappen können.

Für autosomale Aberrationen charakteristisch sind die folgenden vier Befunde: Kleinwuchs; Intelligenzdefekt; angeborene Mißbildungen; eine Kombination sog. dysmorpher Zeichen. Für die meisten der verschiedenen Aberrationen, deren Zahl die Hundert bereits überschritten hat, gilt, daß jeder dieser vier Kardinalbefunde einzeln fehlen kann, aber daß das jeweilige klinische Bild in den meisten Fällen doch recht einheitlich ist. Gleichaltrige Patienten mit derselben Aberration sind in der Regel einander ähnlicher als ihren Geschwistern. Das klinische Bild ist meist so typisch, daß der Kenner eine Verdachtsdiagnose ohne Kenntnis des Resultats der Chromosomenanalyse stellen kann. Dies gilt besonders für die sog. Dysmorphien, das sind Auffälligkeiten von Gesicht, Händen, Füßen und Genitalien. Diese stigmatisieren zwar ihren Träger, beeinträchtigen aber Gesundheit und Lebensaussichten nicht. Beispiele sind nach außen ansteigende (mongoloide) oder abfallende (antimongoloide) Lidachsen, ein weiter oder enger Augenabstand (Hyper- bzw. Hypotelorismus), kurze oder aufgeworfene Oberlippe, Formvarianten der Ohrmuscheln, Verkürzung bestimmter Fingerglieder, Anomalien der Nägel u. v. a. Charakteristisch für eine bestimmte Chromosomenaberration ist weniger ein einzelnes dysmorphes Zeichen, als vielmehr eine bestimmte Kombination. Die Dysmorphien reflektieren ein unharmonisches intrauterines Wachstum und geben nicht selten auch Hinweise auf funktionell bedeutendere Fehlbildungen innerer Organe (etwa weisen bestimmte Gesichtsdysmorphien auf gewisse Hirnmißbildungen hin). Ein charakteristisches Dysmorphiemuster ist meist die spezifischste Komponente der abnormen Befunde bei einer bestimmten Chromosomenaberration; sein Vorhandensein hat diagnostisch mehr Gewicht als das Vorliegen von für dieselbe Aberration charakteristischen Mißbildungen, da in der Regel das Dysmorphiesyndrom konstant, die assoziierten Mißbildungen aber eher fakultativ auftreten.

Angeborene Mißbildungen sind für die meisten autosomalen Chromosomenaberrationen charakteristisch. Zu den bei Chromosomenaberrationen häufigen Befunden zählen Herzfehler, Nierenmißbildungen, gewisse

Hirnmißbildungen, Verschluß von Speiseröhre und Darmausgang, Lippen- und/oder Gaumenspalten, Nabel- und Leistenbrüche. Charakteristischer als die einzelne Mißbildung ist wiederum eine bestimmte Kombination. Unter den Organmißbildungen findet man bei jeder Aberration in der Regel ein weites Spektrum. Das heißt, wenn z. B. für eine bestimmte Chromosomenaberration Herzfehler zu den charakteristischen Mißbildungen zählen, so werden unter 10 Patienten in der Regel kaum mehr als zwei den gleichen Herzfehler aufweisen. Die Inzidenz einzelner Mißbildungen bei bestimmten Chromosomenaberrationen liegt in seltenen Ausnahmen nahe bei 100%, meist aber bewegt sie sich zwischen 5 und 25%.

Kleinwuchs und Untergewicht bei Geburt sind für viele Chromosomenaberrationen typisch, liegen aber nur bei relativ wenigen mehr oder weniger konstant vor. Hier spielt u.a. der genetische Hintergrund mit. Wachstumsprognosen bei nicht ausgewachsenen Patienten sind relativ unzuverlässig, da man nicht von den Maßstäben Gesunder ausgehen kann: Patienten mit gewissen Chromosomenaberrationen wachsen länger und machen keine oder eine stark abgeschwächte Pubertät durch. Die Fertilität ist bei den meisten Chromosomenaberrationen für beide Geschlechter reduziert, bei Männern mit autosomalen Chromosomenaberrationen ist Fertilität gar als eine seltene Ausnahme der Regel anzusehen. Frauen, die eine normale Pubertät durchlaufen und anschließend normale Zyklen haben, treten häufig früh wieder in die Menopause ein. Alterungsvorgänge setzen bei beiden Geschlechtern relativ früh ein, nicht selten schon in der 3. Dekade.

Bösartige Tumoren sind für einige Aberrationen charakteristisch (etwa der Wilms-Tumor bei interstitieller Deletion von Segment 11p13 oder das Retinoblastom bei interstitieller Deletion von 13q14). Für andere Aberrationen stellt man eine gewisse Tendenz zum Auftreten von Malignomen fest (etwa Leukämien beim Down-Syndrom).

Eine deutliche Anfälligkeit für Infektionskrankheiten – oft mit schwerem Verlauf – beobachtet man bei vielen Aberrationen, so dem Down-Syndrom und dem Syndrom der terminalen Deletion des kurzen Arms von Chromosom 4. Möglicherweise liegt dieser Affinität eine konstant veränderte immunologische Reaktionsweise zugrunde. Daneben dürften ungünstige anatomische Verhältnisse des Nasen-Rachen-Raumes ihre Träger anfällig für Infekte machen, angeborene Nierenmißbildungen zu Harnwegsinfekten prädestinieren, und ein Cerebralschaden Aspirationen und folgende Pneumonien begünstigen.

Ein Intelligenzdefekt ist der häufigste Befund bei autosomalen Chromosomenaberrationen. Durchschnittliche Schwere der Behinderung und Schwankungsbreite von Fall zu Fall sind Charakteristika jeder einzelnen Aberration. Da Hirnmißbildungen bei vielen Chromosomenaberrationen fakultativ vorkommen und gewöhnlich mit besonders schwerem Intelligenzdefekt einhergehen, findet sich bei vielen Aberrationen noch eine Gruppe schwerst retardierter Patienten. Neben der geistigen Behinderung gehört zu den Charakteristika der Träger vieler Chromosomenaberrationen noch eine bestimmte Charakterstruktur. Generell sind Patienten mit Chromosomenaberrationen meist anhänglich, leicht führbar, von sonnigem und heiterem Gemüt. Es gibt aber Ausnahmen, etwa Chromosomenaberrationen, deren Träger zu Bewegungsdrang, Aggressivität und gelegentlich gar zu Psychosen neigen. Es versteht sich von selbst, daß die Umweltbedingungen von großer Bedeutung für das Verhalten im individuellen Fall sind.

Die Lebenserwartungen von Patienten mit autosomalen Chromosomenaberrationen sind sehr unterschiedlich; es gibt Aberrationen mit einer frühen postnatalen Letalität von 100% (Triploidie) oder nahezu 100% (Trisomie 13 oder 18, 4p$^-$-Syndrom), während bei anderen Aberrationen die Überlebenschancen nur wenig eingeschränkt sind (etwa bei Patienten mit überzähligem isodicentrischem Segment von Chromosom 15 oder mit Trisomie 9p). Maßgeblich für die Überlebenschancen sind: Ausmaß der Hirn-Unreife bei Geburt, Häufigkeit und Schweregrad angeborener Mißbildungen (besonders von Hirn, Herz und Nieren), Häufigkeit des Auftretens bösartiger Tumoren und Ausmaß des Intelligenzdefektes. Letzterer wirkt indirekt lebensverkürzend, indem etwa bei cerebral schwer geschädigten Patienten Aspirationen und Unfälle häufiger vorkommen und schweren Infekten vielfach nicht mit lebensrettenden Maßnahmen begegnet wird.

Charakteristika einzelner Aberrationen. Es ist natürlich nicht möglich, in diesem Kontext die vielen, größtenteils außerordentlich seltenen einzelnen Aberrationen näher zu beschreiben. Erwähnt seien nur einige bemerkenswerte Aspekte herausgegriffener Aberrationen. Das Down-Syndrom (Mongolismus, Trisomie 21) ist weitaus die häufigste Chromosomenaberration beim Menschen. Das klinische Bild ist unverwechselbar. Die Patienten stellen mit etwas 10% ätiologisch die größte Gruppe von Insassen von Heimen für geistig schwer Behinderte. Die Trisomie der Chromosomen 18 und 13 und die Deletion von 4p zeichnen sich durch eine ungewöhnliche Häufung von angeborenen Mißbildungen und durch besonders schlechte Lebenserwartungen aus. Trisomie 9p geht mit schwerem Intelligenzdefekt, charakteristischen Dysmorphien des Gesichts, der Hände und Füße, und charakteristischen Röntgenbefunden einher; die Lebenserwartungen sind wenig eingeschränkt. Das Cat Eye-Syndrom (Tri- oder Tetrasomie des centromerischen Segments von Chromosom 22) ist gekennzeichnet durch normales oder nur mild reduziertes intrauterines und postnatales Wachstum bei fakultativem Vorliegen einer ganzen Palette schwerer Mißbildungen

(u. a. Herz- und Nierenmißbildungen, Irisspalte und Verschluß des Darmausganges). Patienten mit dem Cri du Chat-Syndrom (Deletion des kurzen Armes von Chromosom 5) sind kleinwüchsig, mikrocephal und weisen einen eigenartigen, in den ersten Lebensjahren katzenartigen Schrei auf. Sie leiden an schwerstem Intelligenzdefekt, meist bei Fehlen schwerer Mißbildungen. Interstitielle Deletion von Segment 13q14 geht einher mit geringen Dysmorphien, mäßigem Intelligenzrückstand und häufigem Auftreten von Retinoblastom. Interstitielle Deletion des Segments 11p13 führt zu einem Dysmorphiesyndrom mit Fehlen oder extremer Unterentwicklung der Iris, Wilms-Tumor, abnormen Genitalien und fakultativ weiteren Mißbildungen sowie schwerem Intelligenzdefekt.

Anomalien der Geschlechtschromosomen

Im Gegensatz zu den autosomalen Aberrationen manifestieren sich Anomalien der Geschlechtschromosomen in erster Linie in Störungen der Gonaden, abnormem Wachstum und charakteristischen psychischen Eigenschaften. Mißbildungen und Intelligenzdefekt treten demgegenüber in den Hintergrund.

Turner-Syndrom. Hauptbefunde sind Kleinwuchs, Ausbleiben der spontanen Menstruationsblutungen bei Fehlen der Eizellen in den – nur aus Bindegewebe bestehenden – Eierstöcken, und milde Dysmorphien. Die Intelligenz ist zumeist durchschnittlich, die Geschlechtsorientierung ist weiblich. Etwa ⅔ der Patienten zeigen im Karyotyp nur ein Geschlechtschromosom, ein X. Den Rest bilden Mosaike und strukturelle Aberrationen eines X-, gelegentlich auch Y-Chromosoms. Bei Vorliegen eines Mosaiks mit einem normalen oder strukturell abnormen Y-Chromosom besteht die Gefahr bösartiger Entartung der Gonaden (Gonadoblastom).

Klinefelter-Syndrom. Der Karyotyp ist 47,XXY. Charakteristische Dysmorphien fehlen; die Patienten sind großwüchsige Knaben mit abgeschwächter Pubertät und gelegentlich mit Gynäkomastie. Konstant liegt Infertilität vor bei Fehlen von Samenzellen im Ejakulat; die Potenz ist erhalten. Die Intelligenz ist im Durchschnitt leicht vermindert, außerdem sind Kontaktstörungen und psychologische Schwierigkeiten häufiger als bei Kontrollgruppen.

47,XYY-Syndrom. Großwüchsige Männer. In der Jugend zeigen sich verzögerte Sprachentwicklung und eine Neigung zu motorischer Ungeschicklichkeit, daher und wegen Konzentrationsschwäche oft Schulschwierigkeiten trotz normaler Intelligenz. Eine Minderzahl der Patienten neigt später zu schwerwiegenden psychologischen Störungen, die sich in Kontaktstörung, Aggressivität oder autistischem Verhalten äußern können. Die Fertilität ist im Durchschnitt leicht reduziert; das überzählige Y-Chromosom wird nur äußerst selten an Nachkommen weitergegeben.

Bei *Polysomien des X-Chromosoms* (bis 49,XXXXX und 49,XXXXY) nehmen mit der Zahl der zusätzlichen X die Häufigkeit angeborener Mißbildungen (besonders des Skeletts) und der Grad geistiger Behinderung zu.

Männer mit dem Karyotyp 46,XX sind infertil, unterscheiden sich aber von 47,XXY-Männern durch ihre normalen Körperproportionen und Intelligenz. Die Ätiologie ist möglicherweise heterogen, wobei ein Teil der Fälle durch Homozygotie eines autosomal-rezessiven Gens bedingt sein dürfte.

Chimären sind Individuen mit zwei verschiedenen Zellinien, die sich in einem oder in beiden haploiden Sätzen unterscheiden. Sie entstehen meist durch Fusion von Zellen, die aus verschiedenen haploiden Chromosomen-Sätzen hervorgegangen sind. Ein Teil der Chimären mit dem Karyotyp 46,XX/46,XY sind sog. echte Hermaphroditen, d.h., sie besitzen sowohl Hoden- als auch Eierstockgewebe; ein weiterer Anteil sind Männer mit auffälligem äußerem Genitale. Die Mehrzahl dürften aber unauffällige Personen ausmachen.

Chromosomenaberrationen bei Infertilität und rezidivierenden Aborten

In etwa 5% aller infertilen Ehen liegt die Ursache in einer Chromosomenaberration bei einem Partner, und zwar etwa ebenso häufig beim männlichen wie beim weiblichen. Bei Männern finden wir das Klinefelter-Syndrom, Aberrationen des Y-Chromosoms, balancierte Translokationen zwischen zwei Autosomen oder einem Autosom und einem Geschlechtschromosom. Bei Frauen steht das Turner-Syndrom inklusiv von Mosaiken und strukturellen Aberrationen eines X im Vordergrund; in zweiter Linie folgen X-Autosomen-Translokationen und balancierte strukturelle autosomale Aberrationen. Bei Ehepaaren mit rezidivierenden Spontanaborten (mit oder ohne vorausgegangener Geburt eines gesunden Kindes) decken Chromosomenuntersuchungen ebenfalls in etwa 5% Aberrationen auf, mehrheitlich balancierte autosomale Aberrationen.

Chromosomen-Marker

Nach gewissen Spezialfärbungen (speziell Quinacrin-Fluoreszenz) zeigen bestimmte Chromosomen charakteristische Segmente von variabler Länge, Morphologie und Intensität der Fluoreszenz: sog. Marker oder Varianten.

Diese finden sich vor allem auf den akrozentrischen Chromosomen sowie den Chromosomen 1, 3, 9 und 16 und enthalten genetisch inaktive, hochrepetitive DNA (sog. Heterochromatin). Das Markermuster ist für jedes Individuum mehr oder weniger spezifisch. Da die Marker dominant vererbt werden und Neumutationen sehr selten sind, läßt sich die Marker-Analyse heranziehen zur Eiigkeitsdiagnose bei gleichgeschlechtlichen Zwillingen, zum Vaterschaftsnachweis und, bei gewissen neuentstandenen Chromosomenaberrationen, zur Bestimmung, ob die Aberration in der mütterlichen oder väterlichen Keimbahn entstanden ist. So erlauben z. B. die Marker auf den drei Chromosomen Nr. 21 bei über der Hälfte der Patienten mit Down-Syndrom die Aussage, daß nur eines davon von dem einen Elternteil herstammen kann bzw. daß zwei vom gleichen Elternteil (Vater oder Mutter) kommen müssen. Sowohl charakteristische Marker als auch das Fehlen von solchen können aufschlußreich sein für die Analyse. Das besondere an der Chromosomenanalyse im Vergleich zu anderen Tests (etwa Blutgruppenuntersuchungen) liegt darin, daß sie sich bereits an Fruchtwasserzellen und unmittelbar nach Geburt durchführen läßt. Eine weitere, neue Anwendungsmöglichkeit liegt im Nachweis des erfolgreichen „Angehens" eines Knochenmark-Transplantats bei Leukämie- und Anämie-Patienten.

Sekundäre und klonale Chromosomenaberrationen

„Brüchiges X-Chromosom" bei einer Form des geschlechtsgebundenen Schwachsinns

Unter den geschlechtsgebundenen vererbten Schwachsinnsformen gibt es eine, die mit einem X-chromosomalem Marker einhergeht. Die betroffenen Männer sind geistig schwer behindert; sie weisen relativ große Hoden und ein charakteristisches Gesicht mit plumpen, abstehenden Ohren auf. Das Gen wird von gesunden, gelegentlich milde retardierten Frauen übertragen. Unter bestimmten Kulturbedingungen findet man in 2-25% der Mitosen eine Konstriktion in der Nähe des Endes des langen Arms eines X-Chromosoms. Der Anteil der Metaphasen, die diesen Marker enthalten, kann durch Anwendung folatarmer Kulturmedien und Zugabe eines Antimetaboliten erhöht werden. Bei Überträgerinnen des Syndroms läßt sich dieser Marker auf einem der beiden X-Chromosomen gelegentlich nachweisen, besonders im jüngeren Alter. Der Zusammenhang zwischen klinischen Befunden und der X-Konstriktion ist unklar, und es ist nicht erwiesen, daß der Locus des mutierten X-chromosomalen Gens im Bereich der Konstriktion oder dessen Nähe liegt.

Erbleiden mit Chromosomen-Instabilität

Eine kleine Zahl von autosomal-rezessiv vererbten Syndromen geht neben anderen Befunden mit erhöhter Chromosomen-Instabilität einher. Es handelt sich in erster Linie um die drei Syndrome: Fanconi-Anämie, Ataxia-Teleangiectatica (Louis-Bar-Syndrom) und Bloom-Syndrom. Bei der Chromosomen-Untersuchung solcher Patienten findet man wesentlich häufiger als bei normalen Kontrollen Chromosomenbrüche, Austauschfiguren und strukturelle Chromosomenaberrationen. Beim Louis-Bar-Syndrom kommt es mit der Zeit zum Auftreten klonaler struktureller Aberrationen. Die Patienten weisen zudem multiple, für das jeweilige Syndrom charakteristische Anomalien auf; bei allen drei Syndromen bestehen ein Immundefekt und Anfälligkeit auf bösartige Tumoren. Die sichtbare Chromosomen-Instabilität ist nicht die Ursache der Krankheitsbilder, sondern vielmehr eine Folge der – unbekannten – jeweiligen Grunddefekte, die u.a. zu einer verminderten Fähigkeit zur Reparatur spontan aufgetretener Chromosomenbrüche führen.

Chromosomen bei Leukämien und Tumoren

Die Assoziation bestimmter Tumoren mit konstanten Chromosomenaberrationen (etwa Retinoblastom mit Deletion von Segment 13q14) wurde bereits erwähnt. In diesen Fällen findet sich in der Regel die Chromosomenaberration in jeder Körperzelle, und neben dem Tumor weisen die Patienten noch charakteristische Befunde für die jeweilige Aberration auf.
Überwiegend werden aber klinisch unauffällige und vorher gesunde Patienten von Tumoren befallen. Bei gewissen Malignomen findet man, beschränkt auf die Tumorzellen, Chromosomenaberrationen konstant oder (meist) nur in einem Teil der Metaphasen. Die klinisch bedeutendste Tumorerkrankung, die sich anhand einer *konstanten* Aberration zytogenetisch diagnostizieren läßt, ist die chronische myeloische Leukämie. Die Patienten weisen in Knochenmarkszellen der myeloischen Reihe eine Translokation eines Segmentes des langen Arms von Chromosom 22 auf ein anderes Chromosom (meist auf den langen Arm von Chromosom 9) auf. Die Translokation liegt in allen diesen Knochenmarkszellen vor, ihre Entstehung geht der malignen Entartung voraus. Es wird angenommen, daß die Zellen mit der Translokation einen Wachstumsvorteil haben oder zu uneingeschränktem Wachstum neigen und mit der Zeit die Zellen ohne Translokation aus dem Knochenmark verdrängen. Eine weitere spezifische Aberration ist eine interstitielle Deletion im langen Arm von Chromosom 5 bei einer Form einer aplastischen Anämie, die später in eine Leukämie übergehen kann. Bei vielen anderen Tumoren und Leukämien findet man

bei der Chromosomen-Untersuchung von Tumorzellen relativ häufig numerische oder strukturelle Aberrationen. Ihr Vorliegen kann in manchen Fällen als prognostisch ungünstiges Zeichen, ihr Verschwinden bei einer Remission als günstiges Zeichen gewertet werden. Häufig sind es klonale Aberrationen, und nicht selten sind sie Tumor-spezifisch (etwa Trisomie 8 bei bestimmten Leukämien, charakteristische Translokation bei Burkitt-Lymphom).

Pränatale zytogenetische Diagnostik

Die meisten zytogenetischen Laboratorien, die heute medizinische Dienstleistungen durchführen, sind zum erheblichen Teil mit pränataler Diagnostik ausgelastet. Diese Chromosomen-Untersuchungen werden an gezüchteten Zellen aus einem Fruchtwasser-Punktat durchgeführt. Die Punktion erfolgt in der Regel um die 16. Schwangerschaftswoche; Zellzüchtung und Chromosomenanalyse nehmen im günstigen Fall 10–14 Tage in Anspruch. Das Punktionsrisiko liegt bei etwa 1% und betrifft praktisch ausschließlich die Auslösung eines Aborts. Vor der Punktion werden Lage der Plazenta und des Föten sowie die Fruchtblase mittels Ultraschall lokalisiert.

Chromosomen-Untersuchungen aus dem Fruchtwasser werden vor allem bei Schwangeren durchgeführt, die ein erhöhtes Risiko auf Nachkommen mit Chromosomenaberrationen haben. Am höchsten, d.h. empirisch 5–10%, theoretisch aber mehr, ist das Risiko, wenn ein Elternteil Träger einer balancierten Chromosomenaberration ist, deren unbalancierte meiotische Segregationsprodukte (oder zumindest eines davon) lebensfähig sind, d.h., zu lebendgeborenen Nachkommen mit unbalancierten Chromosomenaberrationen führen. Gesamthaft gesehen ist diese Indikationsgruppe aber sehr klein im Vergleich zu den beiden folgenden: Frauen, die bereits ein Kind mit einer neu entstandenen Chromosomenaberration geboren haben (egal ob strukturell oder numerisch; Wiederholungsrisiko empirisch 1–2%) und „ältere Schwangere", wobei die Altersgrenze je nach Labor zwischen 35 und 40 Jahren angesetzt wird (für Risikoziffern betreffend Trisomien s. den Abschnitt Populations-Zytogenetik). Eine weitere Gruppe bilden obligate oder mutmaßliche Überträgerinnen eines schweren, geschlechtsgebunden rezessiv vererbten Leidens. Während bei den ersten drei Gruppen unbalancierte (numerische oder strukturelle) Chromosomenaberrationen gesucht werden, wird bei der letzteren Gruppe nur das Geschlecht des Föten bestimmt. Falls eine weitere diagnostische Möglichkeit nicht zur Verfügung steht, wird bei Vorliegen eines männlichen Föten die Schwangerschaft abgebrochen in Hinblick auf ein 50%iges Erkrankungsrisiko. Wenn aber, wie bei Bluter-Krankheit oder septischer Granulomatose, die Möglichkeit besteht, durch Untersuchungen aus kindlichem Blut die Krankheit nachzuweisen bzw. auszuschließen, wird anschließend eine zweite Punktion mit fetoskopischer Blutentnahme aus einem Gefäß der fetalen Plazentaseite vorgenommen. Auf diese Weise läßt sich, allerdings bei höherem Risiko des zweiten Eingriffs (um 5%), die Abortierung gesunder männlicher Föten vermeiden.

Literatur

De Grouchy J, Turleau C (1977) Altas des maladies chromosomiques. Expansion scientifique française, Paris

Hook EB (1981) Rates of chromosome abnormalities at different maternal ages. Obstet Gynecol 58:282–285

Hook EB (1981) Prevalence of chromosome abnormalities during human gestation and implications for studies of environmental mutagens. Lancet II:169–172

Schinzel A (1979) Autosomale Chromosomenaberrationen. Arch Genet 52:1–204

Schinzel A (1980) Klinischer Phänotyp autosomaler Chromosomenaberrationen. 2. Symposion „Klinische Genetik in der Pädiatrie", Hrsg Spranger J, Gehler J, Tolksdorf M, 166–177, Thieme, Stuttgart New York

Schmid W, Nielsen J (1981) Human behavior and genetics. Proc Symp Europ Soc Human Genet, Zürich, Elsevier/North-Holland, Amsterdam

Biochemische Genetik angeborener Stoffwechselstörungen

W. Krone

Es ist eine relativ junge Erkenntnis, daß sich die Bestandteile der Organismen in einem ständigen Auf- und Abbau befinden, daß sich also die lebende Substanz in einem dynamischen Gleichgewicht erhält. Die Vorgänge, die dieses Gleichgewicht aufrecht erhalten und es zugleich der ständig wechselnden Umwelt anpassen, nennt man in ihrer Gesamtheit den Stoffwechsel des jeweiligen Organismus. Hinsichtlich der Ordnungsprinzipien, die dem Stoffwechsel der verschiedenen Organismen zugrunde liegen, herrscht bei aller Vielgestaltigkeit der Lebewesen eine erstaunliche Einheitlichkeit. Die Vielfalt liegt – bildlich gesprochen – in den zahlreichen Varianten zu den Grundthemen, z. B. des Stoffwechsels der Kohlenhydrate, Fette, Eiweißstoffe, Nucleinsäuren usw.

Die biochemische Forschung hat das gesamte Stoffwechselgeschehen im Organismus in eine Vielzahl von Reaktionsketten und Reaktionszyklen aufgeschlüsselt. Zwischen diesen Teilprozessen besteht ein vielfältiges Netzwerk von Wechselbeziehungen, die eine fein abgestufte Anpassung des Stoffwechsels an übergeordnete Lebensvorgänge ermöglichen.

Garrod's Entdeckung

Eine klare Vorstellung über die Wirkung der Erbfaktoren auf das Stoffwechselgeschehen im Organismus wurde zum ersten Mal von Sir Archibald Garrod im ersten Jahrzehnt unseres Jahrhunderts konzipiert. Mit beispielhafter Genauigkeit sah Garrod den funktionellen Zusammenhang zwischen den Genen und den Stoffwechselreaktionen, auf die sie einwirken, darin begründet, daß die Gene die Synthese der Enzyme steuern, die die biochemischen Reaktionen des Zellstoffwechsels katalysieren. Die Beschaffenheit eines Enzyms hängt, nach diesem Modell, von der Beschaffenheit des Gens ab, das für seine Synthese verantwortlich ist. Gendefekte werden auf diese Weise zu Störungen in der Struktur von Enzymen führen, die ihrerseits gestörte Stoffwechselreaktionen zur Folge haben, eben die „inborn errors of metabolism", die angeborenen Stoffwechselstörungen. Garrod sah den grundlegenden Zusammenhang zwischen Genfunktion und Stoffwechsel voraus, mit dessen experimenteller Bestätigung erst drei Jahrzehnte später begonnen wurde. Obwohl durch Beobachtungen glänzend begründet, konnte diese Idee Anfang des zwanzigsten Jahrhunderts noch nicht verstanden werden. Es fehlte sowohl die Kenntnis der stofflichen Natur der Gene als auch der Enzyme, es fehlte der Einblick in die Welt der Makromoleküle, der beide angehören.

Welches waren die Grundlagen der Theorie von GARROD? Er war ein chemisch geschulter Arzt, der ein besonderes Interesse für die Zusammensetzung des menschlichen Harns hegte. Bei einer Stoffwechselstörung, die nur einmal unter 200 000 Menschen vorkommt, verfärbt sich der Harn beim Stehen an der Luft schwarz. Diese Krankheit heißt Alkaptonurie und beruht auf der Unfähigkeit, ein Produkt des Aminosäurestoffwechsels – die Homogentisinsäure – in der Leber zu Kohlensäure und Wasser abzubauen. Die Homogentisinsäure wird an der Luft zu einem braunschwarzen Farbstoff oxydiert, der schon in den Windeln der betroffenen Säuglinge auffällt. Die Beobachtung, daß die Eltern der von dieser relativ harmlosen Anomalie betroffenen Personen sehr viel häufiger miteinander blutsverwandt sind, als dies im Bevölkerungsdurchschnitt vorkommt, brachte GARROD auf die Idee, diese Stoffwechselstörung könnte nach den Mendelschen Gesetzen vererbt werden, die im Jahre 1900 wiederentdeckt worden waren. Im Sinne dieser Vererbungsregeln weisen sich die Eltern eines Kindes mit Alkaptonurie durch dieses Kind beide als Träger je eines defekten Gens aus. Sie sind mischerbig – heterozygot – und geben ihr normales und ihr defektes Gen zufallsgemäß an ihre Nachkommen weiter, so daß im Durchschnitt ein Viertel ihrer Kinder Alkaptonurie haben wird (Abb. 1). Sind die Eltern blutsverwandt, so haben sie dieses Gen von einem gemeinsamen Vorfahren geerbt. Die Patienten sind reinerbig – homozygot – für das defekte Gen. Wir nennen einen solchen Vererbungsmodus rezessiv, und das bedeutet, daß zwei defekte Kopien eines Gens zusammenkommen müs-

			Genotyp der Mutter	
	Keimzellen der Eltern		Aa	
			A	a
			Genotypen der Kinder	
Genotyp des Vaters	Aa	A	AA	Aa
		a	Aa	aa

Abb. 1. Zufällige Verteilung der Allele *A* und *a* heterozygoter Eltern über die Keimzellen auf die nächste Generation bei autosomaler Vererbung

	Genotyp der Mutter		
		X^AX^a	
Keimzellen der Eltern		X^A	X^a

			Genotypen der Kinder		
		X^A	X^AX^A	X^AX^a	Töchter
Genotyp des Vaters	X^AY	Y	X^AY	X^aY	Söhne

Abb. 2. Verteilung der Allele *A* und *a* eines X-chromosomalen Gens auf die Nachkommen einer heterozygoten Mutter. X^A X-Chromosom mit dem Allel A; X^a X-Chromosom mit dem Allel a; *Y* Y-Chromosom

sen, damit es zur phänotypischen Anomalie kommen kann. Die heterozygoten Eltern, die nur eine Kopie des Defekt-Allels besitzen, sind phänotypisch völlig unauffällig. GARROD fand auf der Suche nach weiteren Beispielen für diesen Vererbungsmodus noch drei Anomalien, die der Erwartung entsprachen: den Albinismus, die Cystinurie und die Pentosurie. Diese frühen Modellfälle für die Anwendbarkeit der Mendelschen Vererbungsregeln beim Menschen haben wesentlich zur allgemeinen Anerkennung ihrer grundlegenden Gültigkeit beigetragen.

Nicht bei allen Stoffwechselkrankheiten wird das defekte Gen wie im Schema der Abb. 1 mit gleicher Wahrscheinlichkeit auf männliche und weibliche Nachkommen übertragen. Es gibt eine Anzahl erblicher Stoffwechseldefekte, die einen „geschlechtsgebundenen" Erbgang zeigen. Zwei von den 46 Cromosomen des Menschen sind Geschlechtschromosomen; sie sind beim Manne verschieden und werden X- und Y-Chromosom genannt, während die Frau zwei X-Chromosomen besitzt. Die übrigen 44 Chromosomen werden als Autosomen bezeichnet. Ist nun eine rezessiv erbliche Genmutation auf dem X-Chromosom lokalisiert, so werden heterozygote Frauen dieses Gen auf 50% ihrer Söhne und Töchter übertragen (Abb. 2). Die Söhne können den Defekt nicht durch ein normales Allel kompensieren, da sie ja nur ein X-Chromosom besitzen, und der Gendefekt wird bei ihnen voll zur Auswirkung kommen. An rezessiv erblichen, X-gebundenen Stoffwechseldefekten erkranken also bevorzugt Männer. Die bekanntesten Anomalien dieser Art sind die beiden X-gebundenen Formen der Bluterkrankheit (Hämophilie A und B) und die Muskeldystrophie vom Typ Duchenne.

Dominante Vererbung wird bei Stoffwechseldefekten relativ selten beobachtet. Bei der überwiegenden Mehrzahl der über 700 dominant erblichen Krankheiten, die wir kennen, sind die biochemischen und zellphysiologischen Basisdefekte noch unbekannt. Hier steht der biochemisch-genetischen und der molekularbiologischen Forschung noch ein weites Betätigungsfeld offen. Die bisher bekannten rezessiv erblichen Stoffwechseldefekte repräsentieren etwa ein Drittel der 600 bekannten rezessiven Erbkrankheiten.

Zum Mechanismus der Verwirklichung der genetischen Information

Erst um die Mitte unseres Jahrhunderts begannen sich GARRODS Vorstellungen von der Wirkung der Gene auf den Stoffwechsel als das gedankliche Fundament der biochemischen Genetik zu erweisen. Es besteht in der Erkenntnis, daß Gene die Struktur der Proteine prägen, die als Enzyme, Hormone, Strukturproteine, Membran- und Transportproteine etc. das biochemische Geschehen in lebenden Zellen steuern.

Die Proteine sind aus Aminosäuren aufgebaut. In den Proteinen des Menschen und vieler höherer Organismen kommen 20 verschiedene Aminosäuren vor. Zwischen 80 und 500, gelegentlich auch mehr als 1000 solcher Aminosäuren sind in den Proteinmolekülen zu langen, vielfach gewundenen, zuweilen auch regelmäßig gefalteten oder spiralisierten Ketten verknüpft. Da man die chemischen Bindungen, die die Aminosäuren hierbei eingehen, als Peptidbindungen bezeichnet, heißen diese Kettenmoleküle auch Polypeptidketten. Ein Proteinmolekül kann aus einer oder mehreren (gleichen oder verschiedenartigen) Polypeptidketten aufgebaut sein. Die Eigenschaften der Polypeptidketten, und damit auch ihre Funktion im Organismus, hängen entscheidend davon ab, in welcher Reihenfolge die verschiedenen Aminosäuren miteinander verknüpft sind. In der Tat ist diese Reihenfolge – die Aminosäuresequenz – der Schlüssel zum Verständnis des Zusammenhangs zwischen Struktur und Funktion von Proteinen. Man erkennt sogleich, daß aus 20 Aminosäuren bei einer Kettenlänge von z.B. 100 eine unvorstellbare Anzahl verschiedenartiger Polypeptidketten entstehen kann, nämlich 20^{100}, eine Zahl mit 131 Stellen. Nimmt man noch die Variationen der Kettenlängen sowie die Kombinationsmöglichkeiten verschiedener Polypeptidketten zu Proteinmolekülen hinzu, so gelangt man zu einer astronomischen Zahl möglicher Proteine.

In der Natur wird nun nicht jedes beliebige dieser denkbaren Moleküle realisiert sein, denn nur ganz bestimmte Aminosäuresequenzen verleihen den Polypeptidketten die Eigenschaften z.B. von Enzymen oder von Strukturproteinen der Zelle. Daß nun stets nur ganz bestimmte Proteine – eben die funktionsfähigen – im Organismus synthetisiert werden, dafür sind die Erbfaktoren, die Gene, verantwortlich. Die Gene bestimmen die Aminosäuresequenzen der Polypeptidketten der Proteine.

Als dieser Zusammenhang im Prinzip verstanden war, stand die Biologie vor dem Problem, den Mechanismus der Verwirklichung der genetischen Information aufzuklären, eben jener Bestimmung der Funktionsträger (Proteine) durch die Informationsträger (Nucleinsäuren), wie man das in einer anschaulichen, aber nicht ganz zulässigen Vereinfachung sagen kann. Daß wir heute über genaue Kenntnisse der Vorgänge verfügen, die zur Verwirklichung der in den Genen niedergelegten Erbinformation führen, ist den großen Entdeckungen der Molekularbiologie und Biochemie der vergangenen drei Jahrzehnte zu danken, die anfänglich an prokaryotischen Modellorganismen wie den Bakterien und ihren Viren erarbeitet wurden, bald aber auch die komplexeren Zusammenhänge bei eukaryotischen Zellen dem Verständnis erschlossen. Es kann dies hier nur kurz skizziert werden.

Die Gene bestehen ebenfalls aus Kettenmolekülen; die Kettenglieder sind vier verschiedene Nucleotide. Nach einem bestimmten Bestandteil dieser Bausteine nennt man diese Kettenmoleküle Desoxyribonucleinsäure, abgekürzt DNA. Wie für eine bestimmte Polypeptidkette die Aminosäure-Sequenz, so ist für eine bestimmte DNA die Nucleotid-Sequenz – also die Reihenfolge der Nucleotide in der Kette – charakteristisch. In dieser schriftartigen Anordnung der Nucleotide der DNA liegt die genetische Information, die Anweisung, wonach die Bestimmung der Proteinstruktur erfolgen soll. Dieser Vorgang ist im Prinzip einer Übersetzung vergleichbar, bei der die Nucleotidschrift der DNA in die Aminosäureschrift der Polypeptidketten übertragen wird. In Form der DNA-Moleküle ist allerdings die Nucleotid-Sequenz noch nicht übersetzbar. Die in der DNA verschlüsselte Information wird zunächst im Zellkern auf große Ribonucleinsäuremoleküle (RNA) übertragen, quasi umgeschrieben; dieser Vorgang heißt folgerichtig Transkription. Die primären Transkriptionsprodukte sind jedoch als solche für den Transport ins Cytoplasma ungeeignet und bedürfen eines komplizierten Aufbereitungsprozesses, in dessen Verlauf bestimmte Abschnitte herausgeschnitten und die Molekülenden modifiziert werden. Nur in dieser aufbereiteten Form ist die reife Messenger-RNA (mRNA) der Translations-Maschinerie des Cytoplasmas zugänglich. Mit dem anthropomorphen Begriff Translation (Übersetzung, aus dem Englischen) wird der Prozeß bezeichnet, bei dem nun die Aminosäuren der Polypeptidketten entsprechend der Reihenfolge der Nucleotide in der mRNA miteinander verknüpft werden. Diesem Übersetzungsvorgang liegt der genetische Code zugrunde, wonach jeweils drei Nucleotide der mRNA die Position einer Aminosäure in der Polypeptidkette determinieren. Die unterschiedlichen Dreiergruppen von Nucleotiden, die entsprechend dem

Code den verschiedenen Aminosäuren zugeordnet sind, heißen Tripletts oder Codonen. Der Fluß der genetischen Information von der DNA der Gene zu den Polypeptidketten der Proteine besteht also in der Reaktionsfolge von Transkription, Aufbereitung der Transkriptionsprodukte und Translation. Dieser komplexe Reaktionsablauf, der schematisch in Abb. 3 dargestellt ist, bietet vielfältige Möglichkeiten der regulatorischen Beeinflussung, von denen z. B. bei der Zelldifferenzierung, bei der Reaktion auf hormonelle Stimuli und zur Anpassung an veränderte Stoffwechsellagen Gebrauch gemacht wird.

Dies also ist in großen Zügen der Weg, auf dem, entsprechend dem Garrodschen Grundgedanken, strukturelle Veränderungen von Genen – Genmutationen – zu strukturellen und funktionellen Veränderungen der Proteine führen können.

Viele Genmutationen lassen die Funktion des Genprodukts unbeeinträchtigt; wir finden sie oft unbeabsichtigt als harmlose Varianten in Familien oder bei Populations-Untersuchungen. Andere wiederum sind wirkliche Gendefekte und haben den partiellen oder vollständigen Ausfall der

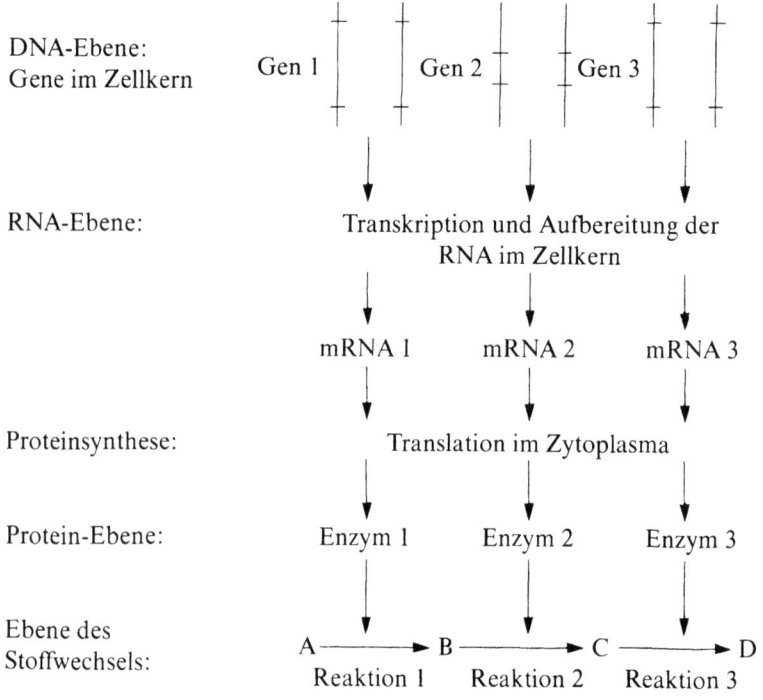

Abb. 3. Grundschema der Gensteuerung des Stoffwechsels

Genfunktion zur Folge. Die Tatsache, daß die große Mehrzahl der genetisch bedingten Stoffwechselerkrankungen rezessiv vererbt wird, zeigt, daß in der Regel die ungestörte Funktion des normalen Gens zur Aufrechterhaltung der jeweiligen Stoffwechselreaktion ausreicht. Dennoch ist es in vielen Fällen möglich, bei den gesunden Heterozygoten mit Hilfe leistungsfähiger biochemischer Methoden eine verringerte Enzymaktivität oder eine verminderte Menge des normalen Proteins nachzuweisen. Solche Gendosis-Effekte (s. u.) ermöglichen die Identifizierung der Heterozygoten, was für die genetische Beratung von größter Bedeutung ist. So stellen die genetisch bedingten Stoffwechselstörungen die Biochemiker immer wieder vor neuartige, schwierige Aufgaben, deren Lösung rasche Anwendung in der klinischen Genetik findet. Darüber hinaus gewähren uns diese Erkrankungen oft den ersten Einblick in die genetische Steuerung komplexer Stoffwechselwege, die am gesunden Organismus nur mit großen Schwierigkeiten analysiert werden könnten.

Häufigkeit der genetisch bedingten Stoffwechselkrankheiten und die genetische Bürde

In welchem Ausmaß tragen die genetisch bedingten Stoffwechselstörungen zur genetischen Bürde des Menschen bei? Die meisten der bisher bekannten etwa 220 Krankheiten dieser Art sind außerordentlich selten; die Häufigkeiten liegen in der Regel zwischen 1:10 000 und 1:350 000. Solche Häufigkeitsziffern ergeben sich in manchen Fällen aus der Anwendung von Suchtests (screening) bei Neugeborenen, wie sie in zivilisierten Ländern in großem Umfang routinemäßig durchgeführt werden, um die Früherkennung angeborener Stoffwechselstörungen zu gewährleisten. Schon im Jahre 1973 lagen die Ergebnisse von Suchtests für 14 verschiedene Krankheiten dieser Art vor, von denen bis zu einer Million Neugeborener erfaßt worden waren. Die so gewonnenen Häufigkeitsziffern von Homozygoten für das jeweilige Defektgen erlauben auch eine Abschätzung der Häufigkeiten der Heterozygoten, also der gesunden Träger nur eines Defektgens. Obwohl nur wenige der erfaßten 14 genetisch bedingten Stoffwechselkrankheiten häufiger als 1:20 000 vorkommen, sind doch 11% der Menschen in den untersuchten nordamerikanischen und europäischen Populationen heterozygot für mindestens eines der Defektgene, die diese 14 Krankheiten verursachen. Die Hochrechnung auf die große Zahl der rezessiv vererbten Stoffwechselstörungen ergibt, daß jeder von uns für mindestens zwei, wahrscheinlich aber für mehr als drei rezessive Gene heterozygot ist, die beim Homozygoten eine schwere Stoffwechselkrankheit verursachen. Die Frage nach der Bedeutung, die dieser hohe Bestand an Heterozygotie für die Evolution der Spezies Mensch hatte und noch hat, ist noch völlig ungeklärt. Sie zu stellen bedeutet aber zugleich eine Zurückweisung aller eugenischen Konzepte, die sich die weitgehende Ausmerzung solcher Defektgene aus den menschlichen Populationen zum Ziele setzen und jeder wissenschaftlichen Grundlage entbehren.

Welche Rolle spielen die genetisch bedingten Stoffwechselkrankheiten bei der Entstehung schwerer geistiger und/oder körperlicher Behinderung und für die Lebenserwartung überhaupt? Viele dieser Krankheiten sind mit längerem postnatalem Überleben nicht vereinbar; die betroffenen Kinder sterben dann bereits im frühen Säuglingsalter an den Folgen der Entgleisung ihres Stoffwechsels. Manche Gendefekte manifestieren sich aber erst nach Ablauf des ersten oder zweiten Lebensjahres oder später, dann nämlich, wenn die betroffene Stoffwechselfunktion sich normalerweise erst zu diesem Zeitpunkt voll entfaltet. Lange Jahre schweren Siechtums können dann auf die Zeit der anfänglich normalen und hoffnungsvollen Entwicklung folgen, wie etwa bei der Muskeldystrophie vom Typ Duchenne, einer X-chromosomal rezessiv vererbten Erkrankung, deren Basisdefekt noch unbekannt ist. Die Manifestation mancher Gendefekte in der Adoleszenz oder im mittleren Erwachsenenalter ist hingegen wohl eher auf die stetige Akkumulation eines Schadens zurückzuführen, der schließlich eine kritische Schwelle überschreitet. Ein großer Anteil der inborn errors of metabolism verursacht Störungen der Gehirnfunktion und führt deshalb zu mehr oder minder schweren Formen des geistigen Entwicklungsrückstandes. Etwa 3% aller Kinder, die an schwerer geistiger Retardation leiden (IQ < 50), haben eine genetisch bedingte Stoffwechselkrankheit. Demgegenüber fallen die Chromosomenanomalien mit einem Anteil von etwa einem Viertel schwerer ins Gewicht. Bedenkt man jedoch, daß die Ursache des Schwachsinns bei etwa einem Drittel der Patienten mit einem IQ unter 50 noch ungeklärt ist, so darf man den wahren Anteil der biochemisch-genetischen Störungen wohl höher als 3% veranschlagen. Die Aufklärung der noch unbekannten Ursachen des geistigen Entwicklungsrückstands bleibt also eine vorrangige Aufgabe der biochemischen Humangenetik und ihres Anwendungsbereichs in der klinischen Genetik.

Herzinfarkt und Krebs stehen heute in den hochindustrialisierten Ländern unter den Todesursachen an erster Stelle. Für beide Arten dieser lebensbedrohenden Krankheiten sind Risikofaktoren bekannt: Übergewicht und Bewegungsarmut, Streß und Rauchen für die eine, Einwirkung cancerogener Substanzen (inklusive Tabakrauch) für die andere. Es darf jedoch nicht übersehen werden, daß diese Faktoren mit Organismen in Wechselwirkung treten, deren genetische Disposition auch hinsichtlich der Reaktion auf solche Einflüsse innerhalb weiter Grenzen variiert. So ist die Konzentration der Fettstoffe (Lipide) Cholesterin und Triglyceride im Blut zum Teil genetisch determiniert. Ein erhöhter Spiegel vor allem von

Cholesterin ist ein entscheidender Risikofaktor für Herzinfarkt. Es gibt eine ganze Reihe von erblichen Hyperlipidämien, die auf Einzelgendefekten beruhen und entsprechend den Mendelregeln vererbt werden. Solche meist autosomal dominant erblichen Hyperlipidämien finden sich mit auffällig erhöhter Häufigkeit bei Herzinfarkt-Patienten. Mindestens 20% der über 60jährigen Überlebenden eines Herzinfarkts leiden unter einer monogen erblichen Hyperlipidämie. Im Bevölkerungsdurchschnitt sind diese Krankheiten wahrscheinlich die häufigsten genetisch bedingten Stoffwechselstörungen überhaupt. Etwa jeder fünfhundertste Nordeuropäer leidet an der bekanntesten Störung dieser Art, der familiären Hypercholesterinämie. Der Gendefekt betrifft den Stoffwechsel der Lipoproteine, die den größten Teil des Cholesterins im Blut transportieren. Mehr als 50% der männlichen heterozygoten Genträger erleiden bis zum Alter von 60 Jahren einen Herzinfarkt; bei den Frauen sind es über 30%. Homozygote für diesen Gendefekt überleben in der Regel nicht das dritte Lebensjahrzehnt.

Daß die Entartung einer normalen Zelle zur Krebszelle etwas mit ihren Genen zu tun hat, ist eine alte Vermutung, die sich heute mehr und mehr zu einer gesicherten Vorstellung verdichtet. Eine der wesentlichen Stützen der Mutationstheorie der malignen Entartung ist die Existenz erblicher Formen von Krebserkrankungen. Der zugrundeliegende Basisdefekt ist in den meisten Fällen noch unbekannt. Manche dieser insgesamt seltenen Erbkrankheiten sind dominant, andere rezessiv erblich. Das Risiko, an Krebs zu erkranken, ist bei den Betroffenen oft geringer als 100%, gegenüber dem Risiko des Bevölkerungsdurchschnitts aber deutlich erhöht. Bei einer kleinen Gruppe rezessiv erblicher Krankheiten mit hohem Krebsrisiko der betroffenen homozygoten Patienten sind Basisdefekte in Enzymsystemen nachgewiesen worden, die an der Reparatur von molekularen Schäden in der DNA beteiligt sind. Solche Schäden entstehen z. B. durch Einwirkung von ultraviolettem Licht, von Röntgenstrahlen oder von mutagenen Substanzen. Normale Zellen vermögen diese Schadstellen sehr effizient mit Hilfe verschiedener z. T. hochspezifischer Enzymsysteme zu reparieren. Bleiben die Schäden in der DNA bestehen oder werden sie nur unvollständig oder fehlerhaft repariert, so kommt es zu einer spontanen Brüchigkeit der Chromosomen oder zur erhöhten Empfindlichkeit gegenüber chromosomen-brechenden Agentien. Man nennt diese Krankheiten deshalb auch Chromosomenbrüchigkeits-Syndrome oder Chromosomen-Instabilitäts-Syndrome. Instabilität der Chromosomen scheint die Wahrscheinlichkeit der malignen Entartung der Zellen wesentlich zu erhöhen. Die Chromosomen-Instabilitäts-Syndrome sind sehr selten; jedoch ist die Häufigkeit der Heterozygoten (in erster Näherung gleich dem Zweifachen der Quadratwurzel aus der Homozygotenfrequenz) um Größenordnungen höher als die der Homozygoten. Es ist vermutet worden, daß auch die Heterozygoten mit einem erhöhten Risiko behaftet sind, an Krebs zu erkranken. Sollte sich diese Vermutung bestätigen, so würden die den Chromosomenbrüchigkeits-Syndromen zugrundeliegenden Gendefekte nicht unwesentlich zur Krebshäufigkeit besonders in jüngeren Altersgruppen beitragen.

Ordnungsprinzipien und Mechanismen

Ein kurzer Überblick über die Prinzipien, nach denen sich die genetisch bedingten Stoffwechselkrankheiten ordnen lassen, soll einen Eindruck von der Vielfalt der Krankheitsformen und Mechanismen vermitteln. Die einfachste Systematik der genetisch bedingten Stoffwechseldefekte ergibt sich aus ihrer Zuordnung zu den jeweils betroffenen Teilbereichen des Zellstoffwechsels. So finden wir derartige Defekte im Stoffwechsel der Nucleinsäuren und ihrer Vorstufen, im Aminosäuren- und Proteinstoffwechsel und in den Bereichen der Kohlenhydrate und der Fettstoffe. Allein im Aminosäurenstoffwechsel waren 1980 etwa 120 verschiedene genetisch bedingte Störungen bekannt. Da auch am Aufbau von Membranen und an extrazellulären Prozessen zahlreiche Proteine beteiligt sind, können komplexe physiologische Funktionen von solchen Defekten betroffen sein, wie z. B. die Elastizität des Bindegewebes, renale und intestinale Exkretion und Resorption, die Blutgerinnung (Bluterkrankheit!), die humoralen Abwehrfunktionen des Immun- und des Complement-Systems und die hormonelle Steuerung des Stoffwechselgeschehens.

Ein anderer Weg, Ordnung in die Vielfalt der Erscheinungen zu bringen, geht von den unterschiedlichen Mechanismen aus, die zur Störung einer Enzymreaktion oder eines physiologischen Prozesses führen können. Hierbei kann man drei Ebenen unterscheiden: Die Ebene der Gene, die der Proteine und schließlich die Ebene der gestörten Stoffwechselreaktionen.

Auf der Ebene der Gene sind zunächst die verschiedenen Arten von Mutationen zu nennen, die eine Minderung oder den völligen Ausfall der Genfunktion verursachen. Vom Einzelbasenaustausch, der Punktmutation, über Stückverluste bis hin zur Deletion des ganzen Gens bietet sich hier ein breites Spektrum von Möglichkeiten, das erst in jüngster Zeit mit den Methoden der Gentechnologie einer genaueren Analyse zugänglich gemacht wurde. Von besonderem Interesse sind in diesem Zusammenhang auch regulatorisch relevante DNA-Segmente, die meist in enger Nachbarschaft zum Gen liegen und dessen sinnvolle Integration in den Funktionszusammenhang des Genoms vermitteln (s. hierzu das Kap. J. SCHMIDTKE: Aspekte der molekularen Organisation des menschlichen Genoms). Auch diese regulatorischen Abschnitte können von Mutationen der genannten

Arten betroffen sein. Es sind also an einem Genlocus zahlreiche verschiedenartige Defektallele möglich und in manchen Systemen auch nachgewiesen, die in unterschiedlicher Intensität und Ausprägung die Störung einer Stoffwechselreaktion verursachen. Aber auch Mutationen an verschiedenen Genorten können zu sehr ähnlichen Krankheitsbildern führen. Der einfachste Fall dieser Art kann aus dem Schema der Abb. 3 entnommen werden: Ein Mangel an Stoffwechselprodukt D kann durch Mutationen an jedem der drei Gene verursacht sein, die für die Enzyme des Stoffwechselweges kodieren, der von A zu D führt. Komplexere Verhältnisse können daraus resultieren, daß viele Enzymreaktionen nur in Gegenwart bestimmter Cofaktoren ablaufen. Solche Cofaktoren werden ihrerseits durch enzymkatalysierte Stoffwechselreaktionen z.B. aus Vitaminen gebildet, und es leuchtet unmittelbar ein, daß es sowohl durch genetisch bedingte Störungen der Cofaktorsynthese als auch durch solche, die das cofaktor-bedürftige Enzym betreffen, zum Ausfall ein und derselben Stoffwechselreaktion kommen kann. Ein Beispiel hierfür ist in der Abb. 4 vereinfacht dargestellt. Schließlich resultiert die Beteiligung mehrerer Gene an der Steuerung einer einzelnen Stoffwechselreaktion oft auch daraus, daß das betreffende Enzym selbst einer enzymkatalysierten Modifikationsreaktion unterworfen ist. Solche posttranslatorischen Abwandlungen von Proteinen können zur Aktivierung oder zur Inaktivierung führen, oder die Verankerung im richtigen Zellkompartiment vermitteln. Eine ganze Kaskade einander sukzessive aktivierender Enzyme wird z.B. bei der Blutgerinnung in Gang gesetzt, so daß Mutationen an mindestens zehn verschiedenen Genorten zu erblichen Gerinnungs-Störungen führen, unter denen die X-chro-

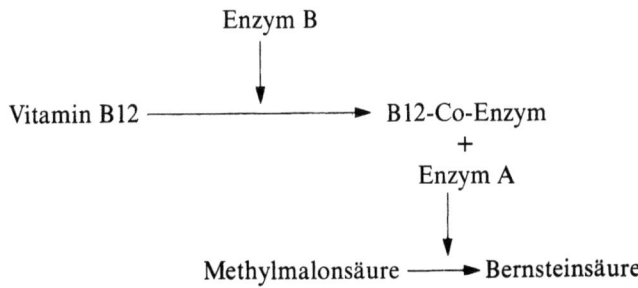

Abb. 4. Vereinfachte Darstellung des Zusammenwirkens zweier verschiedener Enzyme an einer Stoffwechselreaktion, hier, der Umwandlung von Methylmalonsäure in Bernsteinsäure. Homozygotie für genetisch bedingte Defekte des Enzyms A oder des Enzyms B führt zu verschiedenen Formen der Methylmalonacidurie, einer schweren Stoffwechselkrankheit

mosomalen Hämophilien A und B die bekanntesten sind. Der Aspekt der posttranslatorischen Proteinmodifikation wurde aus Gründen der Übersichtlichkeit nicht in das Schema der Abb. 3 einbezogen.

Auf der Ebene der Proteine manifestieren sich Genmutationen in sehr unterschiedlicher Weise. Während das völlige Fehlen des Proteins auf verschiedenen Mutationen beruhen kann (z. B. Deletionen oder regulatorische Mutationen), sind Austausche einzelner Aminosäuren meist Einzelbasenaustauschen im Gen eindeutig zuzuordnen. Nicht alle Abschnitte von Polypeptidketten sind für die jeweilige Funktion des Proteins gleich bedeutungsvoll. Veränderungen der Aminosäurensequenz in funktionell unwichtigen Teilen werden deshalb in den Bereich der normalen Variabilität des Proteins fallen. Ist jedoch einer der Abschnitte betroffen, der an der Wechselwirkung des Enzyms mit seinem Substrat, mit dem Co-Enzym oder mit anderen Polypeptidketten beteiligt ist, so wird die Funktion beeinträchtigt sein. Mit Hilfe einer Serie von Punktmutationen in einem Gen, das für ein leicht isolierbares Protein codiert, können also die Beziehungen zwischen der Struktur und der Funktion eines Proteins analysiert werden. Mit großer Genauigkeit und Vollständigkeit ist dies bei den Hämoglobinen durchgeführt worden. Man spricht von der molekularen Pathologie der Hämoglobine und meint damit die Begründbarkeit der genetisch bedingten funktionellen Veränderungen der Hämoglobine aus den jeweiligen strukturellen Veränderungen. So ist die Hämoglobingenetik beispielhaft für Proteingenetik überhaupt, und jeder, der sich näher mit der biochemischen Genetik beschäftigen will, wird sich mit dem Hämoglobin-System gründlich vertraut machen müssen. Es sind bis heute etwa 230 verschiedene genetische Defekte im Hämoglobin-System bekannt.

Neben der Einteilung nach Stoffwechselbereichen, die zu Beginn dieses Abschnitts genannt wurde, bietet sich auf der Ebene der Stoffwechselreaktionen die Möglichkeit einer Klassifizierung nach dem Typus der Funktionsstörung. Die Komplexität des Wirkungsspektrums vieler Stoffwechseldefekte läßt zwar eine scharfe Abgrenzung der Klassen nicht zu; jedoch hebt die Einteilung nach dem Typus der Funktionsstörung einige wesentliche Charakteristika hervor, an denen man sich orientieren kann.

Der Typus der Speicherkrankheit beruht in der Regel auf einer genetisch bedingten Störung des Abbaus von hochmolekularen komplexen Kohlenhydraten oder von Fettstoffen. Die Akkumulation der unverdauten Moleküle in den Lysosomen, den Zellorganellen, in denen diese Stoffe im gesunden Organismus abgebaut werden, führt zu schweren Störungen der Zellfunktion in verschiedenen Organen, die häufig aufgrund der massiven Speicherung eine starke Volumenzunahme zeigen. Zu dieser Gruppe gehören die Glykogen-Speicherkrankheiten, die Mukopolysaccharidosen und viele Lipidosen.

Die Zusammensetzung des Urins und der Darmexkremente ist eine Funktion komplexer Transport-Systeme, über die der Blutspiegel vieler Metabolite innerhalb der physiologischen Grenzen gehalten wird. Bei genetisch bedingten Defekten der Proteine, die an den oft hochspezifischen Systemen des renalen und/oder intestinalen Transports beteiligt sind, können toxische Konzentrationen solcher Metabolite in den Körperflüssigkeiten entstehen. Die schon von GARROD als erblicher Stoffwechseldefekt erkannte Cystinurie gehört zu dieser Gruppe von Erkrankungen.

Störungen der hormonellen Regulation beruhen oft auf Defekten der Synthese der Hormone, können aber auch durch Fehler in den zellulären Rezeptoren hervorgerufen werden, die die Wirkung der Hormone vermitteln. Die unterschiedliche chemische Natur der Hormone und die Vielfalt der rezeptorvermittelten Wirkungsmechanismen bedingen eine große Heterogenität dieser Gruppe von Krankheiten. So verschiedenartige Phänomene wie bestimmte Formen des Zwergwuchses, Störungen der Geschlechtsentwicklung und manche Formen von Kropferkrankungen gehören zu dieser Kategorie.

Zahlreiche Stoffwechseldefekte geben sich durch Unverträglichkeit von Bestandteilen der Nahrung zu erkennen. Die meisten Anomalien des Aminosäurestoffwechsels, unter ihnen die bekannte Phenylketonurie (PKU), gehören zu dieser Gruppe. Aber auch gegenüber Milchzucker, Fruchtzucker und manchen Fettstoffen gibt es solche erblichen Unverträglichkeitsreaktionen (hereditäre Idiosynkrasien). Die beteiligten Mechanismen sind vielfältig und lassen sich nicht auf einen einheitlichen Nenner bringen. Oft fließen die vor der blockierten Stoffwechselreaktion angestauten Metabolite in alternative Stoffwechselwege ab und führen so zur Bildung großer Mengen toxischer Nebenprodukte.

In einer Zeit wachsender Besorgnis über die Belastung unserer Umwelt mit Schadstoffen aller Art und über die Nebenwirkungen von Medikamenten gewinnen die erblichen Unverträglichkeitsreaktionen gegenüber solchen Umwelteinflüssen eine besondere Bedeutung. Schon GARROD hatte diese Art von Stoffwechseldefekten vorausgesagt, in der Einsicht, daß die Auseinandersetzung des Organismus mit solchen Substanzen über die gengesteuerten Enzymsysteme des intermediären Stoffwechsels verläuft und deshalb genetisch bedingter Variabilität ebenso unterworfen sein muß wie der Stoffwechsel der physiologischen Metabolite. Ein besonderer Zweig der biochemischen Humangenetik, die Pharmakogenetik, beschäftigt sich mit der genetisch bedingten Variabilität der Reaktion auf Arzneimittel. Narkosezwischenfälle hatten Ende der fünfziger Jahre auf die Spur eines rezessiv erblichen Defektes im Abbau eines Medikaments geführt, das bei kleineren chirurgischen Eingriffen zur kurzzeitigen Entspannung der Atemmuskulatur verwendet wurde. Nicht alle interindividuellen Unterschiede im Arzneimittelstoffwechsel haben so dramatische Konsequenzen; sie erfordern aber oft die Anpassung der angewandten Dosis an den Genotyp des Patienten. Auch auf die Luftverschmutzung, der sich inhalierende Zigarettenraucher in so hohem Maße aussetzen, reagieren die Menschen aufgrund ihrer genetischen Disposition unterschiedlich. Die etwa einmal unter 10 000 Menschen vorkommende Homozygotie für die Defizienz eines bestimmten Plasmaproteins (ein sog. Protease-Inhibitor) erhöht das Risiko wesentlich, vor dem 40sten Lebensjahr an Lungenemphysem zu sterben. Starke Raucher dieses Genotyps haben eine geringere Lebenserwartung.

Viele genetisch bedingten Stoffwechselstörungen lassen sich nicht in eine der besprochenen Kategorien einordnen. Diese Kategorien verdeutlichen jedoch das breite Spektrum von Möglichkeiten der störenden Einwirkung von Gendefekten auf das Netzwerk der Stoffwechselreaktionen.

Ein Beispiel

Wenn ein Neugeborenes auf seine ersten Milchfütterungen mit einem schweren Brechdurchfall reagiert, wenn sich dazu bei fortgesetzter Ernährung mit Milch oder Milchprodukten eine Gelbsucht einstellt und sich Trübungen in den Augenlinsen zeigen, dann weiß der Kinderarzt, daß dieses Kind auf seine Fähigkeit hin untersucht werden muß, die Galaktose, einen Bestandteil des Milchzuckers, zu verwerten. Hierzu sind keineswegs alle Menschen in der Lage: etwa eines von 75 000 Neugeborenen zeigt die beschriebenen Krankheitserscheinungen, wenn es die übliche milchzuckerhaltige Nahrung erhält. Das weitere Schicksal dieser Kinder ist fatal, wenn die Milchernährung fortgesetzt wird. Ersetzt man jedoch rechtzeitig die Milch durch andere Nahrungsmittel, wie sie von der pharmazeutischen Industrie speziell für diesen Zweck hergestellt werden, so gehen die Schäden an der Leber, der Milz und oft auch der beginnende graue Star der Augen wieder zurück und die körperliche Entwicklung verläuft normal. Das Gehirn und damit die geistige Entwicklung des Kindes bleiben hingegen um so schwerer geschädigt, je längere Zeit nach der Geburt das Kind milchzuckerhaltige Nahrung erhalten hat. Es kommt deshalb entscheidend darauf an, die Diagnose in den ersten Tagen nach der Geburt zu stellen. Vermeidet man die Ernährung mit Milchprodukten von Anfang an, so ist in der Regel die normale geistige Entwicklung gewährleistet.

Offensichtlich gehört die beschriebene Stoffwechselstörung zur Gruppe der Unverträglichkeitsreaktionen gegenüber Bestandteilen der Nahrung. Die Galaktose, ein Bestandteil des Milchzuckers, wird vom Gesunden über eine dreistufige Reaktionskette in Traubenzucker umgewandelt, und so dem Stoffwechsel als leicht verwertbarer Metabolit zugeführt. Der überwiegenden Mehrzahl der betroffenen Kinder fehlt das Enzym für den zweiten Schritt dieser Reaktionsfolge (siehe Abb. 3), so daß sich die nicht verstoffwechselte Galaktose und das Produkt der ersten Reaktion, das Galaktosephosphat, vor der blockierten Reaktion anstauen. Aufgrund der hohen Galaktosekonzentration im Blut erhielt diese Krankheit den Namen Galaktosämie. Ein Teil der Krankheitserscheinungen wird von der angestauten Galaktose verursacht; als ganz besonders schädlich für den Stoffwechsel der Leber und der Nieren hat sich aber das Galaktosephosphat erwiesen, das bei hoher Konzentration hemmend in manche Reaktionen des Traubenzucker-Abbaus eingreift. So wird durch einen Defekt in einem Gen, das für ein Enzym des Galaktosestoffwechsels codiert, sekundär unter anderem die Verwertung des Traubenzuckers gestört, der ja unsere wichtigste Energiequelle ist.

Die Galaktosämie ist eine heilbare Krankheit, wenn sie früh genug erkannt wird und milchzuckerhaltige Nahrung schon in den ersten Tagen nach der Geburt vermieden werden kann. Galaktosämie gehört deshalb auch zu der Gruppe der Stoffwechseldefekte, die von den routinemäßig bei allen Neugeborenen durchgeführten Suchtests erfaßt werden. Die oben genannte Häufigkeitsziffer (1:75 000) basiert auf den Resultaten, die in verschiedenen Ländern bis zum Jahre 1973 an mehr als 3 Millionen Neugeborenen erhalten wurden.

Der Erbgang der Galaktosämie ist autosomal rezessiv. Das Gen, das für das zweite Enzym des Galaktosestoffwechsels codiert, konnte auf dem Chromosom 9 lokalisiert werden. Die Eltern von Kindern mit Galaktosämie sind heterozygot, haben also neben dem Defektallel ein normales Allel, dessen Wirkung zur Aufrechterhaltung des Galaktosestoffwechsels ausreicht; sie sind also gesund. Ihr Defektallel gibt sich dadurch zu erkennen, daß die Menge des bei Galaktosämikern fehlenden Enzyms bei ihren heterozygoten Verwandten auf etwa die Hälfte der normalen Menge verringert ist. Die Anzahl der Moleküle dieses Enzyms pro Zelle entspricht also bei den Heterozygoten nur noch der Menge, die von einer Kopie des zugehörigen Gens über die in Abb. 3 dargestellte Abfolge von Transkription, Aufbereitung und Translation erstellt werden kann. Die Enzymmenge pro Zelle reflektiert also die Gendosis; man spricht deshalb von einem Gendosiseffekt. Solche Gendosiseffekte gibt es bei zahlreichen Stoffwechseldefekten, und sie haben den eminent praktischen Wert, daß sie die Erkennung heterozygoter Genträger erlauben. Die Ausarbeitung solcher Heterozygotentests ist eine der vorrangigen Aufgaben der biochemischen Humangenetik. In einer Familie, in der bereits ein Kind mit einer genetisch bedingten Stoffwechselanomalie geboren wurde, gibt es in der Regel neben den Eltern noch andere heterozygote Blutsverwandte. Gerade bei den seltenen Krankheiten dieser Art kann das Defektgen über mehrere Generationen unerkannt „mendeln", bis durch Zufall zwei heterozygote Genträger zusammenkommen, die mit einer Wahrscheinlichkeit von 25% ein krankes Kind zeugen.

Nicht bei allen Stoffwechseldefekten vom Typus der Unverträglichkeitsreaktion ist die diätetische Korrektur so einfach wie bei der Galaktosämie. Bei der bekanntesten Störung des Aminosäurenstoffwechsels, der Phenylketonurie, die etwa einmal unter 10 000 Neugeborenen vorkommt, ist der unverträgliche Nahrungsbestandteil eine für den Menschen unentbehrliche Aminosäure, das Phenylalanin. Das Kind muß also viele Jahre eine hinsichtlich des Phenylalaningehalts sorgfältig ausbalancierte Diät erhalten, damit seine geistige und körperliche Entwicklung keinen Schaden leidet. Auch hier entstehen die Krankheitserscheinungen nicht durch einen Mangel an dem Reaktionsprodukt der blockierten biochemischen Reaktion, sondern durch die Toxicität der unphysiologischen Mengen des vor dem Stoffwechselblock angestauten Phenylalanins und seiner z. T. atypischen Abbauprodukte, die über alternative Stoffwechselwege entstehen.

Therapie und Prävention

Die besprochenen Beispiele zeigen, daß genetisch bedingte Krankheiten keineswegs jeglicher Therapie unzugänglich sein müssen. Der Phänotyp – der kranke wie der gesunde Phänotyp – ist stets auch das Resultat des Zusammenwirkens von Erbe und Umwelt. Geringfügige, aber spezifische Korrekturen der Umweltbedingungen – in unseren Beispielen der Diät – können die Ausprägung eines kranken Phänotyps verhindern. Nur eine kleine Zahl von Stoffwechselkrankheiten läßt sich durch derartige diätetische Restriktionen günstig beeinflussen, wie sie bei der Galaktosämie und bei der Phenylketonurie zum Erfolg führen. Bei einer anderen Gruppe solcher Krankheiten kann durch Ersatz des fehlenden Stoffwechselprodukts geholfen werden. Zu dieser Gruppe gehören einige der erblichen Enzymdefekte, die die Bildung von aktiven Cofaktoren aus Vitaminen blockieren oder beschränken (siehe z. B. Abb. 4). Spezielle therapeutische Strategien, die zur erhöhten Ausscheidung der schädlichen Metabolite führen, sind für eine Reihe von Stoffwechseldefekten entwickelt worden. Alle diese Manipulationen greifen auf einer genfernen Ebene in das Stoffwechselgeschehen ein.

Dem primären Gendefekt näher liegt die Ebene der Proteine selbst und der Ersatz z. B. des jeweiligen defekten Enzyms durch das normale, also die regelmäßige Zufuhr einer Art biochemischer Prothese, ist eine naheliegende Zielvorstellung der Therapie genetisch bedingter Stoffwechselstörungen. Eine große Zahl von Versuchen, die z. T. auch an entsprechenden Versuchstier-Modellen durchgeführt wurden, zeigt, daß sich dieser Methodik ganz erhebliche Schwierigkeiten entgegenstellen. Die Verweildauer von zugeführten Enzymen im Blut und in den Geweben ist so kurz, daß häufige Gaben notwendig sind. Diese erfordern aber große Mengen hochgereinigter Enzyme möglichst aus menschlichen Organen (um die Immunabwehr zu umgehen), die nur mit einem großen Aufwand an Arbeitskraft und Kosten bereitzustellen sind. Auch wird das Gehirn von Enzymen nicht erreicht, die über die Blutbahn zugeführt werden. So konzentriert sich die Forschung hauptsächlich auf Methoden, die Gewinnung hochgereinigter Enzyme zu vereinfachen und spezifische Applikationsformen zu entwikkeln, die an die speziellen Erfordernisse des jeweils meistgeschädigten Organs angepaßt sind und die Verweildauer des zugeführten Enzyms wesentlich verlängern. Die Aufnahme exogener Enzyme in Zellen wird durch spezifische Erkennungsmechanismen zwischen dem Enzym und der Zelloberfläche vermittelt. In dem Maße, in dem man die Chemie dieser Wechselwirkungen verstehen lernt, wird es möglich werden, sie zu simulieren und auf diese Weise das zugeführte Enzym an den gewünschten Wirkungsort zu bringen. Auf diesem Gebiet sind in naher Zukunft wesentliche Fortschritte zu erwarten.

Auf einer anderen Ebene hat die Substitutionstherapie mit Proteinen schon eine längere Tradition: In der Bundesrepublik erhalten mindestens 3000 Patienten mit der klassischen Form der Bluterkrankheit (Hämophilie A) regelmäßig Transfusionen von frischem Blutplasma oder Konzentrate des fehlenden Gerinnungsfaktors VIII, des antihämophilen Globulins. Auf analoge Weise kann man bei einer genetisch bedingten Störung der Synthese der Gammaglobuline, bei der Agammaglobulinämie, durch regelmäßige Injektionen von Gammaglobulinen die defekte Immunabwehr der Patienten weitgehend korrigieren.

Die ideale denkbare Therapie genetisch bedingter Stoffwechselstörungen bestünde im Ersatz des Defektgens durch sein jeweiliges normales Allel, also in der Gentherapie. Von diesem Ziel ist man zwar noch weit entfernt; angesichts der gegenwärtigen Entwicklung der Gentechnologie zeichnet sich jedoch die Gentherapie als reale Möglichkeit bereits ab. Die Isolierung und Vermehrung menschlicher Gene mit gentechnologischen Methoden ist heute bei vielen Genen möglich und bei einigen auch bereits erfolgreich durchgeführt worden. Die Übertragung solcher Gene auf menschliche oder tierische Zellen, ihr Einbau ins Genom und der Nachweis ihrer Expression, also ihrer Funktionsfähigkeit, ist an Zellkulturen schon in mehreren Fällen gelungen. Bevor solche Methoden am Menschen angewendet werden können, muß sichergestellt sein, daß man das Gen in seiner normalen Struktur an der richtigen Stelle des Genoms einbauen kann, und dies in eine genügend große Anzahl von Zellen, damit die Stoffwechselstörung durch die Funktion des integrierten Gens auch in wirksamer Weise korrigiert wird. Methoden zur Lösung dieser Probleme können heute im Prinzip entworfen werden. Hier drängt sich aber die Frage auf, welcher Nutzen der Gesellschaft durch die Entwicklung solcher Verfahren entstünde und in welchem Verhältnis dieser Nutzen zu den möglichen Gefahren steht, die ihre voreilige und mißbräuchliche Anwendung birgt. Gentechnologische Methoden zielen aber nicht nur auf die Gentherapie ab. Sie ermöglichen im Prinzip auch die Herstellung menschlicher Genprodukte wie Insulin, Interferon, Wachstumshormon und antihämophiles Globulin in Bakterien, in deren Genom die jeweiligen menschlichen Gene in funktionsfähiger Form integriert werden. Die Substitutionstherapie mancher Stoffwechseldefekte würde durch solche Produkte wesentlich erleichtert werden.

Die Ausführungen über die Therapie angeborener Stoffwechselstörungen lassen erkennen, daß man bisher nur bei einzelnen dieser Krankheiten durch diätetische oder substituierende Maßnahmen wirksam helfen kann. Die große Mehrzahl der genetisch bedingten Stoffwechseldefekte ist einer Therapie noch unzugänglich. Eine größere Hilfe wird deshalb gefährdeten Familien zuteil, wenn die Geburt betroffener Kinder verhindert werden kann. Die Identifizierung der Heterozygoten und die pränatale Diagnose von Stoffwechselstörungen eröffnen hierfür im Zusammenhang mit der genetischen Familienberatung zahlreiche neue Möglichkeiten. Bei 60 rezessiv erblichen Gendefekten ist die Erkennung der heterozygoten Genträger heute im Prinzip möglich, bei 40 von ihnen wurde sie bereits erfolgreich durchgeführt. Neben den in der Regel obligat heterozygoten Eltern von Patienten mit autosomal rezessiv erblichen Stoffwechselkrankheiten haben nähere und fernere Blutsverwandte eines Patienten ein definiertes Risiko, heterozygote Genträger zu sein. Ihnen und ihren Ehepartnern steht in vielen Fällen die Möglichkeit offen, sich einem Heterozygotentest zu unterziehen. Erweisen sich Ehepaare hierbei als heterozygot, so wird der genetische Berater empfehlen, bei einer Schwangerschaft eine pränatale Diagnose durchführen zu lassen. Hierfür werden zwischen der 16. und 22. Schwangerschaftswoche einige Kubikzentimeter Amnionflüssigkeit entnommen. Die darin schwimmenden Zellen stammen von der heranwachsenden Frucht und können in manchen Fällen direkt, in anderen nach Anzüchten in der Zellkultur biochemisch auf den fraglichen Stoffwechseldefekt hin untersucht werden. Aufgrund von Modelluntersuchungen an Zellkulturen von Patienten können heute etwa 75 angeborene Stoffwechseldefekte pränatal diagnostiziert werden; bei mehr als 30 von ihnen wurden bereits solche Diagnosen gestellt. Gefährdeten Familien kann auf diese Weise nicht nur das schwere Schicksal erspart werden, ein unheilbar krankes Kind zu haben, sondern es kann ihnen auch zu gesunden Kindern verholfen werden, denn viele Ehepaare würden bei einem Risiko von 25% für ein betroffenes Kind ohne die Möglichkeit der pränatalen Diagnose auf Nachkommen verzichten.

In manchen Bevölkerungsgruppen bestehen so hohe Häufigkeiten bestimmter Stoffwechselanomalien, daß die bevölkerungsweite Anwendung eines Heterozygoten-Suchtests (Heterozygoten-Screening) gerechtfertigt ist. Das gilt z. B. für die Sichelzellen-Anämie bei den Negern in West- und Zentralafrika, für die Tay-Sachs-Krankheit bei Ashkenazi-Juden in Nordamerika und für die Mukoviszidose, eine der häufigsten erblichen Stoffwechselkrankheiten der Nordeuropäer. An der Entwicklung eines sicheren Heterozygotentests für die letztere Krankheit wird vielerorts intensiv gearbeitet. Für Sichelzell-Anämie und für Tay-Sachs-Krankheit wurde bei den betroffenen Bevölkerungsgruppen schon Populations-Screening mit Erfolg durchgeführt.

Die biochemisch-genetische Forschung hat um die Mitte unseres Jahrhunderts GARROD's Grundkonzept von der Genwirkung und von den inborn errors of metabolism verifiziert. Bei der Aufklärung zahlreicher Basisdefekte und Wirkungsmechanismen, die diesen Krankheiten zugrundeliegen, haben in der Folgezeit die Zellkulturen entscheidende Bedeutung erlangt. An Zellkulturen wurden nicht nur Methoden zum Nachweis der Stoffwechseldefekte und der Heterozygoten entwickelt, sondern auch neue Möglichkeiten zur Lokalisierung der Gene auf den menschlichen Chromosomen erschlossen. Seit Ende der siebziger Jahre finden Methoden der Gentechnologie in der Humangenetik Anwendung. Der Einsatz dieser neuen Methoden wird nicht nur unsere Kenntnisse von der Struktur und Anordnung der Gene und vom Aufbau des menschlichen Genoms ganz entscheidend erweitern, sie eröffnen auch dem Nachweis von genetisch bedingten Krankheiten bei Heterozygoten und bei Homozygoten neue Möglichkeiten, unabhängig davon, ob der jeweilige Basisdefekt bekannt ist oder nicht. Das gehört ohne Zweifel zu den begrüßenswerten Konsequenzen dieser neuen Technologie.

Weiterführende Literatur

1. Standard-Werk über die genetisch bedingten Stoffwechselkrankheiten: Stanbury JB, Wyngaarden JB, Fredrickson DS, Goldstein JL, Brown MS (1983) The metabolic basis of inherited disease, 5th edition, MacGraw-Hill
2. Milunsky A (1977) Unsere biologische Mitgift, DVA
3. Lenz W (1981) Medizinische Genetik. 5 Aufl Thieme, Stuttgart
4. McKusick VA (1983) Mendelian Inheritance in Man, Johns Hopkins Univ Press, 6th Edition
5. Langenbeck U (1980) Angeborene Stoffwechselstörungen als Experiment der Natur. Medizin in unserer Zeit 4:47–50

Immunbiologie

E. GÜNTHER

Die Immunbiologie ist aus der Medizin hervorgegangen, genaugenommen aus der mit Infektionskrankheiten befaßten Medizin. Sie hat damit eine jahrtausendealte Tradition. Die immunbiologischen Vorgänge, die zum Schutz gegen Infektionen führen, begann man aber erst Ende des 19. Jahrhunderts zu verstehen. Inzwischen ist die Immunbiologie weit in das Terrain der Zellbiologie und Molekulargenetik vorgestoßen; das Immunsystem bietet z. B. hervorragende Modelle, um Zelldifferenzierungsvorgänge zu studieren. Aber auch der klinische Aspekt der Immunbiologie ist breiter geworden. Zur Infektionsimmunologie sind Allergie, Autoimmunität und Transplantatabstoßung als immunpathologische Phänomene hinzugekommen. Charakteristisch für immunologische Reaktionen sind ihre Spezifität und ihr Gedächtnis, das für den spezifischen Schutz vor erneuter Infektion mit demselben Erreger (Immunität) verantwortlich ist; beides unterscheidet sie von vielen anderen Reaktionen des Organismus gegenüber externen Einflüssen. Eines der zentralen wissenschaftlichen Probleme der Immunbiologie besteht daher auch darin, die zellulären und molekularen Grundlagen der Spezifität der Immunantwort zu analysieren.

Antigene und Lymphozyten

Schon im Altertum war bekannt, daß Menschen, die die Pest überstanden hatten, an ihr nie wieder erkrankten, d. h. immun waren, und daher auch unbedenklich die Pflege von Pestkranken übernehmen konnten. Im 18. Jahrhundert zeigte JENNER in England, daß die Inokulation von Menschen mit Kuhpockenmaterial (Vaccination) gegen eine Pockenerkrankung zu schützen vermochte. Als Kontrast dazu steht folgendes Phänomen, das zuerst RICHET und PORTIER im Jahre 1901 beschrieben haben: Hunde, die sich von der ersten Injektion eines toxischen Seeanemonenextrakts erholt hatten, verstarben an einer zweiten, an sich nicht toxischen Dosis innerhalb weniger Minuten. Beide Phänomene sind Folge einer Immunreaktion, einmal schützend, im anderen Fall tödlich. Die Auslösbarkeit ist jeweils spezifisch, denn Kuhpockeninokulation schützt nicht vor Pestinfektion und Seeanemonenextrakt sensibilisiert nicht für Graspollen.

Die Substanzen, die eine Immunantwort hervorrufen, im obigen Fall sind das Kuhpockenvirusmaterial bzw. Eiweißstoffe aus Seeanemonen, nennt man Antigene. Neben Eiweiß können aber auch Kohlenhydrate, Lipide oder Nukleinsäuren als Antigen wirken, und zwar entweder in molekularer Form oder als Bestandteil von Zellen, Parasiten, Bakterien, Viren (wie im obigen Pockenbeispiel). Die Immunantwort richtet sich genaugenommen nicht gegen das vollständige Molekül oder die Zelle als Ganzes, sondern gegen kleine Bereiche bestimmter räumlicher Konfiguration – im Falle von Eiweißantigenen z. B. ungefähr 5 Aminosäurereste umfassend –, die man Antigendeterminanten oder Epitope nennt und von denen sich zumeist viele verschiedene auf einem Antigenmolekül befinden. Allgemein kann man sagen: Die Immunantwort richtet sich gegen alle Molekülkonfigurationen, die dem Körper fremd sind. Die bei einer Immunreaktion ablaufenden biologischen Vorgänge sind ungeachtet des Antigens einander sehr ähnlich, doch kann die Effektorphase, d.h. die Manifestation der Immunantwort, sehr unterschiedlich ablaufen, wie die obigen Beispiele andeuten.

Man kann die Immunantwort auch mit Hilfe „harmloser" Antigene studieren, und man kann auf tierexperimentelle Untersuchungen zurückgreifen, da das Immunsystem von Mensch und Säugetieren ähnlich funktioniert. Die Maus ist als Tiermodell besonders beliebt. Der größte Teil unserer heutigen immunologischen Kenntnis ist tatsächlich über Tierexperimente gewonnen worden. Versuchstiere, z. B. Mäuse, kann man gegen Antigene gezielt immunisieren, während man bei Untersuchungen am Menschen auf natürlich vorkommende Immunreaktionen angewiesen ist. Auch lassen sich in der Maus anhand von Inzuchtstämmen und Kreuzungsexperimenten die genetischen Grundlagen der Immunantwort besonders gut analysieren und kontrollieren. Die in vivo Untersuchungen am lebenden Versuchstier werden in zunehmendem Maße ergänzt oder ersetzt durch Experimente in vitro, indem man die Immunantwort in der Gewebekultur analysiert.

Was ist die anatomische Grundlage einer Immunantwort? Die Fähigkeit, auf ein Antigen spezifisch reagieren zu können, ist eine Eigenschaft der *Lymphozyten*. Diese runden, zytoplasmaarmen, ca. 7–12 μm großen Zellen finden wir im Blut unter den weißen Blutkörperchen, im Gewebe und in einem speziellen, die Gewebsflüssigkeit (Lymphe) ableitenden Gefäßsystem, den Lymphgefäßen. Konzentriert kommen Lymphozyten in der Wand des Respirationstrakts, z.B. in Gestalt der „Rachenmandeln" vor, wie auch in der Wand von Magen-, Darm- und Urogenitaltrakt, insbesondere aber in bestimmten lymphatischen Organen. Dazu gehören die Lymphknoten, die sich an vielen Stellen des Körpers befinden, die Milz, der Thymus und das Knochenmark. Die Lymphozyten zirkulieren in der

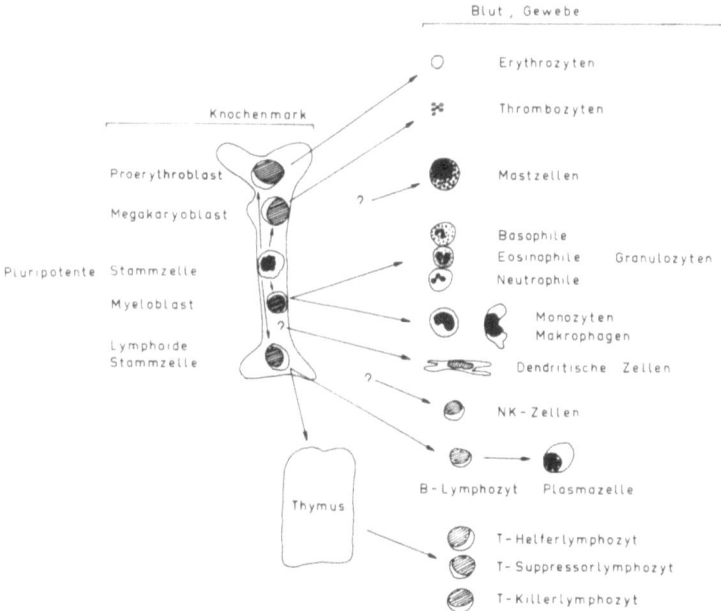

Abb. 1. Zellen des Immunsystems. Dargestellt sind Stammzellen im Knochenmark (hier des Oberschenkelknochens) und die sich aus ihnen z. T. unter Thymuseinfluß entwickelnden Zellen in Blut und Gewebe

Blutbahn, verlassen diese durch die Wände der kleinen Blutgefäße, gelangen so ins Gewebe, sie werden von hier im Lymphgefäßsystem gesammelt und passieren dabei die als Filter wirkenden Lymphknoten. Die Lymphe ergießt sich letztlich wieder in die Blutbahn. Die Mehrzahl der Lymphozyten ist mobil, patrouilliert durch den Körper, und nur eine kleinere Anzahl ist zeitweilig seßhaft in den lymphatischen Organen. Diffuses Vorkommen und Mobilität sind nicht nur Eigenschaften der Lymphozyten, sondern auch anderer an der Immunantwort beteiligter Zellen (s. u.). Es handelt sich um Eigenschaften, die der Funktion dieser Zellen entsprechen: Aufspüren von Antigen, Rekrutierung weiterer Zellen, Abtransport von Antigen, Generalisation einer zunächst lokalen Immunreaktion. Man rechnet mit etwa 10^{12} Lymphozyten im menschlichen Körper. Zehn Prozent von ihnen werden täglich erneuert. Um sich zu teilen, brauchen sie etwa 18 Stunden. Ihre Lebenszeit reicht von wenigen Tagen bis zu vielen Jahren. Gebildet werden die Lymphozyten bei Erwachsenen vor allem im Knochenmark, wo sie aus Stammzellen hervorgehen (s. Abb. 1). Sie differenzieren entweder im Knochenmark selbst zu sogenannten B-Lymphozyten („B-Zellen") aus, oder aber sie wandern in den Thymus ein, um hier zu sogenannten T-Lymphozyten („T-Zellen") auszureifen.

Immunbiologie

Die Effektorphase der Immunreaktion

Das in den Körper infolge einer Verletzung oder Injektion gelangte Antigen wird zunächst auf Zellen stoßen, die in der Lage sind, das Antigen zu „fressen". Zu diesen Freßzellen oder Phagozyten gehören die Makrophagen des Gewebes und die polymorphkernigen weißen Blutkörperchen (Granulozyten) im Blut. Das Antigen wird durch Phagozytose und anschließende intrazelluläre Verdauung entweder vollständig vernichtet, oder es bleiben Reste, die von Lymphozyten „erkannt" werden. Letzteres kann lokal geschehen, bevorzugt aber in Milz oder Lymphknoten, nachdem Makrophagen das Antigen in die Lymphknoten transportiert haben, welche die Geweberegion, in der das Antigen eingedrungen ist, drainieren.

Das Antigen wird von Lymphozyten über Rezeptormoleküle erkannt, so wie ein Schlüssel (Antigendeterminante) sich dem Schloß (Rezeptor) einpaßt. Die einzelnen Lymphozyten unterscheiden sich in der Form des Schlosses, d.h. sie werden nur bestimmte Determinanten erkennen können, also spezifisch für bestimmte Determinanten sein. Wenn ein Lymphozyt mit einer zu seinem Rezeptor passenden Antigendeterminante reagiert, kommt es unter bestimmten Bedingungen (s.u.) zur „Stimulation" des betreffenden Lymphozyten, er wird sich teilen und damit vermehren, und er wird reifen, um seine Effektorfunktion ausüben zu können. Für B-Lymphozyten und besonders für deren reife Formen, die Plasmazellen, bedeutet das die Massenproduktion von bestimmten Effektormolekülen, den Antikörpern, die im Blutgefäß-System eine Konzentration von 5–10 mg/ml erreichen. Antikörper sind kohlenhydrathaltige Eiweißmoleküle, die man chemisch als Immunglobuline bezeichnet. Sie haben eine charakteristische Y-förmige Struktur (Abb. 2), auf die unten näher eingegangen wird. Die Aminosäurensequenzen an den Enden der beiden „Y-Branchen" eines Moleküls sind zwar miteinander identisch, aber unter den verschiedenen Antikörpermolekülen außerordentlich variabel. Hier befindet sich je eine taschenartige Bindungsstelle für die Antigendeterminante; der Rest des Moleküls, wie z.B. der Y-Stiel, das sogenannte Fc-Stück, weist eine relativ konstante Aminosäurensequenz auf. Bestimmte in diesem konstanten Teil doch vorkommende Unterschiede erlauben die Definition mehrerer Immunglobulinklassen, wie IgM, IgG, IgE, IgA und IgD und sind verantwortlich für unterschiedliches funktionelles Verhalten des Antikörpermoleküls, z.B. Aktivierung von Komplement (s.u.), Passage durch die Plazenta, Bindung an Zellen u.a. Die Struktur des variablen Antikörperteils entspricht derjenigen des Rezeptormoleküls auf der Oberfläche des Lymphozyten, der den betreffenden Antikörper produziert hat.

Der in Blut oder Gewebsflüssigkeit vorhandene Antikörper repräsentiert nur einen Typ von Immunantwort, d.h. die humorale Immunantwort.

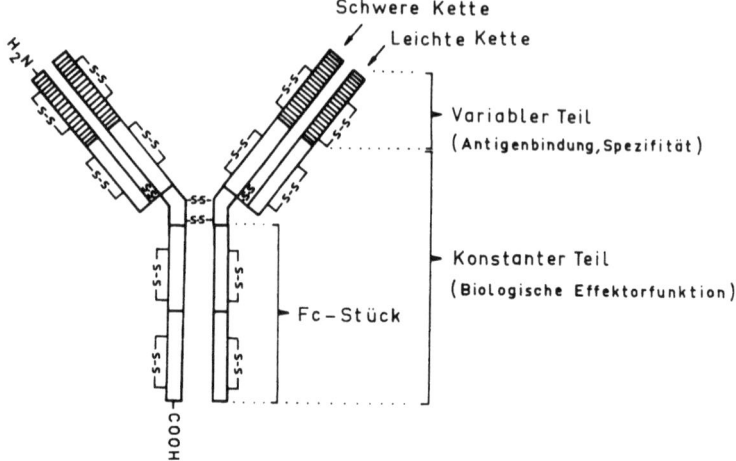

Abb. 2. Schematische Darstellung eines Immunglobulinmoleküls (IgG$_1$ des Menschen). –S–S– kennzeichnen Disulfidbrücken

Daneben gibt es eine andere Form, die zellvermittelte Immunantwort, für die T-Lymphozyten verantwortlich sind (s. Abb. 3). Einige von ihnen, sogenannte zytotoxische oder „Killer"-T-Lymphozyten sind in der Lage, z. B. virusinfizierte Zellen im Körper durch direkten Kontakt zu zerstören. Manche antigenstimulierten T-Lymphozyten produzieren sogenannte Lymphokine, d. h. Faktoren, die auf andere an der Immunantwort beteiligte Zellen einwirken. Zu nennen sind z. B. Wachstums- und Reifungsfaktoren für Lymphozyten oder Faktoren, die auf Makrophagen wirken, z. B. ihre Wanderung hemmen, sie also am Ort des Geschehens fixieren, oder sie in die Lage versetzen, fremde Zellen zu zerstören.

Die Antikörper reagieren spezifisch mit dem Antigen unter Bildung von Antigen-Antikörper-Komplexen, die Killer-T-Lymphozyten zerstören spezifisch die virusinfizierte Zelle. Damit ist die Gefahr oft schon gebannt, ein Toxin, z. B. Tetanustoxin, ist neutralisiert, eine virusinfizierte Zelle ist zerstört, ehe die Viren sich vermehren können. Das Antigen ist aber noch nicht eliminiert. Diesem Zweck dienen antigenunspezifische Reaktionen, die durch die antigenspezifische Lymphozytenaktivität initiiert oder verstärkt werden. So werden die Antigen-Antikörper-Komplexe oder die Zelltrümmer durch Makrophagen und weiße Blutkörperchen phagozytiert und abgebaut. Die Elimination des Antigens gewinnt noch dadurch an Effizienz, daß die Antigen-Antikörper-Komplexe eine Gruppe von kaskadenartig miteinander reagierenden Proteinen aktivieren, das sogenannte Komplementsystem. Im Verlauf dieser Aktivierung werden Faktoren ge-

Immunbiologie

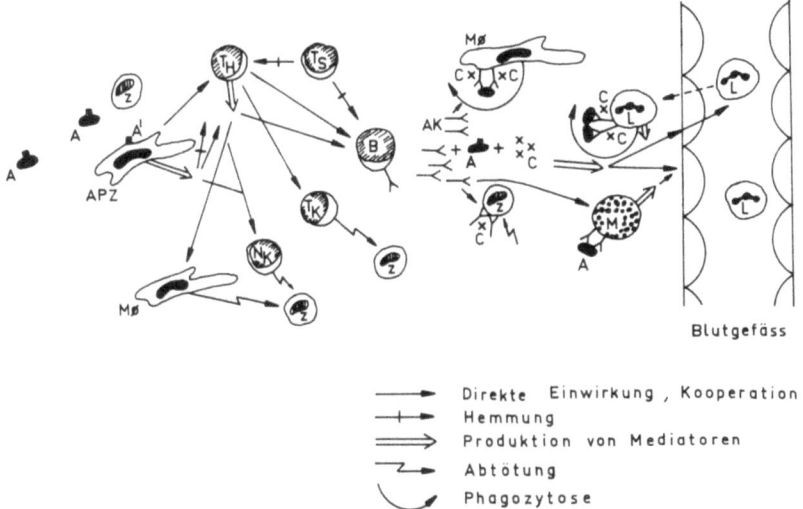

Abb. 3. Beispiele von Zellinteraktionen während einer Immunantwort. (Details s. Text). A Antigen; A' von antigenpräsentierenden Zellen dargebotenes Antigen; Ak Antikörper; APZ antigenpräsentierende Zelle (dendritische Zelle, Makrophage); B B-Lymphozyt bzw. Plasmazelle; C Komplement; L polymorphkernige Leukozyten des Blutes; M Mastzelle; Mø Makrophage; NK NK (natural killer) Zelle; T_H Helfer-T-Lymphozyt; T_K Killer-T-Lymphozyt; T_S Suppressor-T-Lymphozyt; Z Zielzellen (hier getötet durch aktivierte Makrophagen, NK-Zellen, Killer-T-Lymphozyten oder Antikörper plus Komplement)

bildet, die im Gewebe weiße Blutzellen anlocken und die Durchlässigkeit der Wand kleiner Blutgefäße erhöhen, so daß Plasma ausströmen kann. Es entsteht lokal eine Entzündung, in deren Verlauf es zu Gewebsschädigungen kommen kann. Antigenstimulierte T-Lymphozyten steuern u. a. den oben erwähnten auf Makrophagen einwirkenden Faktor bei. Es werden aber auch von den Makrophagen selbst Faktoren gebildet, die wiederum die Lymphozyten aktivieren oder hemmen können. Das sind nur einige Momenteindrücke eines komplexen Geschehens, in dem antigenspezifische Lymphozytenreaktion, unspezifische zelluläre Reaktionen, Lymphozyten- und Makrophagenfaktoren, Komplement-, Blutgerinnungs- und Kininsystem u. a zusammenwirken. Die Produktion und Freisetzung von funktionsvermittelnden Faktoren („Mediatoren") ist ein immer wieder anzutreffendes Prinzip der an der Immunantwort beteiligten Zellen, aufeinander einzuwirken, ihre Funktionen zu koordinieren und zu kontrollieren (s. Abb. 3). Leider sind bisher die meisten bekannten Mediatoren nur funktionell und kaum biochemisch definiert.

Wie sich eine Immunantwort, insbesondere wie sich pathologische Immunphänomene manifestieren, hängt weitgehend von der Art und Intensität der antigenunspezifischen Begleit- und Folgereaktion ab.

Auch das eingangs erwähnte Experiment, Hunde wiederholt mit Seeanemonenextrakt zu behandeln, ist durch die ausgelöste Folgereaktion geprägt. Die von den Hunden im Laufe des Experiments gegen den Seeanemonenextrakt produzierten Antikörper, und zwar unter ihnen besonders die der IgE-Klasse, haben nämlich mit ihrem Fc-Stück die Oberfläche von bestimmten Zellen des Gewebes besetzt, den Mastzellen, die mit entsprechenden Rezeptoren für IgE-Moleküle ausgestattet sind (s. Abb. 3). Bindet sich nach der zweiten Injektion genügend Antigen an die variablen Bereiche der mastzellgebundenen IgE-Antikörper, dann setzt die Mastzelle Substanzen, wie z. B. Histamin, frei, die u. a. auf Gefäß- und Bronchialmuskulatur wirken und innerhalb von Minuten zum Tod im anaphylaktischen Schock führen können (allergische Immunreaktion).

Antigenspezifische, lymphozytenvermittelte Immunantwort und Antikörperbildung sind in der Evolution erst spät, und zwar mit der Entwicklung von Vertebraten zu beobachten und sind in voller Ausprägung erst bei Vögeln und Säugern zu finden. Phagozyten hingegen gibt es schon in Invertebraten, wo sie auch zuerst – und zwar vor ca. 100 Jahren von METSCHNIKOW – entdeckt worden sind. Nicht nur was die Spezifität angeht, unterscheiden sich spezifische und unspezifische Mechanismen der Immunreaktion, sondern auch was die Adaptivität betrifft. Makrophagen und Granulozyten können unvermittelt fremde Moleküle, z. B. Infektionserreger, phagozytieren [, allerdings viel effizienter, wenn das Antigen infolge einer Immunantwort mit Antikörpern und Komplement beladen ist (s.o.)]. Die spezifische Immunantwort hingegen hat eine relativ lange Anlaufzeit von 1 bis 2 Wochen, in der sie den Wettlauf mit den sich vermehrenden Infektionserregern leicht verlieren kann. Erst beim Zweitkontakt mit demselben Antigen, z. B. Tetanustoxin, also nach Vermehrung und Reifung der beteiligten Lymphozyten, erreicht sie in wenigen Tagen als Sekundär- oder „Gedächtnis"-Reaktion hohe Effizienz (s. Abb. 4). Diese Tatsache wird bei aktiven Schutzimpfungen, z. B. gegen Tetanustoxin, ausgenützt. Durch die Immunantwort geschützt – oder im Fall der Allergie geschädigt – werden also in erster Linie Individuen, die den Erstkontakt mit dem Antigen, z. B. Pesterregern, überstanden haben. Was dem immunologischen Gedächtnis zugrundeliegt, ist noch unklar. Es könnte sich einfach darum handeln, daß mehr und schneller aktivierbare Lymphozyten bestimmter Spezifität vorhanden sind, es könnte aber auch bestimmte Differenzierungsstufen von Lymphozyten, sogenannte Gedächtniszellen, geben, oder aber das Regulationsniveau der Reaktionsfähigkeit gegen ein bestimmtes Antigen ist verändert.

Immunbiologie

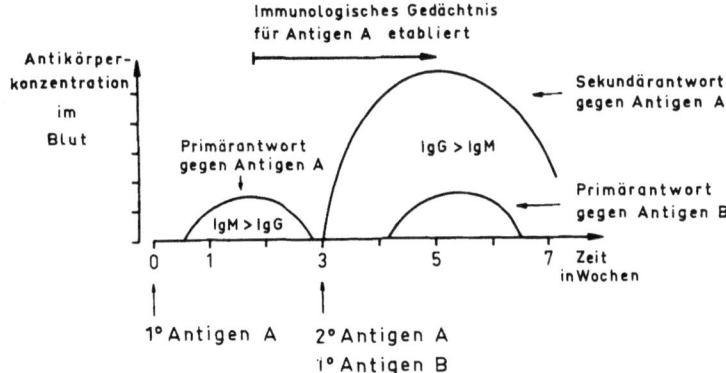

Abb. 4. Schematischer Verlauf einer Antikörperantwort

Die Beispiele der Pest- oder Pockenerkrankung demonstrieren bereits, daß Immunreaktionen lebensrettend sein können. Die Ausbildung des Immunsystems war folglich unter dem Gesichtspunkt der natürlichen Selektion vorteilhaft. Die Lebensnotwendigkeit eines intakten Immunsystems führen auch einige angeborene Immundefekte des Menschen vor Augen. So haben Neugeborene, die genetisch bedingt keine Antikörper bilden können oder denen durch eine Mißbildung der Thymus fehlt, ohne Behandlung nur eine kurze Lebenserwartung, da sie auch an sich harmlose Infekte nicht beherrschen können. – Das Auftreten von pathologischen, also krankhaften Immunreaktionen ist offensichtlich der Preis, der für den vom Immunsystem gewährten Schutz bezahlt werden muß.

Liegt im Schutz vor Infektionen die Hauptfunktion der spezifischen Immunantwort? Nach allem, was man heute weiß, ist man geneigt, diese Frage zu bejahen. Es ist aber noch eine andere Vorstellung von der Hauptrolle des Immunsystems zu diskutieren. Danach schützt das Immunsystem die Integrität des Organismus nicht nur vor „fremden" Molekülen oder Zellen von „außen", sondern auch vor entarteten Zellen von „innen" und übt so eine Überwachungsfunktion (immune surveillance) gegen Tumoren aus. Ursprünglich nahm man an, daß T-Lymphozyten diese Funktion übernehmen, indem sie, durch den Körper patrouillierend, Tumorzellen an tumorspezifischen Antigenen erkennen und deren Elimination besorgen. Dieses Konzept hat viel an Kredit verloren. Denn zum einen sind Definition und Rolle tumorspezifischer Antigene noch nicht voll geklärt; zum anderen hat sich herausgestellt, daß Mäuse, denen angeborenerweise der Thymus und damit ein ausgereiftes T-Zell-Immunsystem fehlt, nicht häufiger an Spontantumoren erkranken als ihre normalen Geschwister. Inzwischen hat man noch nicht eindeutig unter die Lymphozyten (oder Makrophagen) einzuordnende Zellen entdeckt, die offensichtlich unabhängig von einer intakten Thymusfunktion Tumorzellen töten können und wohl auch an der Abwehr bestimmter Infektionen beteiligt sind. Diese sogenannten NK-(natural killer)Zellen werden unmittelbar und offensichtlich antigenunspezifisch aktiviert, stehen also wie die Phagozyten sofort zur Abwehr zur Verfügung.

Phagozyten, NK-Zellen, Komplementsystem, Lysozym, Interferon u. a. sind verantwortlich dafür, daß es eine sogenannte natürliche oder angeborene Immunität gibt, der man die adaptive, also erworbene, antigenspezifische, erst in der Sekundärreaktion vollentfaltete Immunität gegenüberstellen kann. Das Interferon ist in diesem Zusammenhang von besonderem Interesse, da es in der Lage ist, NK-Zellaktivität, aber auch die spezifische Immunantwort zu stimulieren, andererseits wohl von aktivierten Lymphozyten gebildet werden kann und so spezifische und unspezifische Immunreaktionen verknüpft.

B-Lymphozyten, Immunglobulingene und das Problem der Antikörperdiversität

Lymphozyten erkennen die Antigendeterminante über Rezeptormoleküle, die in der Zellmembran verankert sind und Strukturen aufweisen, die zur Antigendeterminante komplementär sind (Schlüssel-Schloß-Prinzip, wie oben erwähnt). Jeder Lymphozyt trägt Rezeptoren nur einer einzigen Spezifität (zelluläre Grundlage der Spezifität). Der Rezeptor der B-Lymphozyten ist – vereinfacht gesagt – ein mit dem konstanten Teil in der Membran fixierter Antikörper, so daß sich die Antigenspezifität der B-Lymphozyten anhand der Antikörper untersuchen läßt, die diese B-Lymphozyten sezernieren – eine Situation, die die Aufklärung der molekularen Grundlagen der Lymphozytenspezifität sehr erleichtert hat. Die Spezifität beruht auf der Diversität, die wir in der Konfiguration der antigenbindenden, variablen Teile der Antikörper bzw. Rezeptoren vorfinden. Wird ein B-Lymphozyt durch Antigenstimulation zur Teilung angeregt, so gehen aus ihm B-Lymphozyten gleicher Spezifität hervor, sie bilden einen Klon (s. Abb. 5). Rezeptorspezifität und -diversität sind vorhanden, bevor das Immunsystem mit dem Antigen in Kontakt kommt. Die Antigendeterminante selektioniert – sozusagen darwinistisch – diejenigen Klone, zu deren Rezeptor sie ausreichend Affinität hat. Dies ist einer der Kerngedanken der *Klon-Selektionstheorie,* die von BURNET in den fünfziger Jahren formuliert worden ist und die bis heute eine der wenigen allgemeingültigen Theorien der Immunologie geblieben ist. Historisch gingen den Selektionstheorien der Antikörperdiversität Instruktionstheorien voraus. Letztere postulierten.

Immunbiologie

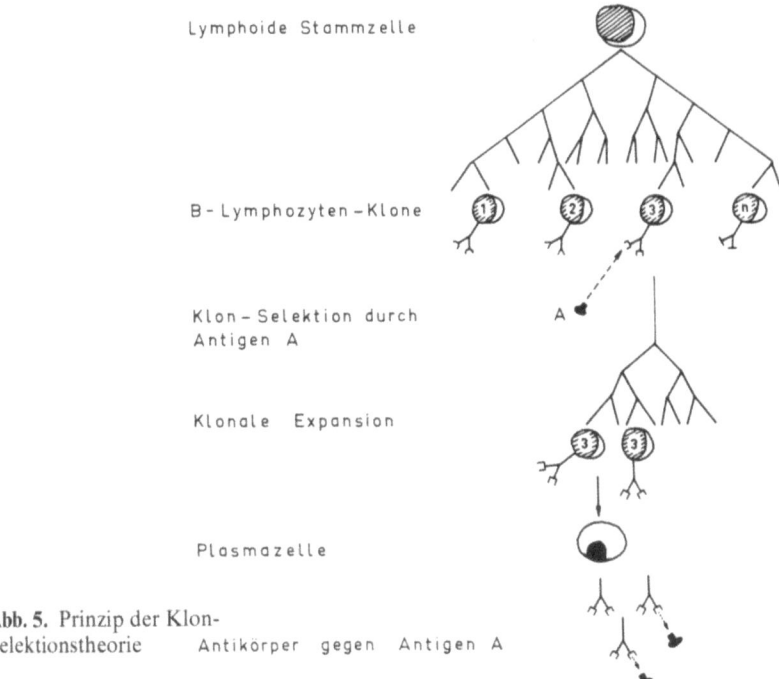

Abb. 5. Prinzip der Klon-Selektionstheorie

daß das Antigen den noch ungefalteten Antikörpermolekülen erst die komplementäre „Schloß"-Form einprägt, eine aus vielerlei Gründen, z. B. auch proteinchemischen, verlassene Vorstellung.

Das Immunsystem ist in der Lage, feine molekulare Unterschiede, z. B. den Austausch einer Aminosäure in einem Polypeptid, zu erkennen: Antikörper sind also hochspezifisch. Man schätzt die Anzahl unterschiedlicher Antigenbindungsstellen, d. h. das Ausmaß des Antikörper-Repertoires auf über 10^6 oder gar über 10^8. Gegen eine Antigendeterminante werden in der Regel mehrere verschiedene Antikörper gebildet, die gewissermaßen die Determinante unter verschiedenen Aspekten „sehen" und die sich im variablen Teil unterscheiden, gleichwohl das Antigen binden, wenn auch vielleicht mit verschiedener Affinität: Das Antikörper-Repertoire ist daher redundant. Derselbe Antikörper reagiert unter Umständen auch mit Antigendeterminanten unterschiedlicher chemischer Struktur (Kreuzreaktion): Das Repertoire ist damit „degeneriert". Offensichtlich lassen sich gegen alle Arten von Molekülen Antikörper induzieren: Das Antikörper-Repertoire scheint komplett zu sein. Es ist erstaunlich, daß auch gegen chemische Verbindungen, die in der Natur von sich aus gar nicht vorkommen und die ein Immunsystem noch nie „gesehen" hat, wie z. B. Arsanilsäure,

Antikörper gebildet werden können. OHNO sprach von der „prometheischen Voraussicht" des Immunsystems.

Wie wird dieses Antikörper-Repertoire bereitgestellt? Oder detaillierter gefragt: Wie kommt die Diversität auf molekularer Ebene zustande? Die Vielfalt der Antigenbindungsstellen von Antikörpermolekülen beruht – wie oben besprochen – auf einer Variabilität der Aminosäurensequenz. Diese ist vorgegeben durch die Nukleotidsequenz der entsprechenden Gene. Der Antikörpervielfalt muß also eine entsprechende Diversität auf der Genebene zugrundeliegen. Eine Frage, die sich hier erhebt und die die Immunologie seit etwa 2 Jahrzehnten bewegt, ist folgende: Liegen alle für die Antikörperdiversität verantwortlichen Gene in den Keimzellen fertig vor, werden sie damit von Generation zu Generation vererbt (Keimbahntheorie) oder aber entstehen sie aus nur wenigen solcher Keimbahngene in den Lymphozyten eines jeden Individuums somatisch als Folge bestimmter Mutationsmechanismen immer wieder neu (somatische Mutationstheorie)? Anders formuliert: Ist die Antikörperdiversität während der Phylogenese entstanden, oder hat sie sich erst während der Ontogenese entwickelt? Aufgrund der molekulargenetischen Kenntnisse, die in den vergangenen Jahren auf diesem Gebiet gewonnen worden sind, läßt sich nun eine Antwort geben. Sie scheint in einem Kompromiß zu liegen und soll kurz skizziert werden.

Das *Antikörpermolekül* (Abb. 2) wird aus vier Polypeptidketten aufgebaut, zwei identischen Schwerketten (H-Ketten) und zwei identischen Leichtketten (L-Ketten). Bei den Schwerketten kennt man α, δ, ϵ, μ und mehrere γ-Subklassen, die von gekoppelten Genen auf Chromosom 14 kodiert werden und für die Unterschiede der einzelnen, oben (S. 107) erwähnten Immunglobulinklassen verantwortlich sind. Die Schwerketten verbinden sich mit Leichtketten entweder vom lambda- oder kappa-Typ. Diese beiden Leichtketten werden von Genen auf verschiedenen Chromosomen, 22 bzw. 2, determiniert. Die ungefähr 110 aminoterminalen Aminosäurenreste bilden den variablen Teil jeder Kette, und derjenige einer H- und einer L-Kette gestalten zusammen eine Antigenbindungsstelle und bilden damit die molekulare Grundlage der Spezifität. Der restliche, längere Teil der Schwerketten weist eine relativ konstante Aminosäurensequenz auf, die charakteristisch ist für jede der oben erwähnten Immunglobulinklassen. Ebenso zeigt die restliche Hälfte der Leichtketten nahezu konstante Aminosäurensequenz. Das Problem der Antikörperdiversität läßt sich also zurückführen auf die Frage, wie ein Polypeptid synthetisiert wird, das aus einem hochvariablen und einem nahezu konstanten Anteil besteht. Die Lösung (Abb. 6) ist folgende: Es gibt in der Keimbahn einzelne Gene für den konstanten Teil (*C-Gene*) und in der Regel eine große Zahl von unterschiedlichen Genen für den variablen Teil (*V-Gene*), wobei

Immunbiologie

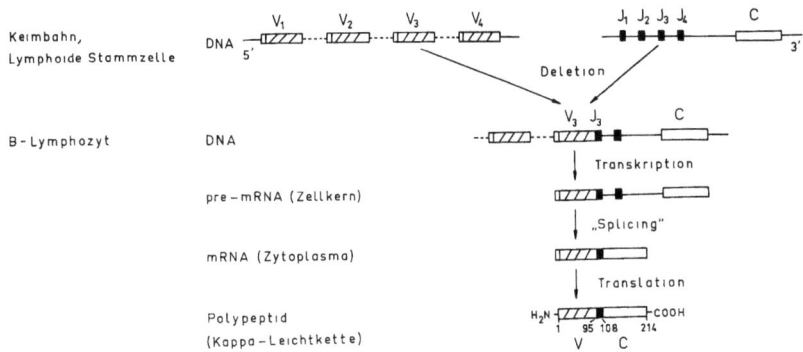

Abb. 6. Molekulargenetische Grundlagen der Antikörperbildung am Beispiel der kappa-Leichtkette der Maus

die C-Gene und die V-Gene jeweils als Gruppe auf dem Chromosom nebeneinander liegen. In den B-Lymphozyten kommt es zu Beginn ihrer Entwicklung, und zwar vor jedem Antigenkontakt, zu Rearrangements dieser Gene, und zwar erfolgt die Verschmelzung (Rekombination) eines V-Gens mit einem C-Gen zu einem vollständigen Schwer- oder Leichtkettengen, das nun abgelesen werden kann und in Gestalt von Immunglobulinketten bzw. -molekülen und Rezeptoren der Zelloberfläche exprimiert wird. Ganz gegen die Konvention kodieren also (mindestens) zwei Gene für ein Polypeptid. Die C-Gene scheinen ähnlich, wie es für viele Eukaryonten-Gene inzwischen gezeigt worden ist, nach Intron-Exon-Art aufgebaut zu sein (s. S. 60). Dem variablen Teil liegt genau genommen nicht ein einzelnes fertiges V-Gen zugrunde, dieses wird vielmehr bei den Leichtketten aus zwei Gensegmenten, V und einem kürzeren, nahe am C-Gen gelegenen J-Stück, gebildet, während bei den Schwerketten noch ein drittes kurzes Segment, D, beteiligt ist. Die Bildung fertiger L- und H-Kettengene erfolgt also aus V, J, C bzw. V, D, J, C Teilen, wobei das zwischen den rekombinierenden V/J Nukleotidsequenzen liegende genetische Material eliminiert wird. Die Anzahl der V, D bzw. J Gensegmente in der Keimbahn scheint bei Schwerketten und kappa- bzw. lambda-Leichtketten und auch von Spezies zu Spezies, z.B. zwischen Maus und Mensch, unterschiedlich zu sein. So gibt es einige 100 kappa V-Gensegmente in der Keimbahn der Maus, aber nur sehr wenige im Fall der lambda-Ketten.

Was bedeuten diese molekulargenetischen Befunde für das Zustandekommen der Antikörperdiversität? Drei Faktoren scheinen entscheidend zu sein: Erstens die Anzahl der einzelnen V, D, J Elemente, zweitens die Vielzahl der Möglichkeiten, die ihre Kombination eröffnet, sowohl was V, D, J angeht, wie auch was die Kombination von H- und L-Ketten betrifft, die beide ja die Antigenbindungsstelle formen. (Wenn man annimmt, daß jede H-Kette mit jeder L-Kette eine Antigenbindungsstelle bilden kann, benötigt man zur Etablierung von 10^8 verschiedenen Antigenbindungsstellen je 10^4 verschiedene variable Teile der L- bzw. H-Ketten.) Ein dritter Faktor sind somatische Mutationen, genetische Variabilität also, die sich auf die in der Keimbahn vorhandene aufpfropft und die während der oben erwähnten Rekombinationsvorgänge, insbesondere aber im Verlauf der weiteren Entwicklung des Lymphozyten nach Antigenstimulation auftritt. Derartige Mutationen werden zunehmend beobachtet, nachdem man heute die Nukleotidsequenzen mehrerer Keimbahn-V, D, J Gensegmente zum Vergleich kennt. Wie groß der Anteil der somatischen Mutation gegenüber dem der Keimbahngene am Gesamtrepertoire der Antikörperdiversität ist, kann noch nicht abgeschätzt werden. – Nach Ablauf der oben geschilderten genetischen Rekombinationsvorgänge ist der B-Lymphozyt in seiner Rezeptorspezifität festgelegt, ein entscheidender Schritt in der Differenzierung dieser Zelle ist vollzogen. Welche der V, D, J Gensegmente dabei in einem Lymphozyten zur Expression gelangen, scheint Sache des Zufalls zu sein. Ein „genetisches Roulette" (MONOD) bestimmt die Antikörperdiversität.

Damit ist der allgemeinbiologische Beitrag der Antikörpergenetik aber noch nicht erschöpft. Noch zwei weitere bereits lange bekannte Phänomene sind hier nämlich zu nennen: Die allelische Exklusion und das Umschalten von der zu Beginn einer Antikörperantwort vorliegenden IgM-Synthese zu der von IgG, IgA oder IgE im selben B-Lymphozyten (s. auch Abb. 4). Abgesehen von den Geschlechtschromosomen ist jedes Chromosom und damit jedes seiner Gene im Genom doppelt vertreten, eines stammt von der Mutter, das andere vom Vater. Das gilt auch für die Immunglobulingene. Es sind aber in einem B-Lymphozyten nur die Schwer- und Leichtkettengene – entweder kappa oder lambda – auf einem der homologen Chromosomen „angeschaltet", die Allele auf dem anderen Chromosom aber nicht (*allelische Exklusion*). Damit wird sichergestellt, daß jeder B-Lymphozyt Antikörper nur einer Spezifität bildet, so wie es die Klon-Selektionstheorie impliziert. Diese allelische Exklusion erfolgt auf der Ebene der DNA selbst, nicht etwa erst auf der der Transkription.

Anscheinend laufen zufallsmäßig so lange V-D-J- bzw. V-J-Rearrangements ab, bis es zur Bildung eines funktionierenden Schwer- bzw. Leichtkettengens kommt. Danach scheinen weitere Rearrangements verhindert zu werden. Ähnlich könnte auch die Festlegung des Leichtkettentyps – kappa oder lambda – erfolgen. Das zweite angesprochene Phänomen, nämlich der Wechsel in der Antikörperklasse (*switch*) erfolgt durch einen „Austausch" der Schwerkette, und damit einer Änderung der biologischen Effektorfunktion, unter Beibehaltung der Antikörperspezifität und ist u. a. ebenfalls durch molekulargenetische Vorgänge auf der DNA-Ebene zu erklären, indem eine erneute Rekombination des VDJ-Teils mit einem anderen C-Gen erfolgt.

Was ist die Spezifität der durch die Keimbahngene determinierten Antikörper? Es ist postuliert worden, daß sie mit lebensbedrohlichen Infektionserregern reagieren. Da mit dem Besitz solcher Gene auch ein Selektionsvorteil verbunden ist, wäre gleichzeitig „erklärt", warum diese Gene in der Keimbahn erhalten bleiben.

T-Lymphozyten, Haupthistokompatibilitätsantigene und Restriktion

Die bisherige Besprechung der Antigenerkennung handelte nur von B-Lymphozyten und ihren Produkten, den Antikörpern, nicht von T-Lymphozyten. Diese Beschränkung hatte ihre Gründe: T-Lymphozyten erkennen das Antigen offensichtlich anders als B-Lymphozyten, auch scheint ihr Vermögen, bestimmte Antigendeterminanten zu erkennen, eingeschränkt zu sein, schließlich ist ihr Antigenrezeptor anders als bei den B-Lymphozyten nicht das Antikörpermolekül, ja, Struktur und genetische Grundlage des T-Zellrezeptors sind noch gar nicht einmal bekannt.

T-Lymphozyten erkennen das Antigen nicht in löslicher Form, sondern nur, wenn es auf der Oberfläche von Zellen „präsentiert" wird. Das fängt damit an, daß das Antigen durch sogenannte akzessorische Zellen, wie Makrophagen oder dendritische Zellen, angeboten werden muß (s. Abb. 1 und 3). Auch die Effektor-T-Lymphozyten, z. B. die Killer-T-Zellen, erkennen das Antigen nur, wenn es auf einer Zelle vorkommt, nicht aber in gelöster Form. Im letzteren Fall ist dieser Sachverhalt leicht verständlich: Die Killerzellen sollen durch gelöstes Antigen nicht von der Funktion, die Zelle zu zerstören, abgelenkt werden. Mit der *Präsentation des Antigens* auf der Zelloberfläche ist es aber noch nicht genug, sie muß außerdem im Zusammenhang mit bestimmten Zelloberflächenstrukturen der das Antigen anbietenden Zelle erfolgen. Diese Zelloberflächenmoleküle werden vom Haupthistokompatibilitätssystem determiniert (H-2-System bei der Maus, HLA-System beim Menschen). Die Erkennung des Antigens durch den T-Lymphozyten erfolgt entweder über zwei Rezeptoren – einer erkennt Determinanten des Haupthistokompatibilitätsmoleküls, der andere das Fremdantigen –, oder es wird über einen Rezeptor eine Determinante erkannt, die durch Interaktion von Fremdantigen und Haupthistokompatibilitätsmolekül entstanden ist. In jedem Fall erkennt die T-Zelle also das Antigen im Kontext von bestimmten körpereigenen Zelloberflächenmolekülen, durch letztere kommt es zu einer Restriktion der Antigenerkennung. Dieses Restriktionsphänomen ist zwischen 1972 und 1975 beschrieben worden und seine Entdeckung hat eine große Anzahl meist komplizierter tierexperimenteller Untersuchungen und Hypothesen mit sich gebracht. Zu den kontroversen Problemen gehört z. B. die Frage, wieweit T-Lymphozyten Antigen nur im Kontext der körpereigenen Haupthistokompatibilitätsmoleküle erkennen können oder auch dann, wenn es von akzessorischen Zellen anderer Individuen präsentiert wird. Es ist auch umstritten, ob der Thymus tatsächlich die entscheidende Rolle bei der Festlegung der Restriktionsspezifität spielt und ob im Thymus das T-Zellrezeptor-Repertoire festgelegt wird, wie aufgrund bestimmter experimenteller Ergebnisse postuliert worden ist.

Haupthistokompatibilitätsmoleküle[1] sind in der Maus bereits seit 1936 und beim Menschen seit 1956 bekannt; aber erst als ihre Rolle beim Zustandekommen einer T-Zellimmunantwort klar wurde, begann man, auch die physiologische Funktion dieser Moleküle zu verstehen. Zuvor hatten sie weltweites, intensives wissenschaftliches Interesse auf sich gezogen, weil sie eine wesentliche Ursache für immunologische Gewebsunverträglichkeitsreaktionen (=Histoinkompatibilität) sind und verantwortlich gemacht wurden für die immunologisch bedingte Abstoßung transplantierter Organe, vor allem von Nieren. Prädestiniert für die Auslösung von Gewebsunverträglichkeitsreaktionen sind die Haupthistokompatibilitätsmoleküle aus mehreren Gründen: So kommen einige von ihnen nahezu auf allen Körperzellen vor, sie sind von Individuum zu Individuum verschieden, also außerordentlich polymorph, schließlich rufen sie eine starke Immunantwort in fremden Individuen hervor. Biochemisch handelt es sich um kohlenhydrathaltige Eiweißmoleküle, deren Variabilität (Polymorphismus) durch unterschiedliche Aminosäurensequenz bedingt wird. Genetisch liegt ein komplexes System vor (Haupthistokompatibilitätskomplex), das aus mehreren eng gekoppelt nebeneinander liegenden Genen besteht, die sich beim Menschen auf dem Chromosom 6 befinden. Sie sind ihren Produkten entsprechend hochgradig polymorph, so daß man bis zu 50 und mehr Allele vorfindet. Der HLA-Polymorphismus reicht aus, um nahezu jedes Individuum mit einer einzigartigen HLA-Antigenkombination auszustatten.

Menschen mit gewissen HLA-Antigenen oder Mäuse mit gewissen H-2-Antigenen sind nicht in der Lage, auf bestimmte fremde Antigendeterminanten mit einer hohen Immunantwort der T-Lymphozyten zu reagieren. So bleibt bei bestimmten, sonst normalen Mäusen nach Immunisation mit Insulin vom Schwein die T-Zell-Immunantwort aus, die Mäuse sind „low responder" gegen dieses Antigen, die Reaktion auf das biochemisch nur geringfügig unterschiedliche Rinderinsulin ist aber hoch, die Mäuse sind in diesem Fall „high responder". Dieses Phänomen ist seit langem als „immune response"=Ir-Gen-Phänomen bekannt und weist auf antigenspezi-

---

[1] Eine ausführlichere Darstellung findet sich auf S. 126 ff.

fische Defekte in der immunologischen Reaktionsfähigkeit der T-Lymphozyten hin. Diese Defekte sind mit dem Haupthistokompatibilitätssystem assoziiert und sind – wie ausgedehnte Untersuchungen gezeigt haben – auf der Ebene der Antigenerkennung durch bestimmte T-Lymphozyten, nämlich T-Helferzellen (s. u.) zu suchen. Danach kann den T-Lymphozyten im Kontext bestimmter Haupthistokompatibilitätsantigene das Fremdantigen nicht erfolgreich präsentiert werden, oder aber in Individuen, die gewisse Haupthistokompatibilitätsantigene tragen, werden T-Lymphozyten bestimmter Spezifität unterdrückt. Die eigenen Haupthistokompatibilitätsantigene prägen also das Repertoire von Fremdantigendeterminanten, gegen die die T-Lymphozyten reagieren können. In diesem Zusammenhang ist eine Hypothese erwähnenswert, nach der die Keimbahn-V-Gene Rezeptoren für Haupthistokompatibilitätsantigene determinieren sollen.

Das Phänomen der HLA – oder H-2 – assoziierten Kontrolle der Immunantwort ist auch von praktisch klinischer Bedeutung. Eine große Anzahl von Krankheiten kommt nämlich bei Trägern bestimmter HLA-Antigene gehäuft vor. Restriktion und Ir-Gen-Phänomen könnten – zumindest in einigen Fällen – den Schlüssel zum Verständnis dieser Assoziationen liefern und darüber hinaus die Existenz eines so exzessiven Polymorphismus, wie er uns in den Haupthistokompatibilitätsantigenen begegnet, erklären helfen.

Zwei Gruppen von *Multigensystemen* steuern also die spezifische Immunantwort: Die Immunglobulingene, vertreten durch die drei genetisch nicht gekoppelten Cluster der Schwerketten-, kappa- und lambda-Leichtketten-Gene, und die Haupthistokompatibilitätsgene; jene exprimiert als B-Lymphozytenrezeptoren und Antikörper, diese als Zelloberflächenmoleküle. Von Schwer- und Leichtketten wie auch Haupthistokompatibilitätsantigenen kennt man Aminosäurensequenzen, zum Teil sind sogar Nukleotidsequenzen der Gene bekannt. Auf Protein- und auf DNA-Ebene finden sich signifikante Homologien. Man darf daher annehmen, daß sich beide, Immunglobulin- wie Haupthistokompatibilitätsgene, in der Phylogenese aus einem gemeinsamen Vorläufergen entwickelt haben, um so ein uraltes Problem der Lebewesen, nämlich die Unterscheidung von Selbst- und Fremdstrukturen, auf immer komplexere und effizientere Art zu lösen.

Regulation: Zellkooperation, Selbsttoleranz, Netzwerk

Die Spezifität der Immunantwort gewährleistet, daß das Immunsystem nicht als ganzes, sondern flexibel und gezielt auf das Antigen reagieren kann. Die Immunreaktion sollte aber auch quantitativ angemessen sein, also weder zu schwach, so daß das Antigen nicht beherrscht wird, noch überschießend; sie sollte außerdem wieder zu einem Ende kommen. Positive und negative Rückkopplungsvorgänge zwischen unterschiedlichen, aber interagierenden Elementen sind Mechanismen, ein komplexes System zu regulieren und zu stabilisieren.

Beispiele für solche Rückkopplungsvorgänge während einer Immunantwort lassen sich leicht finden und sind andeutungsweise auch bereits gegeben worden (s. auch Abb. 3). Es sei daran erinnert, daß T-Lymphozyten nach antigenspezifischer Stimulation antigenunspezifisch wirkende Faktoren bilden, die Reifung, Vermehrung oder Rekrutierung von weiteren T-Lymphozyten, B-Lymphozyten, Makrophagen, NK-Zellen etc. bewirken. Im Verlauf der Immunantwort aktivierte Zellen können aber auch die Immunreaktion hemmen, so z. B. die Makrophagen durch die Bildung bestimmter Gewebshormone, der Prostaglandine.

Im folgenden soll auf die Regulation der Immunantwort über antigenspezifische Interaktion der Lymphozyten untereinander genauer eingegangen werden (s. Abb. 3). Es ist schon ausgeführt worden, daß ein Antigen nur dann T-Lymphozyten stimulieren kann, wenn es auf der Oberfläche von Zellen im Kontext von Haupthistokompatibilitätsantigenen präsentiert wird, wenn also eine Zellinteraktion abläuft zwischen T-Lymphozyt und antigenpräsentierender Zelle. B-Lymphozyten können zwar im Gegensatz zu T-Lymphozyten ein Antigen als solches erkennen, aber das reicht in der Regel noch nicht aus, um eine potente Antikörperantwort zu induzieren. Dazu bedürfen sie der Hilfe bestimmter T-Lymphozyten, sogenannter Helfer-T-Lymphozyten, die das Antigen zuvor auf die wie oben beschriebene Weise erkannt haben. Diese T-B-Zellkooperation kann über das Antigen als Brücke vermittelt werden und läuft in der Regel in Lymphknoten oder Milz ab. Auch die Induktion von Killer-T-Lymphozyten bedarf der kooperativen Interaktion mit Helfer-T-Lymphozyten. Es werden aber durch das Antigen unter den T-Lymphozyten nicht nur Helferzellen aktiviert, sondern auch sogenannte Suppressorzellen. Diese sind in der Lage, den Effekt von Helfer-T-Zellen zu neutralisieren und den Eintritt einer Immunantwort antigenspezifisch zu unterdrücken oder ihren Verlauf zu bremsen. Während einer Immunantwort treten also verschiedenartige T-Lymphozyten in Aktion, solche, die fördernd, und andere, die hemmend, insgesamt also regulierend wirken. Der T-Lymphozyt spielt damit eine dominierende Rolle bei Induktion und Regulation einer Immunantwort. Der oben beschriebene antigenspezifische Ir-Gendefekt äußert sich in den T-Helferzellen und bewirkt damit, daß bei „low responder" Individuen die B-Lymphozyten mangels T-Zellhilfe kaum Antikörper gegen das betreffende Antigen produzieren, obwohl sie an und für sich dazu in der Lage wären.

Eine Immunantwort ist also nicht Ausdruck der Reaktion eines einzelnen Zelltyps, sondern resultiert aus einer komplexen Interaktion funktionell verschiedener Lymphozytenklassen. Da die interagierenden T- und B-Lymphozyten meistens unterschiedliche Determinanten auf demselben Antigenmolekül erkennen, werden Klone ganz verschiedener Spezifität miteinander aktiviert. Die Entdeckung der T-B-Zellkooperation vor etwa 20 Jahren war ein entscheidender Schritt zu einem tieferen Verständnis der während einer Immunantwort ablaufenden Regulationsvorgänge. Die Immunologie war von nun an nicht mehr primär antikörperorientiert, sondern richtete ihr Hauptinteresse auf T-Lymphozyten und Zellinteraktionsvorgänge, sozusagen auf die Soziologie der Zellen des Immunsystems.

Die verschiedenen Klassen von Lymphozyten, wie B-Zellen, Helfer-, Suppressor-, Killer-T-Zellen, lassen sich unter dem Lichtmikroskop nicht ohne weiteres auseinanderhalten. Sie sind aber trotzdem nicht nur durch ihre unterschiedliche Funktion definiert, sondern lassen sich anhand bestimmter Zelloberflächenmarker unterscheiden. Der Nachweis dieser Marker erfolgt mit Hilfe von Antikörpern, die man gegen diese Moleküle produziert hat. Die Immunologie nutzt also ihre eigenen Errungenschaften hier methodisch aus. Auf diese Weise sind bereits entscheidende Daten über den Ablauf der Lymphozytendifferenzierung und die Pathogenese immunologischer Erkrankungen gewonnen worden.

Das Immunsystem ist noch mit einem anderen Problem der Kontrolle konfrontiert. Es muß verhindern, daß es sich gegen normale körpereigene Moleküle und Zellen richtet. Die Immunantwort soll vor „Fremd" schützen und muß dabei „Selbst" unangetastet lassen. Immunreaktionen gegen körpereigene Zellen kommen tatsächlich zuweilen vor, z. B. gegen Hormonrezeptoren, rote Blutkörperchen usw. und können zu schweren „Autoimmun"-Krankheiten führen, wie Myasthenia gravis, hämolytische Anämie etc. Wie kommt es, daß der Körper sich in der Regel immunologisch nicht selbst angreift, sondern „selbsttolerant" ist? Diese Selbsttoleranz ist nicht ererbt, sondern „erlernt". BURNET hat im Rahmen seiner Klon-Selektionstheorie postuliert, daß während der Entwicklung der Lymphozyten – und es werden ja dauernd neue Lymphozyten gebildet – alle diejenigen Klone eliminiert werden, die mit körpereigenen Antigendeterminanten reagieren können. Tatsächlich finden sich experimentelle Hinweise für eine Inaktivierung selbstreaktiver B-Lymphozyten. Es ist spekuliert worden, daß dieser Vorgang sich bei den T-Lymphozyten im Thymus abspielt, was die hohe Absterberate von Thymuslymphozyten erklären könnte. Andererseits kommen im gesunden Organismus sehr wohl T- und B-Lymphozyten vor, deren Rezeptoren körpereigene Antigendeterminanten erkennen können. Die alternative Vorstellung über das Zustandekommen von „Selbsttoleranz" geht denn auch davon aus, daß es sich um ein Regulationsphänomen handelt, bei dem Suppressor-T-Lymphozyten die Hauptrolle spielen, indem sie die Aktivierung selbstreaktiver Lymphozyten unterdrücken.

Das Ausbleiben einer Immunantwort gegen ein Antigen ist nicht nur ein Postulat, um Selbsttoleranz zu erklären, immunologische Toleranz ist auch experimentell erzeugbar. So läßt sich durch geeignete Immunisationsbedingungen, z. B. mit sehr hohen oder aber sehr niedrigen Antigendosen, das Immunsystem einer Maus derart beeinflussen, daß es gegen das betreffende Antigen, und nur dagegen, keine Antikörper mehr bilden kann. Die Maus ist gegen dieses Antigen immunologisch tolerant geworden. Ein anderes Beispiel: Injiziert man neugeborenen Mäusen eines Inzuchtstammes A Lymphzellen des Stammes B, so werden sie Hauttransplantate von B im Gegensatz zu unvorbehandelten Geschwistern nicht abstoßen. In diesen experimentellen Toleranzmodellen werden ebenfalls Elimination der antigenreaktiven Lymphozyten wie auch Blockierung der erwarteten Immunantwort durch Suppressor-T-Lymphozyten als Erklärung herangezogen. Die Existenz immunologischer Toleranz führt vor Augen, daß das Immunsystem auf ein Antigen nicht nur positiv antworten muß – z. B. in Gestalt von Antikörpern oder Killer-Zellen –, sondern auch negativ reagieren kann. Eine Antwort bleibt aus und kann auch nicht durch erneute Gabe desselben Antigens ohne weiteres erzwungen werden.

Bisher ist der Antikörper als ein Molekül betrachtet worden, das das Antigen spezifisch erkennt, und die Interaktion verschiedener Lymphozytenklassen ist als antigenvermittelt vorgestellt worden. Es ist daher zunächst vielleicht verwirrend, wenn im folgenden davon gesprochen wird, daß die variablen Teile von Antikörpern und Lymphozytenrezeptoren selbst Antigendeterminanten tragen und diese eine wesentliche Rolle bei der Immunregulation spielen könnten. Diese Antigendeterminanten werden als Idiotyp eines Antikörpers (oder Rezeptors) (s. Abb. 7) bezeichnet. Gegen den Idiotyp läßt sich eine Immunantwort, z. B. in Gestalt von Antikörpern, hervorrufen, etwa wenn man Antikörper der Maus in eine andere Spezies, z. B. Kaninchen injiziert. Anti-Idiotyp-Antikörper lassen sich auf ähnliche Weise aber auch in demselben Individuum induzieren, das den Antikörper mit dem betreffenden Idiotyp gebildet hat. Manchmal kann man sogar im Verlauf einer Antikörperantwort Anti-Idiotyp-Antikörper gegen die eigenen Antikörper nachweisen. Die Reaktion eines Anti-Idiotyp-Antikörpers mit dem Idiotyp z. B. eines Lymphozytenrezeptors kann eine ähnliche Wirkung wie die Reaktion des Antigens mit diesem Rezeptor haben. Durch Injektion von Anti-Idiotyp-Antikörpern in Versuchstiere lassen sich nämlich B-, Helfer-T- und Suppressor-T-Lymphozyten aktivieren oder ausschalten, und unter Umständen wird dadurch eine Immunreaktion hervorgerufen mit einer Spezifität, die der desjenigen Antigens entspricht, mit dem der betroffene Rezeptor normalerweise reagiert. Auf diese Weise wird eine spezifische Immunantwort induziert oder verhindert, ohne daß herkömmliche Antigenstimulation erfolgt ist. Es ist weiterhin experimentell gezeigt worden, daß manche Helfer-T-Lymphozyten nicht das Antigen, sondern den variablen Teil des Rezeptors, also den Idiotyp, auf den B-Lymphozyten erkennen, mit denen sie kooperieren. In ähnlicher Weise erkennen manche Suppressor-T-Lymphozyten nicht das Antigen, sondern den Idiotyp des Rezeptors auf dem Partnerlymphozyten. Allgemeiner gesprochen scheint es neben der Antigensteuerung also auch eine Idiotypsteuerung immunologischer Reaktionen zu geben.

Eine heute viel diskutierte und experimentell intensiv studierte Hypothese, die das Immunsystem formal und auch der Funktion nach auf der Grundlage solcher Idiotyp-Anti-Idiotyp-Interaktionen versteht, ist die Netzwerk-Hypothese (JERNE). Einige ihrer Überlegungen und Folgerungen seien kurz erwähnt. Die Diversität der variablen Teile der Antikörper ist außerordentlich groß und damit auch die der Idiotypen, die ja ebenfalls V-D-J-Gen-determiniert sind. Da das Antikörperrepertoire komplett und die Antikörperspezifität „degeneriert" ist, kommen im Immunsystem eines Individuums Antikörper vor, die Idiotypen anderer Antikörper desselben Immunsystems erkennen können; wir haben ein Netz komplementärer Idiotypen und Anti-Idiotypen vor uns (Abb. 7). Unter diesen Idiotypen gibt es solche, die in ihrer Konfiguration genauso aussehen wie externe Antigendeterminanten: Das Immunsystem enthält Bilder der in der

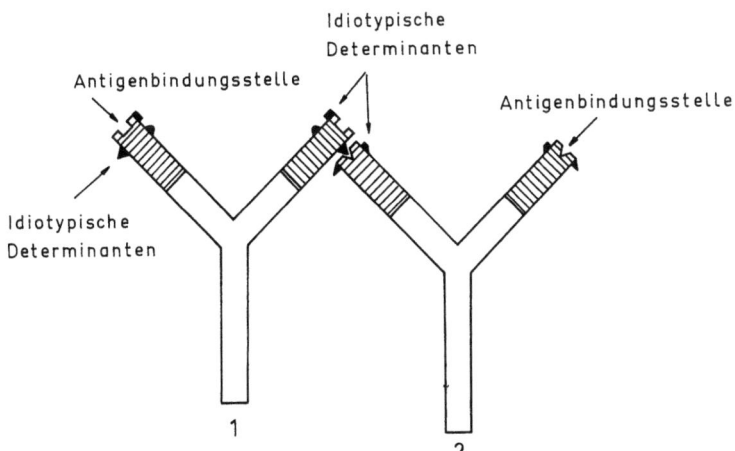

Abb. 7. Interaktion zwischen Antikörper (Idiotyp) (*1*) und Anti-Idiotyp Antikörper (*2*)

Außenwelt vorkommenden Antigendeterminanten. Antigen und Antikörper koexistieren innerhalb desselben Immunsystems, es gibt eigentlich gar kein Fremd. Das Immunsystem ist gewissermaßen autark gegenüber externen Antigenen, deren Applikation Idiotyp/Anti-Idiotyp/Anti-Anti-Idiotyp-Reaktionen in Gang setzt, die sich im Netzwerk durch „Dämpfung" verlieren. Das Antigen stört das Idiotyp-Netzwerk vorübergehend, bei Induktion von immunologischem Gedächtnis vielleicht permanent. – Die Netzwerk-Hypothese bietet geradezu revolutionäre Aspekte der Regulation und Stabilisation des Immunsystems, und die Vorstellung von einer Repräsentation der Antigene unserer Umwelt im Immunsystem selbst ist faszinierend. Viele Probleme der Immunologie erscheinen aufgrund der Netzwerk-Hypothese in einem neuen Licht, z. B. wie das immense Antikörperrepertoire aufrechterhalten wird. Andere sind nicht so einfach zu integrieren, so die Frage, wie Selbsttoleranz zustandekommt, da ja nach der Netzwerk-Hypothese immunologische Interaktionen mit „Selbst"-Antigendeterminanten fortwährend ablaufen.

Schluß

Netzwerkkonzepte desillusionieren natürlich in gewisser Weise den Forscher, der das Immunsystem analysieren möchte, dem aber nur wenige Teilaspekte und Teilkomponenten experimentell gleichzeitig zugänglich sind, so daß der Systemcharakter außer acht zu geraten droht. Paradoxerweise könnten aber gerade neue, verfeinerte experimentelle Methoden zur Analyse des Immunsystems über diese Schwierigkeit hinweghelfen. Man kann neuerdings reine Antikörper eines einzigen Types, sogenannte monoklonale Antikörper, durch Zellhybridisierung herstellen, man kann monoklonale T-Lymphozyten der verschiedenen Klassen in vitro züchten, man kann Lymphozyten verschiedener Differenzierungsstufen und Funktionen mittels Antikörpern identifizieren und trennen, man ist in der Lage, die Häufigkeit zu messen, mit der Lymphozyten bestimmter Spezifität oder Funktion im Körper vorkommen – kurz gesagt, die Komponenten des Immunsystems lassen sich zusehends einzeln und quantitativ erfassen, so daß auch ihr Zusammenspiel mit höherem Auflösungsvermögen als bisher studiert werden kann.

Das Immunsystem ist wiederholt mit dem Nervensystem verglichen worden. Viele Parallelen lassen sich ziehen: Diffuse anatomische Verteilung im Organismus, Reaktion auf äußere Reize, Informationsverarbeitung und -speicherung, netzartige Funktionsweise. Beide Systeme helfen uns bei der Anpassung an die Umwelt, erlauben uns, durch Erfahrung und Antizipation neue Situationen zu bewältigen. Nerven- wie Immunsystem dienen der Selbst-/Fremd-Abgrenzung. Auf seine Weise prägt das Immunsystem unsere Individualität: durch das unterschiedliche ererbte immunologische Reaktionsvermögen und durch das erworbene immunologische Gedächtnis.

Literatur

Fougereau M, Dausset J (ed) (1980) Progress in immunology IV, Academic Press, London (Übersicht über den aktuellen Stand der Immunologie im Jahre 1980)

Jerne NK (1973) The immune system. Sci Am Juli 1973:52–60 (Brillanter allgemeinverständlicher Übersichtsartikel)

Klein J (1982) Immunology, Wiley, New York (Ausführliches Immunologie-Lehr- und Lesebuch)

Roitt I (1980) Essential Immunology, Blackwell, Oxford (Deutsche Übersetzung einer älteren Auflage als „Leitfaden der Immunologie" bei Steinkopff, Darmstadt 1977) (Kurzes Immunologie-Lehrbuch)

Folgende mehrfach jährlich erscheinende Serien enthalten aktuelle Übersichtsartikel aus allen Spezialgebieten der Immunologie:

Dixon FJ, Kunkel HG (ed) Advances in Immunology, Academic Press, New York

Miescher PA, Mueller-Eberhard HJ (ed) Springer Seminars in Immunology, Springer, Heidelberg

Möller G (ed) Immunological Reviews, Munksgaard, Copenhagen

Allgemeinverständliche Artikel über Allergie, Transplantationsimmunologie, Infektabwehr, Tumorimmunologie und Autoimmunität finden sich in „Medizin unserer Zeit", Heft 6, 1980 und über Makrophagen in „Biologie in unserer Zeit", Heft 5, 1981

Genetische Aspekte der Organtransplantation

K. BENDER*

Einleitung

Der Ersatz eines kranken Organs durch Transplantation eines gesunden zählt zu den ganz alten Menschheitsträumen. Tatsächlich hat die Organverpflanzung gerade während der vergangenen 15 Jahre eine bedeutsame Rolle bei der Therapie bestimmter Erkrankungen erlangt, was allein schon die Anzahl von über 50 000 transplantierten Nieren belegt (HAMBURGER 1981). Der aktuelle Kenntnis- und Erfahrungsstand wurde kürzlich anläßlich der 25. Jahrestagung der „Transplantation Society" umfassend dargestellt (MONACO und WOOD 1981). Neben zahlreichen Beiträgen zur Nieren-, Herz-, Knochenmark-, Leber- und Bauchspeicheldrüsen-Transplantation wurde breiter Raum der Immunsuppression, der Organkonservierung, der Behandlung postoperativer Komplikationen, insbesondere aber auch der Immunbiologie, Genetik und Testung der Histokompatibilitäts-Antigene gewidmet.

Die Gewebeverträglichkeit unterliegt, wie man heute weiß, einer genetischen Kontrolle: bestimmte, auf allen Körperzellen exprimierte Oberflächenstrukturen (=Histokompatibilitäts-Antigene) müssen zwischen Organ-Empfänger und -Spender weitgehend übereinstimmen, damit das Transplantat anwachsen und funktionieren kann. Die grundlegenden Kenntnisse hierzu hat der englische Nobelpreisträger MEDAWAR vor bereits 40 Jahren erarbeitet (BENDER 1973). Sein Befund, daß diese Strukturen auch auf den weißen Blutzellen (also leicht zugänglichen Gewebepräsentanten) vorhanden sind, war richtungweisend für die nachfolgende Forschungsstrategie. Sie gipfelte schließlich in der Entdeckung zweier Gene (HLA-A und HLA-B), die für die Ausprägung solcher Histokompatibilitäts-Antigene beim Menschen verantwortlich sind (DAUSSET 1958; VAN ROOD 1962). Diese frühen Erfolge stimulierten fortan eine bislang noch nicht gekannte internationale Zusammenarbeit bei der weiteren Grundlagenforschung. Sichtbarer Ausdruck hierfür waren die regelmäßig abgehaltenen *Histocompatibility Testing Workshops,* deren Ergebnisse zusammenhängend publiziert wurden und einen eindrucksvollen Überblick über den

---

* Mit Unterstützung durch die Deutsche Forschungsgemeinschaft Az. Be 352/13

jeweiligen Kenntnisstand vermitteln (RUSSEL et al. 1965; AMOS und VAN ROOD 1965; CURTONI et al. 1967; TERASAKI 1970; DAUSSET und COLOMBANI 1973; KISSMEYER-NIELSEN 1975; BODMER 1978; TERASAKI 1980). Das erarbeitete Ergebnis war: alle Wirbeltiere, einschließlich des Menschen, besitzen eine gleichartig zusammengesetzte Chromosomenregion, in der zahlreiche, das Immungeschehen kontrollierende Gene beieinanderliegen (Einzeldarstellungen bei GÖTZE 1977). Diese hat den Namen Major Histocompatibility Complex (MHC) erhalten. Eigentliche Funktion des MHC kann natürlich nicht die Erschwerung der Organtransplantationen sein. Vielmehr muß seine Aufgabe in der Überwachung der körperlichen Integrität und der Steuerung geeigneter Abwehrreaktionen gegen jede Art von Fremdstrukturen (z. B. eingedrungene Mikroben, durch Infektion oder Mutation entartete eigene Zellen, sowie auch übertragene Zellen mit anderen Histokompatibilitäts-Antigenen) gesehen werden.

Im folgenden Beitrag soll die MHC-Chromosomenregion des Menschen zunächst anhand der wichtigsten Entdeckungsetappen sowie der hauptsächlichen genetischen Phänomene vorgestellt werden (vgl. hierzu auch die neueren Übersichtsartikel von BODMER u. BODMER 1978; SVEJGAARD et al. 1979; DAUSSET 1981, sowie in deutscher Sprache von BENDER 1978, 1981). Daran anschließend wird gezeigt, inwieweit der Erfolg einer Transplantation vom Grad der Histokompatibilität zwischen Organempfänger und -spender abhängt.

Chronologie der Entdeckungsgeschichte des HLA-Systems

1940 ff. Grundlegende Transplantations-Versuche von MEDAWAR, die die weißen Blutzellen als Träger von Histokompatibilitätsantigenen auswiesen.

1952 DAUSSET und NENNA beobachten, daß Seren von polytransfundierten Personen Antikörper enthalten, welche die weißen Blutzellen bestimmter anderer Personen zu agglutinieren vermochten (Leukozyten-Agglutinationstest).

1958a DAUSSET ermittelt einen Antikörper (später Anti-HLA-A2 genannt), der die weißen Blutzellen von 60% der von ihm untersuchten französischen Blutspender agglutinierte. Zwillings- und Familienstudien legten klar, daß das erfaßte Merkmal einem regelmäßigen Erbgang folgt. Damit war die Entdeckung des 1. HLA-Gens (=HLA-A) gelungen.

1958b PAYNE u. ROLFS sowie VAN ROOD et al. weisen nach, daß auch im Serum von schwangeren Frauen Antikörper gegen weiße Blutzellen enthalten sind. Die Immunisierung der Mütter erfolgt durch eingeschwemmte fötale Zellen. Seren schwangerer Frauen erwiesen sich in der Folgezeit als besonders geeignete Testreagentien, weil sie (im Gegensatz zum Serum von multipel transfundierten Personen) meist nur eine (oder wenige) Antikörperspezifität(en) enthielten, nämlich gegen das (oder die) vom Vater geerbte(n) HLA-Merkmal(e) des Föten.

1962 VAN ROOD entdeckt das 2. HLA-Gen (= HLA-B).

1964 b PAYNE et al. zeigen, daß das 1. HLA-Gen (HLA-A) mindestens vier verschiedene Allele aufweist (= erster Hinweis auf die multiple Allelie von HLA-Genen).

1964 c TERASAKI u. MCCLELLAND entwickeln mit dem „mikrolymphozytotoxischen Test" eine gleichermaßen einfache, sparsame wie auch reproduzierbare Nachweistechnik für die HLA-Antigene (Abb. 1). Der Test beruht auf folgendem Prinzip: sobald ein HLA-Antikörper sein passendes Antigen auf den weißen Blutzellen (Lymphozyten) vorfindet und sich folglich darauf binden kann, entfaltet spontan das Komplement (= eine Gruppe von Serumkomponenten) seine Wirkung. Folge der unmittelbar nach Antikörperbindung einsetzenden Komplement-Attacke ist eine Durchlöcherung der Zellmembran, so daß Farbstoff eindringen kann. Die Reaktion wird mikroskopisch abgelesen.

1966 VAN ROOD et al. erkennen, daß Hauttransplantate bei HLA-identischen Geschwistern signifikant länger überleben als bei HLA-ungleichen. Folgerung: HLA ist (neben dem ABO-System) ein Haupthistokompatibilitätssystem.

1967 a VAN ROOD gründet die erste Organaustausch-Organisation (Eurotransplant) mit der Aufgabenstellung, potentielle Organempfänger zentral zu erfassen, unter standardisierten Bedingungen

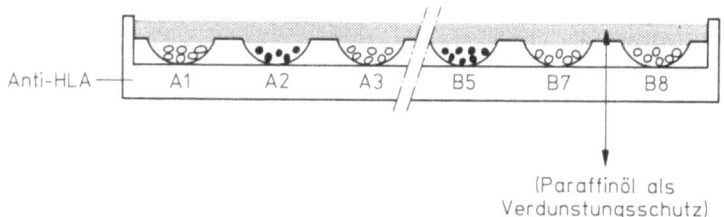

Abb. 1. Testplatte und Reaktionsansatz für den lymphozytotoxischen Test. Die erforderlichen Lymphozyten werden aus Blutproben mittels einer Gradientenzentrifugations-Technik isoliert. Testansatz je Napf: ca. 2000 Lymphozyten, 1 µl HLA-Antiserum, 5 µl frisches Kaninchenserum als Komplement (= labiler Serumbestandteil) – Quelle, 1 µl Farbstofflösung (z.B. Trypanblau). Die Lymphozyten der im Schema demonstrierten Person zeigen positive Reaktionen mit *Anti-HLA-A2* und *Anti-HLA-B5*

auf den HLA-Phänotypus hin zu typisieren und Organe von Unfalltoten an den Empfänger mit der besten Gewebeübereinstimmung (HLA match grade) zu vermitteln.

1967 b Histocompatibility Testing Workshop in Turin. Es wurde das wichtige Ergebnis erzielt, daß die beiden Gene HLA-A und HLA-B eng benachbart auf dem gleichen Chromosom liegen. Ferner wurde die Bezeichnung HLA (= *H*uman *L*ymphocyte system *A*) offiziell eingeführt.

1970 a KISSMEYER-NIELSEN et al. entdecken das 3. HLA-Gen (= HLA-C). Es liegt zwischen den beiden zuvor ermittelten Genen.

1970 b Histocompatibility Testing Workshop in Los Angeles, auf dem zahlreiche zwischenzeitlich entdeckte HLA-A- und HLA-B-Merkmale definiert und bezeichnet wurden.

1971 a YUNIS u. AMOS entdecken das 4. HLA-Gen (= HLA-D), das ebenfalls eng mit den anderen HLA-Genen gekoppelt ist.

1971 b LAMM et al. erarbeiten die Voraussetzungen für die chromosomale Lokalisierung der HLA-Gene (= auf dem kurzen Arm von Chromosom 6 des Menschen).

1972 a Histocompatibility Testing Workshop in Evian. Zahlreiche Bevölkerungsgruppen aus allen Erdteilen wurden mit einheitlichen Testreagentien typisiert. Es zeigte sich, daß zwar die meisten HLA-Merkmale bei allen Rassen (wenn auch mit unterschiedlichen relativen Häufigkeiten) vorkommen, daß aber z. B. die Antigene HLA-A1, HLA-A3 und HLA-B8 typische europide Merkmale repräsentieren. Tabelle 1 gibt eine Zusammenstellung der HLA-ABCD/DR-Allelhäufigkeiten in den drei Großrassen des Menschen.

1972 b FALCHUK et al. erschließen eine neue Dimension der HLA-Betrachtung und -Forschung, indem sie zeigen, daß bestimmte Krankheiten aus dem immun-pathologischen Formenkreis (Autoimmun-Krankheiten, rheumatische Erkrankungen) bei Personen mit bestimmten HLA-Antigenen gehäuft auftreten (= HLA-Krankheits-Assoziation). Einige besonders markante Assoziationen sind in Tabelle 2 aufgeführt, die möglichen Ursachen für dieses Phänomen werden im folgenden Kapitel besprochen.

1973 a VAN LEEUWEN et al. entdecken den HLA-DR-Polymorphismus. Man nimmt an, daß DR ein weiteres HLA-Gen repräsentiert, das besonders eng mit HLA-D gekoppelt ist (DR = D-related).

1973 b NAKAMURO et al. ermitteln, daß HLA-ABC-Antigene aus zwei verschiedenen Polypeptidketten bestehen: einer vom Chromosom 6 determinierten schweren Kette und einer vom Chromosom

Tabelle 1. HLA-A, B, C, DR-Antigene in den drei Großrassen des Menschen und die ermittelten Allelhäufigkeiten (in %; aus BODMER u. BODMER 1978)

Allele (Antigene)	Europide	Negride	Mongolide
A1	15,8	3,9	1,2
A2	27,0	9,4	25,3
A3	12,6	6,4	0,7
Aw23 } A9	2,4	10,8	–
Aw24	8,8	2,4	36,7
A25 } A10	2,0	3,5	–
A26	3,9	4,5	12,7
A11	5,1	–	6,7
A28	4,4	8,9	–
A29	5,8	6,4	0,2
Aw30	3,9	22,1	0,5
Aw31	2,3	4,2	8,7
Aw32	2,9	1,5	0,5
Aw33	0,7	1,0	2,0
Aw34	–	4,0	–
A„0"	2,2	11,0	4,2
B5	5,9	3,0	20,9
B7	10,4	7,3	7,1
B8	9,2	7,1	0,2
B12	16,6	12,7	6,5
B13	3,2	1,5	0,8
B14	2,4	3,6	0,5
B15	4,8	3,0	9,3
Bw38 } Bw16	2,0	–	1,8
Bw39	3,5	1,5	4,7
B17	5,7	16,1	0,6
B18	6,2	2,0	–
Bw21	2,2	1,5	1,5
Bw22	3,6	–	6,5
B27	4,6	–	0,3
Bw35	9,9	7,2	9,4
B37	1,1	–	0,8
B40	8,1	2,0	21,8
Bw41	1,2	1,5	–
Bw42	–	12,3	–
B„0"	2,4	17,9	7,6
Cw1	4,8	–	11,1
Cw2	5,4	11,4	1,4
Cw3	9,4	5,5	26,3
Cw4	12,6	14,2	4,3
Cw5	8,4	1,0	1,2
Cw6	12,6	17,7	2,1
C„0"	46,7	50,2	53,5
DR1	6,2	–	4,5
DR2	11,2	8,7	16,5

Tabelle 1 (Fortsetzung)

Allele (Antigene)	Europide	Negride	Mongolide
DR3	8,9	11,7	–
DR4	7,8	3,5	14,4
DR5	15,1	7,4	5,4
DRw6	8,6	9,9	6,7
DR7	15,6	6,6	–
DR8	5,6	7,2	7,2
D „0"	21,1	45,0	45,3

Tabelle 2. Liste einiger Krankheiten, die gehäuft bei Personen mit bestimmten HLA-Antigenen auftreten. (DAUSSET u. SVEJGAARD 1977)

Krankheit	Erhöhung des relativen Risikos für Träger mit dem genannten HLA-Antigen	
Zöliakie	HLA-D3	65×
	HLA-B8	8×
Dermatitis herpetiformis	HLA-D3	13×
	HLA-B8	6×
Myastenia gravis	HLA-B8	4×
Addison-Krankheit	HLA-D3	9×
	HLA-B8	4×
Rheumatische Arthritis	HLA-D4	7×
Psoriasis	HLA-B13	6×
	HLA-B17	2,5×
	HLA-B37	2,5×
Morbus Bechterew[a]	HLA-B27	110×

[a] Diese schwere rheumatische Krankheit tritt fast nur bei Personen mit HLA-B27 auf. Die HLA-B27-Bestimmung dient inzwischen als Differentialdiagnostikum für diese Erkrankung

	15 synthetisierten leichten Kette ($=\beta_2$-Mikroglobulin) (vgl. Abb. 2).
1975 a	Histocompatibility Testing Workshop in Århus. Erhärtung des 4-Genmodells (A, B, C, D/DR und deren multipler Allelie).
1975 b	Vier Gene für Komplementproteine (= Eiweiße, die an der Zerstörung von Antigen-Antikörperkomplexen mitwirken) liegen innerhalb der HLA-Region: C2, C4F, C4S und Bf.

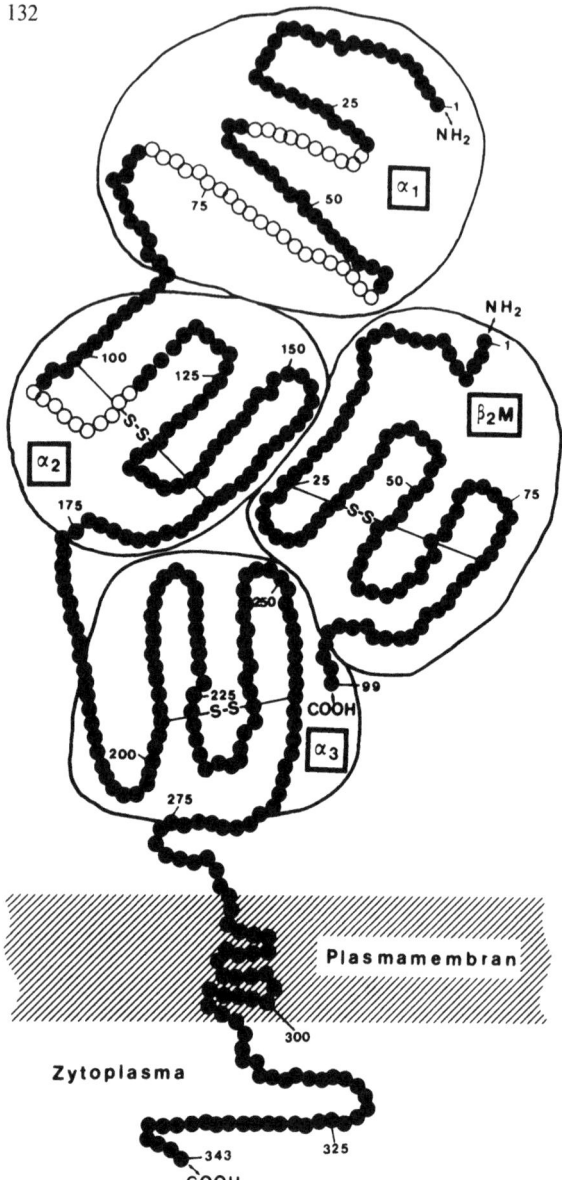

Abb. 2. Schematische Darstellung eines HLA-A, -B bzw. -C Antigens (nach COLIGAN et al. 1981). Die schwere, vom eigentlichen HLA-Gen determinierte Kette besteht aus 343 Aminosäuren, die leichte Kette (β_2-Mikroglobulin; von einem Gen auf Chromosom 15 synthetisiert) weist 99 Aminosäuren auf. Die offenen Kreise markieren die Bereiche, in denen während der Evolution Mutationen „toleriert" wurden, wodurch die heutige Vielfalt der HLA-Antigene erreicht wurde

1979 ORR et al. stellen die komplette Aminosäurensequenz des Antigens HLA-B7 vor. Im Vergleich mit anderen (bislang nur partiell analysierten) HLA-ABC-Antigenen konnten folgende Schlüsse gezogen werden (vgl. Abb. 2): Die schwere, also von den eigentlichen HLA-Genen kodierte Kette hat eine Länge von 343 Aminosäuren und reicht mit ihrem COOH-Terminus ins Zellinnere hinein. Der externe Abschnitt ist in drei homologe Perioden (α_1, α_2, α_3) gegliedert. Jede Periode zeigt starke strukturelle Ähnlichkeiten zu Immunglobulin-Molekülabschnitten. Das β_2-Mikroglobulin ist relativ locker (= nicht kovalent) angelagert. Die Unterschiede zwischen den einzelnen HLA-ABC-Ketten und den allelischen Varianten beruhen auf Aminosäure-Austauschen. Interessanterweise scheinen die Stellen, an denen solche Mutationen „erlaubt" wurden, auf nur wenige Bereiche beschränkt zu sein (Position 30–40, 60–80 bzw. 105–114; in Abb. 2 durch offene Kreise markiert). Für das Verständnis der Funktion indessen dürften einerseits die antikörperverwandte Struktur (Bindungsfähigkeit für Fremdstoffe? Zell-zu-Zell-Kooperation?) und andererseits die transmembrane Verankerung (Signalübertragung?) bedeutsam sein. (Der geschilderte Aufbau gilt nur für die HLA-ABC-Antigene; HLA-D/DR-Antigene haben eine andere Formation).

1980 Nobelpreise an DAUSSET (für die Entdeckung des HLA-Systems), SNELL (für die Entdeckung des entsprechenden Systems bei der Maus, H-2) und BENACERRAF (für die Entdeckung der ebenfalls zur MHC-Region gehörenden Ir-Gene, d.h. Gene, die einen Einfluß auf die Höhe des Antikörperspiegels haben; Ir = Immune response; vgl. Abb. 3).

Genetische Besonderheiten des MHC

Seine Stellung innerhalb des menschlichen Genoms

In der historischen Übersicht klang bereits an, daß der MHC einen topographisch wie auch funktionell ganz besonderen Aufbau hat. Abbildung 3 gibt die ermittelte Situation wieder: Zahlreiche, das Immungeschehen kontrollierende Gene sind auf einem ganz kurzen Chromosomenabschnitt konzentriert.

Deren Arbeitsteilung erfolgt offenbar so, daß die ABC-Gene des HLA-Systems die „klassischen", auf allen Körperzellen exprimierten Histokompatibilitäts-Antigene determinieren. Ihre Aufgabe dürfte in der Definierung von „selbst" liegen, denn es kann ja nur etwas als „fremd" erkannt

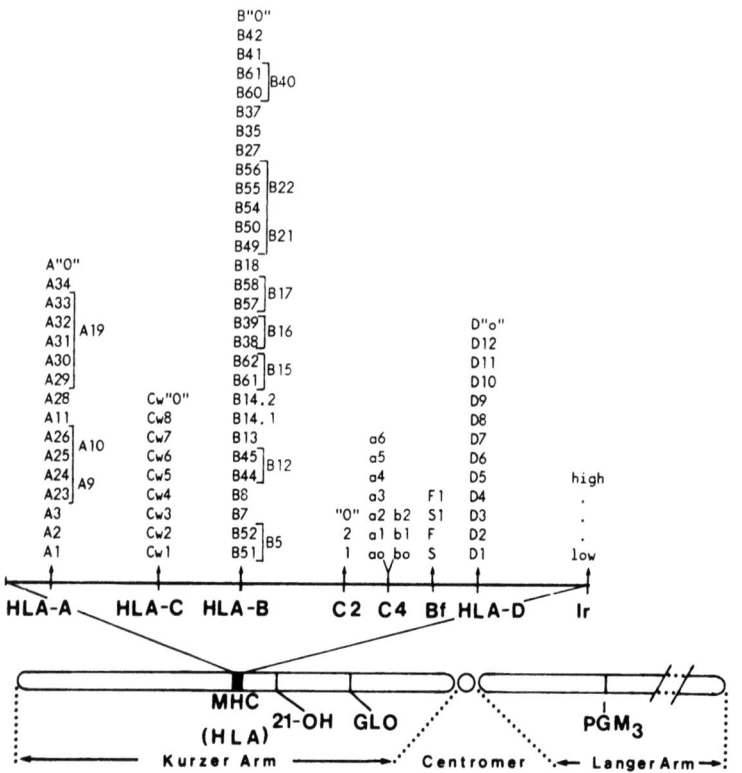

Abb. 3. Chromosom 6 des Menschen mit den Genen des HLA-Komplexes (zugleich auch vergrößert abgehoben), sowie den benachbarten Genen *21-OH* (21-Hydroxylase), *GLO* (Glyoxalase I) und *PGM₃* (Phosphoglukomutase 3). Bemerkenswert ist die multiple Allelie der *HLA*-Gene

werden, wenn zuvor festgelegt ist, was körpereigen ist. DAUSSET (1981) bezeichnet diese Strukturen treffend als „identity card of the entire organism".

Die HLA-D/DR-Gene erzeugen Strukturen mit der Fähigkeit der „fremd"-Erkennung. Es ist auffallend, daß die D/DR-Merkmale auf diejenigen Immunzellen beschränkt sind, die als erste Kontakt zu „fremd" aufnehmen: Makrophagen, B-Lymphozyten, Langerhanssche Zellen der Haut (nicht zu verwechseln mit den ebenfalls von Langerhans entdeckten Inselzellen der Bauchspeicheldrüse).

Die C2-, C4- und Bf-Gene enthalten die Information zur Bildung von Komplementproteinen, also Serumeiweißen, die an der Zerstörung der als fremd erkannten Zellen mitwirken. Die Ir-(=Immune response) Gene schließlich veranlassen die Antikörper-bildenden Zellen (= B-Lymphozyten) zu besonders hoher oder niedriger Immunglobulin-Ausschüttung (siehe Kapitel „Immunbiologie").

Diese lokale Konzentrierung verschiedenartiger, aber funktionell zusammenwirkender Gene erscheint noch auffallender, wenn man die Lagebeziehung anderer, an gemeinsamen Stoffwechselwegen beteiligter Gene betrachtet. Der haploide Chromosomensatz (= Genom) des Menschen umfaßt 23 Chromosomen. Auf ihnen sind die rd. 50 000 Gene angeordnet. Etwa 500 Gene konnten bislang bestimmten Chromosomen zugeordnet werden. Man hätte sich ein gewisses Ordnungsprinzip vorstellen können etwa dergestalt, daß die Gene für zusammenhängende Stoffwechselwege auf dem gleichen Chromosom liegen. Wie aber Tab. 3 am Beispiel einiger

Tabelle 3. Chromosomale Lage von Genen für Enzyme zusammenhängender Stoffwechselwege. (Daten aus: Human Gene Mapping 4; Cytogenet Cell Genet 2:5–11 1978)

			Chromosom
A	*Gene für Glykolyse-Enzyme*		
	Amylase (Amy)		1
	Enolase (ENO)		1
	Glukosephosphatisomerase (GPI)		19
	Glyceralaldehyd-3-Phosphatdehydrogenase (GAPD)		12
	Hexokinase (HK-1)		10
	Laktatdehydrogenase	(LDH-A)	11
		(LDH-B)	12
	Malatdehydrogenase	(MDH-M)	7
		(MDH-S)	2
	Malic enzyme (ME)		6
	Phosphoglukomutase	(PGM1)	1
		(PGM2)	4
		(PGM3)	6
	Pyruvatkinase (PK)		15
	Triosephosphat-Isomerase (TPI)		12
B	*Gene für Enzyme des Galaktose-Stoffwechsels*		
	Galaktose-1-Phosphat-Uridyl-Transferase (GALT)		9
	Galaktokinase (GALK)		17
	Epimerase (GALE)		1
C	*Gene für Enzyme des Zitronensäurezyklus*		
	Aconitase (ACO-M)		22
	(ACO-S)		9
	Citratsynthetase (CS)		12
	Fumarathydratase (FH)		1
	Isocitratdehydrogenase	(IDH-M)	15
		(IDH-S)	2

Stoffwechselzyklen zeigt, scheinen die einzelnen Gene doch mehr oder minder bezugslos über die einzelnen Chromosomen verteilt zu sein.

Sein ausgeprägter Polymorphismus

Mit der Aufzeigung der topographischen Besonderheiten wurde erst ein Aspekt des MHC angesprochen. Ebenso herausragend ist die multiple Allelie (Polymorphismus), insbesondere der HLA-ABCD/DR-Gene. Betrachtet man lediglich die Polymorphismen der ABC-Gene, so können (gemäß Abb. 2) $16 \times 29 \times 9 = 4176$ verschiedene Arrangements abgeleitet werden. (Der genetische Terminus für solche „en bloc"-Vererbungseinheiten lautet Haplotypus). Somit sind 4176 homozygote und $\frac{4176 \times 4175}{2}$ = 8 717 400 heterozygote, zusammen also rund 9 Millionen verschiedene HLA-ABC-Individuen möglich. Die Anzahl an MHC-Schalterstellungen ist aber noch um die D/DR-, C2-, C4F-, C4S-, Bf- und Ir- Kombinations-

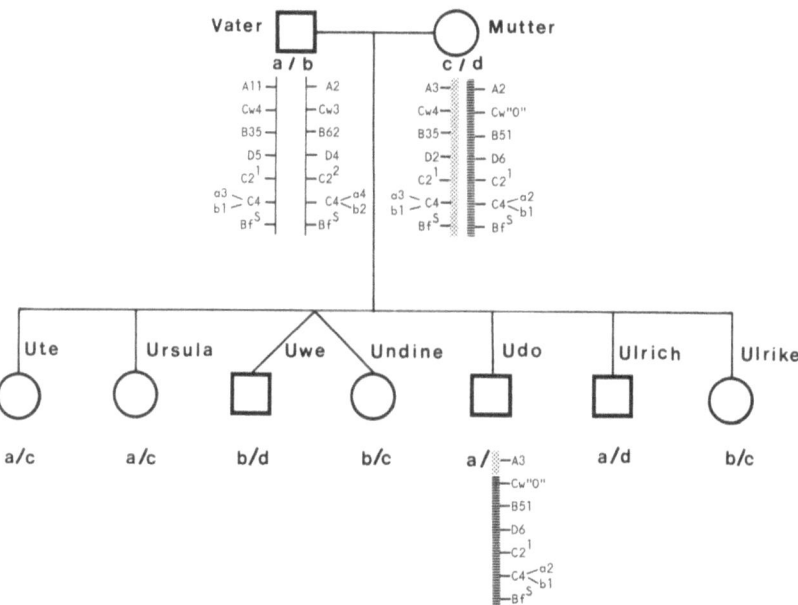

Abb. 4. Die blockweise Vererbung von HLA-Haplotypen in einer kinderreichen Familie. Die beiden väterlichen Haplotypen sind mit a und b, die mütterlichen mit c und d bezeichnet und komplett wiedergegeben. Ute und Ursula sind HLA-identisch, ebenso Undine und Ulrike. Udo hat ein durch crossing-over rekombiniertes MHC-Arrangement erhalten. (Lustigerweise haben die Eltern für alle ihre 7 Kinder einen mit U beginnenden Vornamen gefunden)

möglichkeiten zu multiplizieren, was zu einer unvorstellbar großen Anzahl verschiedener MHC-Muster führt. Alle anderen Gene des Menschen sind dagegen *pauciallel* oder ihre Varianten sind extrem selten; allenfalls das AB0-Blutgruppengen ragt noch mit vier verschiedenen häufigen Allelen (A_1, A_2, B, 0) heraus.

Andererseits bewirkt die enge Nachbarschaft der MHC-Gene, daß eine einmal gegebene Schalterstellung in der Regel blockweise vererbt wird. Unter 5 Kindern einer Familie wird man daher zumindest 2 HLA-identische erwarten. Abbildung 4 demonstriert die blockweise Vererbung der Haplotypen in einer kinderreichen Familie: Ute und Ursula bzw. Undine und Ulrike stimmen im HLA-Muster überein. Zugleich aber ließ sich an der Familie die seltene Rekombination eines HLA-Arrangements durch crossing-over zeigen (Udo).

Das Kopplungsungleichgewicht

Topographie und multiple Allelie charakterisieren den MHC-Chromosomenabschnitt noch nicht erschöpfend. Vielmehr besteht noch eine weitere Besonderheit, die mit dem Begriff Kopplungsungleichgewicht umschrieben wird. Dieser Ausdruck besagt, daß bestimmte Haplotypen in unserer Bevölkerung stark über-, andere dagegen unterrepräsentiert sind. Tabelle 4 führt die an 8 zufällig ausgewählten Familien ermittelten 32 Haplotypen vor.

Dreierlei wird aus der Haplotypenkollektion deutlich: (1) deren Vielfalt; (2) das dennoch dreimalige Vorkommen der Schalterstellung A1, Cw7, B8, $C2^1$, $C4F^{A_0}$, $C4S^{B_1}$, Bf^S, DR3; (3) das Vorliegen gewisser Arrangementblöcke.

Der A1, Cw7, B8 ...-Haplotypus hat in der mitteleuropäischen Bevölkerung die beachtliche Häufigkeit von 7%. Modellrechnungen haben ergeben, daß dieser Haplotypus einen selektiven Vorteil gehabt haben muß (BODMER 1973). Träger dieses offenbar optimal zusammengesetzten Arrangements vermochten sich vielleicht besonders gut gegen die mannigfachen Infektionen früherer Zeiten zu wehren. Nun aber beobachtet man etwas ganz anderes: Personen mit diesem (bislang bevorzugten) Haplotypus tragen ein erhöhtes Risiko, bestimmte Krankheiten aus dem immunpathologischen Formenkreis zu bekommen (siehe auch Tab. 2). Auslöser für diese Erkrankungen sind möglicherweise Infektionen, auf die jenes Arrangement neben einer besonders effektiven gelegentlich auch mit einer überschießenden abartigen Immunabwehr reagiert.

Die Aufdeckung des Zusammenhanges zwischen bestimmten Krankheiten und bestimmten HLA- Antigenen hat große wissenschaftliche und praktische Bedeutung erlangt (SVEJGAARD et al. 1981). Sie bestätigt einmal

Tabelle 4. Auflistung der an 8 Familien ermittelten 32 MHC-Schalterstellungen gemäß der Gen-Reihenfolge: HLA-A, HLA-C HLA-B, C2, C4F, C4S, Bf und HLA-DR

	A	C	B	C2	C4F	C4S	Bf	DR
1)	1	7	8	1	a0	b1	S	3
2)	1	7	8	1	a0	b1	S	3
3)	1	7	8	1	a0	b1	S	3
4)	3	1	51	1	a0	b1	S	1
5)	3	7	7	1	a3	b1	S	5
6)	3	7	7	1	a3	b1	S	2
7)	3	4	35	1	a3	b1	S	1
8)	11	4	35	1	a3	b1	S	5
9)	1	4	35	1	a3	b1	S	1
10)	2	6	13	1	a3	b1	S	1
11)	1	0	61	1	a3	b1	S	1
12)	2	0	51	1	a3	b1	S	1
13)	24	7	7	1	a3	b1	F	1
14)	2	1	56	1	a3	b1	F	1
15)	23	0	63	1	a3	b1	F	1
16)	2	3	62	1	a3	b1	F	4
17)	34	0	14	1	a3	b1	F	5
18)	23	4	44	1	a3	b1	F	7
19)	34	8	14	1	a4	b2	S	6
20)	1	2	27	1	a4	b2	S	9
21)	3	4	35	2	a4	b2	S	8
22)	2	3	62	2	a4	b2	S	4
23)	2	3	62	2	a4	b2	S	4
24)	28	0	14	1	a2	b2	S	5
25)	2	6	57	1	a2	b1	S	5
26)	3	4	35	1	a3	b0	S	1
27)	11	0	51	1	a2	b1	S	6
28)	2	0	7	1	a0	b2	S	6
29)	2	6	37	1	a6	b1	S	7
30)	24	3	62	1	a0	b1	S	5
31)	24	4	35	1	a2		F	2
32)	2	7	57	1	a6		S	7

mehr, daß dem MHC eine weit umfangreichere Rolle zukommt, als Organtransplantationen zu erschweren.

MHC und Transplantation

Die intensive Bearbeitung des HLA-Systems ist vor allem in seiner potentiellen Bedeutung für das Transplantationswesen begründet. Es besteht kein Zweifel, daß dem HLA-System ein hoher Rang für die Transplantatprognose zukommt. Besonders eindrucksvoll belegen dies skandinavische Statistiken zur Nierentransplantation (Abb. 5): voll HLA-AB-identische Nieren haben eine signifikant bessere langjährige Überlebenschance als solche, die sich in 1–2 Antigenen der A- und B-Gene unterscheiden. Differenzen in gar 3–4 HLA-Antigenen bedeuten eine relativ schlechte Prognose. Bei Erreichung von auch noch D/DR-Identität gewinnt die transplantierte Niere eine besonders hohe Überlebenserwartung. Doch infolge der Vielzahl möglicher HLA-Muster ist es schwierig, für jeden Organempfänger eine voll HLA-kompatible Niere zu ermitteln, zumal auch Verträglichkeit im AB0-Blutgruppensystem gegeben sein muß. Andererseits läßt sich aus Abb. 5 auch herauslesen, daß eine Anzahl HLA-identischer Nieren frühzeitig abgestoßen wurde, während einige HLA-ungleiche Nieren jahrelang akzeptiert werden.

Zweifellos spielen hier auch andere Faktoren eine Rolle, die sich nur schwer in die Statistiken einbringen lassen, wie z. B.: Alter, Geschlecht und Allgemeinzustand der Patienten, Erkrankungsursache, Beschaffenheit der Niere, prä- und postoperative Betreuung, Art und Weise der Immunsuppression (auf die in keinem Falle verzichtet werden kann). Die chemotherapeutische Immunsuppression kann überraschenderweise durch einige der Operation vorausgehende Bluttransfusionen unterstützt werden.

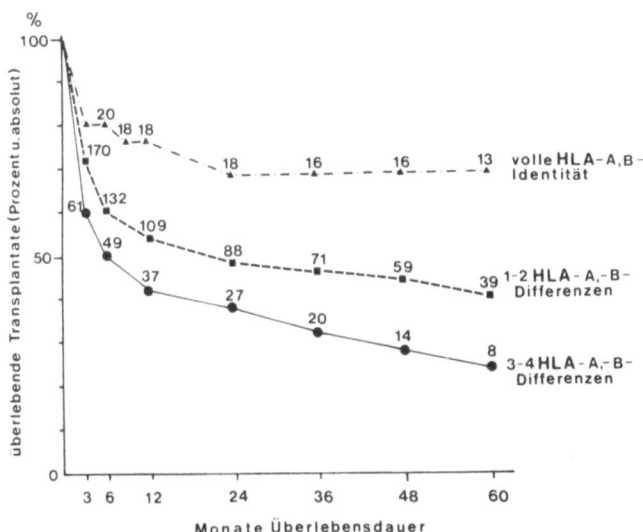

Abb. 5. Der Erfolg von Nierentransplantationen in Abhängigkeit von der *HLA*-Übereinstimmung zwischen Empfänger und Spender (nach ALBRECHTSEN et al. 1981)

Durch die Bluttransfusion werden möglicherweise Reaktionen ausgelöst, die zur Unterdrückung derjenigen Immunzellen führen, die den Hauptanteil der Transplantatabstoßung besorgen (DAUSSET 1981). Allerdings muß verhindert werden, daß der Patient infolge zu vieler Transfusionen HLA-Antikörper bildet. Wenn nämlich der Empfänger Antikörper gegen die HLA-Antigene der Spenderniere aufweist, kommt es zu einer raschen Abstoßung. In solchen Fällen wird nur eine voll HLA-kompatible Niere toleriert. Die Abstoßung einer transplantierten Niere führt nicht zum Tode des Patienten. Vielmehr muß er wieder an eine künstliche Niere angeschlossen werden (Dialyse).

Therapeutisch besonders aussichtsreich und technisch einfacher durchführbar sind Knochenmarktransplantationen. Eine erhebliche Anzahl erblich bedingter Krankheiten des Blutes (Zusammenstellung bei HOBBS et al. 1981) hat sich durch die Übertragung von Knochenmark gesunder Spender heilen lassen oder dürfte künftig einer Heilung zugänglich sein. Doch birgt gerade diese Transplantationsform höchste Risiken, wenn sich die sogenannte Transplantat-gegen-Wirt-Reaktion (graft-versus-host reaction, GvHR) einstellt: die vom Spenderknochenmark gebildeten Immunzellen erkennen die Zellen des Wirtes als „fremd" und lösen lebensbedrohende Immunreaktionen aus.

Nieren- und Knochenmarkübertragungen führen derzeit die Transplantationsliste an, doch dürfen die anderen Organverpflanzungen deswegen nicht übersehen werden. Andererseits glaubt HAMBURGER (1981), einer der Pioniere der Transplantationschirurgie, daß in 100 Jahren weniger Organverpflanzungen durchgeführt werden dürften als heute, weil erhebliche Fortschritte bei der Konstruktion künstlicher Organe zu erwarten sind. Trotzdem betrachtet er die derzeitige Situation als eine unverzichtbare Etappe. Sie war der Auslöser zur intensiven Erforschung der Immunvorgänge. Die Entdeckung des MHC dürfte diesen Einsatz gelohnt haben.

Literatur

Albrechtsen D, Moen T, Flatmark A, Halvorsen S, Jakobsen A, Jervell J, Solheim BG, Thorsby E (1981) Influence of HLA-A, B, C, D and DR matching in renal transplantation. Transplant Proceed 13: 924–929

Amos BD, van Rood JJ (1965) Histocompatibility Testing 1965. Munksgaard, Kopenhagen

Bender K (1973) Genetische Aspekte der Organtransplantation. Heidelb Taschenb 121:160–168

Bender K (1978) Das HLA-System. BIOTEST Seruminstitut, Frankfurt pp 1–96

Bender K (1981) Grundlegende Konzepte der Immunologie. Struktur und Funktion des HLA-Systems. Umschau 81:300–303

Bodmer WF (1973) Population genetics of the HL-A system. Retrospect and prospect. Histocompatibility Testing 1972. Munksgaard, Kopenhagen S 611–617

Bodmer WF (1978) Histocompatibility Testing 1977. Munksgaard, Kopenhagen
Bodmer WF, Bodmer JG (1978) Evolution and function of the HLA system. Brit Med Bull 34:309–316
Coligan JE, Kindt TJ, Uehara H, Martinko J, Nathenson SG (1981) Primary structure of a murine transplantation antigen. Nature, London 291:35–39
Curtoni ES, Mattiuz PL, Tosi RM (1967) Histocompatibility Testing 1967. Munksgaard, Kopenhagen
Dausset J (1958) Iso-leuco-anticorps. Acta haemat (Basel) 20:156–166
Dausset J (1981) The major histocompatibility complex in man. Past, present, and future concepts. Science 213:1469–1474
Dausset J, Colombani J (1973) Histocompatibility Testing 1972. Munksgaard, Kopenhagen
Dausset J, Nenna A (1952) Presence d'une leuco-agglutinine dans le sérum d'une case d'agranulocytose chronique. C R Seances Soc Biol Fil 146:1539
Dausset J, Svejgaard A (1977) HLA and disease. Munksgaard, Kopenhagen
Falchuk ZM, Rogentine GN, Strober W (1972) Predominance of histocompatibility antigen HL-A8 in patients with gluten-sensitive enteropathy. J clin Invest 51:1602
Götze D (1977) The Major Histocompatibility System in man and animals. Springer, Berlin Heidelberg New York
Hamburger J (1981) The future of transplantation. Transplant Proc 13:10–12
Hobbs JR, Hugh-Jones K, Barrett AJ, Byrom N, Chambers D, Henry K, James DCO, Lucas CF, Rogers TR, Benson PF, Tansley LR, Patrick AD, Mossman J, Young EP (1981) Reversal of clinical features of Hurler's disease and biochemical improvement after treatment by bone-marrow transplantation. Lancet 712–716
Kissmeyer-Nielsen F (1975) Histocompatibility Testing 1975. Munksgaard, Kopenhagen
Kissmeyer-Nielsen F, Staub-Nielsen L, Sandberg L, Svejgaard A, Thorsby E (1970) The HL-A system in relation to human transplantations. Histocompatibility Testing 1970. Munksgaard, Kopenhagen 105–135
Lamm LU, Svejgaard A, Kissmeyer-Nielsen F (1971) PGM_3: HL-A is another linkage in man. Nat New Biol 231:109–110
Leeuwen A van, Schuit HRE, van Rood JJ (1973) Typing for MLC (LD): II. The selection of nonstimulator cells by MLC inhibition tests using SD-identical stimulator cells (MISIS) and fluorescence antibody studies. Transplant Proc 5:1539–1542
Monaco AP, Wood ML (1981) Proceedings of the Eighth International Congress of the Transplantation Society. Transplant Proc 13:1–1305
Nakamuro K, Tanigaki N, Pressman D (1973) Multiple common properties of human β_2-microglobulin and the common portion fragment derived from HL-A antigen molecules. Proc Natl Acad Sci USA 70:2863–2865
Orr HT, Lopez de Castro JA, Parham P, Ploegh HL, Strominger JL (1979) Comparison of amino acid sequences of two human histocompatibility antigens, HLA-A2 and HLA-B7: location of putative alloantigenic sites. Proc Natl Acad Sci USA 76:4395–4399
Payne R, Rolfs MR (1958) Fetomaternal leukocyte incompatibility. J clin Invest 37:1756–1763
Payne R, Tripp M, Weigle J, Bodmer W, Bodmer J (1964) A new leukocyte iso-antigen system in man. Cold Spring Harbor Symp Quant Biol 29:285–295
Rood JJ van (1962) Leucocyte grouping. Thesis, Leiden

Rood JJ van (1967) A proposal for international cooperation in organ transplantation: Eurotransplant. Histocompatibility Testing 1967. Munksgaard, Kopenhagen 451–452

Rood JJ van, Eernisse JG, Leeuwen A van (1958) Leucocyte antibodies in sera from pregnant women. Nature, London 181:1735–1736

Rood JJ van, Leeuwen A van, Schippers HMA, Ceppellini R, Mattiuz PL, Curtoni S (1966) Leucocyte groups and their relation to homotransplantation. Ann NY Acad Sci 129:467

Russel PS, Winn HJ, Amos DB (1956) Histocompatibility Testing Publ 1229, Natl Acad Sci Washington, DC

Svejgaard A, Hauge M, Jersild C, Platz P, Ryder LP, Staub-Nielsen L, Thomsen M (1979) The HLA System. An introductory survey. Monographs in Human Genetics. Hrsg Beckman L, Hauge M, Karger, Basel

Svejgaard A, Morling M, Platz P, Ryder LP, Thomsen M (1981) HLA and disease associations with special reference to mechanisms. Transplant Proc 13:913–917

Terasaki PI (1970) Histocompatibility Testing 1970. Munksgaard, Kopenhagen

Terasaki PI (1980) Histocompatibility Testing 1980. UCLA Tissue Typing Lab, Los Angeles

Terasaki PI, McClelland JD (1964) Microdroplet assay of human serum cytotoxins. Nature, London 204:998–1000

Yunis EJ, Amos DB (1971) Three closely linked genetic systems relevant to transplantation. Proc Natl Acad Sci USA 68:3031–3035

Zwillingsforschung

P. PROPPING

Im Jahre 1935 hat der Erbbiologe FRITZ LENZ in einem Übersichtsartikel geschrieben: „Zwillingsuntersuchungen über physiologische Eigenschaften werden (daher auch) nichts grundsätzlich Neues ergeben gegenüber dem, was der Genetiker über die Ursachen der Variabilität normaler Eigenschaften schon weiß. Trotzdem haben solche Untersuchungen auch in Zukunft einen gewissen praktischen Wert. Sie werden auch den Kliniker, der nicht erbbiologisch zu denken gewöhnt ist, allmählich an den Gedanken gewöhnen, daß die Grundlage aller Reaktionsmöglichkeiten des Organismus in der Erbmasse liegt." Nachdem in den zwanziger Jahren die wissenschaftlichen Grundlagen für die Anwendung der Zwillingsmethode gelegt worden waren, relativierte ein führender Fachvertreter ihren Wert einige Jahre später schon wieder. Der Grundgedanke der Zwillingsmethode ist, daß man durch den Vergleich eineiiger Zwillinge mit zweieiigen den genetischen Anteil an der Ausprägung eines Merkmals abschätzen kann, ohne dafür die verantwortlichen Erbanlagen kennen zu müssen. Dies dürfte auch der Grund sein, weshalb die Zwillingsmethode häufig gerade genetische Laien zu überzeugen vermag. Der Fachmann ist aber – wie dies im Eingangszitat zum Ausdruck kommt – schon frühzeitig auf ihre Grenzen aufmerksam geworden.

Seit ihrer Schaffung ist mit der Zwillingsmethode annähernd jedes nur denkbare Merkmal auf das Ausmaß seiner genetischen Determiniertheit untersucht worden. Viele der so erarbeiteten Ergebnisse waren Voraussetzung für genauere genetische Analysen; in anderen Fällen ist unser Wissen immer noch so begrenzt, daß die genetische Aussage noch nicht wesentlich über das Ergebnis der Zwillingsuntersuchung hinausgeht. Im folgenden soll zunächst kurz auf einige methodische Gesichtspunkte eingegangen werden. Dann soll anhand einiger Beispiele gezeigt werden, wo die Zwillingsuntersuchung auch heute noch, trotz des raschen Fortschritts der biochemischen Genetik und der Molekulargenetik, sinnvoll angewendet werden kann.

Eineiige Zwillinge (EZ) entstehen durch eine sozusagen ungeschlechtliche Vermehrung, indem sich der Embryo in der frühen Entwicklung in zwei Tochterindividuen teilt. Dies ist bis zum etwa zehnten Tag nach der Befruchtung möglich. Da die beiden Zwillinge sich aus derselben Ei- und

Samenzelle entwickelt haben, stimmen sie in allen Erbanlagen überein. Zweieiige Zwillinge (ZZ) sind dagegen dadurch entstanden, daß ausnahmsweise einmal zwei Eizellen in demselben weiblichen Zyklus ovuliert und von zwei verschiedenen Spermien befruchtet worden sind. Sie haben daher wie normale Geschwister die Hälfte ihrer Gene auf Grund der Abstammung gemeinsam. Da das Verhältnis von Knaben- zu Mädchengeburten nur wenig von eins verschieden ist, sind zweieiige Zwillinge jeweils zur Hälfte gleich- und verschiedengeschlechtlich.

Der einfachste und schnellste Weg zur Unterscheidung von EZ gegenüber ZZ ist der polysymptomatische Ähnlichkeitsvergleich nach SIEMENS/VON VERSCHUER. Dabei werden die Zwillinge in zahlreichen physiognomischen Merkmalen, in Handleistenmustern und Körpermaßen verglichen. In der überwiegenden Zahl der Fälle gelingt es dem Erfahrenen zuverlässig, EZ von ZZ zu unterscheiden. Wenn Zwillinge von sich selbst sagen, daß sie einander als Kinder wie „ein Ei dem anderen" geglichen haben und daß sie häufig verwechselt worden seien, dann handelt es sich in 90% um EZ. Der andere, „exaktere" Weg ist der des Blutgruppenvergleichs. Man kennt heute eine beträchtliche Zahl verschiedener Blutgruppensysteme. Der Unterschied in einer einzigen Blutgruppe beweist bereits die Zweieiigkeit. Andererseits schließt eine vollständige Übereinstimmung in mehreren Blutgruppensystemen die Zweieiigkeit eines Paares aber nicht aus. Je größer die Anzahl der Übereinstimmungen jedoch ist, desto geringer wird die Wahrscheinlichkeit, daß es sich um ein zweieiiges Paar handelt. SMITH und PENROSE haben hierfür ein Berechnungsverfahren angegeben, in dem natürlich die Häufigkeit der jeweiligen Blutgruppen-Allele in der Allgemeinbevölkerung berücksichtigt wird (VOGEL und MOTULSKY 1979). In der Praxis sollte man für die Eiigkeitsdiagnose den morphologischen Vergleich mit der Blutgruppenbestimmung kombinieren.

Zwillingsuntersuchungen werden natürlich nicht durchgeführt, um eine spezielle genetische Aussage bei Zwillingen zu machen, sondern um die Bedeutung genetischer Faktoren bei der Ausprägung eines bestimmten Merkmals ganz allgemein abschätzen zu können. Manche Merkmale treten jedoch bei Zwillingen, und zwar speziell bei eineiigen, häufiger auf als bei Einlingen, wie beispielsweise verschiedene angeborene Mißbildungen (s. Kapitel W. LENZ). Dies hat etwas mit den Besonderheiten der frühen Embryonalentwicklung von EZ zu tun. Es ist klar, daß der Zwillingsvergleich in solchen Fällen keine vernünftige Abschätzung über die Bedeutung genetischer Faktoren erbringen kann. Ein ähnliches Problem wird durch den Einwand aufgeworfen, die Lebens- und Entwicklungsbedingungen würden eineiige Zwillinge einander stärker angleichen als dies bei ZZ der Fall ist. Wir kommen darauf unten zurück.

Man kann Zwillingsuntersuchungen einteilen in solche, die alternativ verteilte und solche, die kontinuierlich verteilte Merkmale messen. Im ersten Fall geht man üblicherweise von einer Stichprobe von Merkmalsträgern, z. B. Patienten, aus, unter denen alle Zwillinge erfaßt werden. Bei diesem Vorgehen vermeidet man, daß Paare, deren Partner beide erkrankt sind, deshalb bevorzugt erfaßt werden. Es kann sonst zu der vom Zwillingsforscher gefürchteten „Interessantheitsauslese" kommen. Der Psychiater LUXENBURGER, der das genannte systematische Vorgehen vorgeschlagen hat, nennt die so erfaßten Zwillinge „beschränkt repräsentativ". Um eine „unbeschränkt repräsentative" Serie würde es sich handeln, wenn man alle Zwillinge einer bestimmten Region vollständig erfaßt hätte und sie dann auf das interessierende Merkmal untersuchen würde. Das letztere Verfahren setzt Zwillingsregister voraus, wie sie z. B. in den skandinavischen Ländern existieren. Die Erfahrung hat gezeigt, daß auch die „beschränkt repräsentative" Zwillingsserie verläßliche Ergebnisse liefert.

Wir wollen beispielhaft Zwillingsuntersuchungen zur Schizophrenie betrachten, an deren Entstehung – wie unter anderem auch Zwillingsstudien gezeigt haben – genetische Faktoren beteiligt sind. Die Schizophrenie ist nach wie vor eine ganz rätselhafte Erkrankung, sie kann unterschiedlichste Verläufe und Bilder bieten. Man hat zunächst also einen von einer Schizophrenie betroffenen Zwilling erfaßt. Dann muß die Eiigkeit des Zwillingspartners bestimmt und ermittelt werden, ob er auch von einer Schizophrenie betroffen ist. Man bezeichnet ein Zwillingspaar, in dem beide das Merkmal – in unserem Fall Schizophrenie – tragen, als „konkordant"; wenn der Partner gesund ist, nennt man das Paar „diskordant". Die Konkordanzrate ergibt sich aus dem Anteil der konkordanten unter allen Zwillingspaaren. Auch hier treten jedoch Probleme auf, die man bei der Beurteilung einer Zwillingsstudie berücksichtigen muß. Abbildung 1 zeigt, wie unterschiedliche Betrachtungsweisen zu verschiedenen Resultaten führen können. Die Probandenmethode dürfte der Wirklichkeit meist am besten gerecht werden.

Etwa 1% der Bevölkerung werden im Laufe ihres Lebens mindestens zeitweise von einer Schizophrenie betroffen. In den zwölf Zwillingsstudien, die zwischen 1928 und 1972 angestellt worden sind, liegen die Konkordanzraten der EZ etwa viermal so hoch wie bei ZZ (ZERBIN-RÜDIN 1980). In quantitativer Hinsicht variieren die Befunde allerdings z. T. erheblich. Die Unterschiede können verschiedene Ursachen haben: Auslese der Patienten nach Krankheitsschwere, Art der Diagnostik oder nur kurze Beobachtungsdauer der Zwillingspartner. Wir können hier nicht näher auf dieses Problem eingehen. Tabelle 1 zeigt die Konkordanzraten für Schizo-

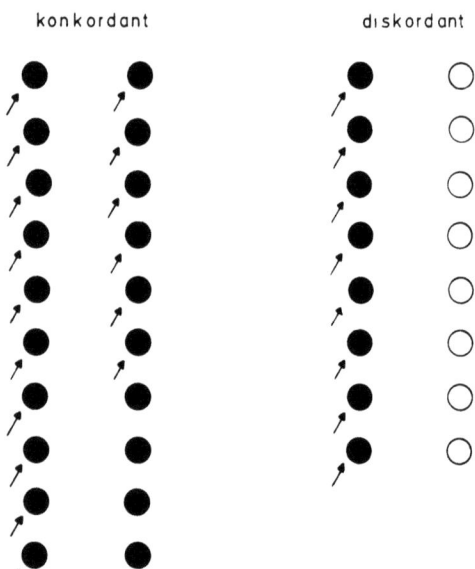

Abb. 1. Beispiel von 10 für ein Merkmal konkordanten und 8 diskordanten Zwillingspaaren. Die *Pfeile* bezeichnen die als unabhängige Probanden erfaßten Merkmalsträger, während die Merkmalsträger *ohne Pfeil* nur über das betroffene Geschwister bekannt geworden sind. Die ermittelte Konkordanzrate hängt von der Berechnung ab. *Fallweise Erfassung* es werden alle konkordanten Paare ungeachtet der Erfassung gezählt. *Paarweise Erfassung* da ein konkordantes Paar eine doppelt so große Wahrscheinlichkeit hat, erfaßt zu werden, berücksichtigen manche Untersucher die konkordanten Paare nur zur Hälfte. *Probandenmethode* alle unabhängig erfaßten Merkmalsträger sind als Probanden aus eigenem Recht anzusehen. (Schema in Anlehnung an GMÜR M (1979) Schweiz Arch Neurol Neurochir Psychiat 125:113–128)

Tabelle 1. Probanden-Konkordanz in den neueren Zwillingsstudien zur Schizophrenie. Die Raten sind nicht für das Alter korrigiert. Eine Alterskorrektur ist aber an sich nötig, da die als gesund eingestuften Zwillingspartner zum Zeitpunkt der Untersuchung vielfach noch ein gewisses Erkrankungsrisiko haben (GOTTESMAN u. SHIELDS 1976)

	Norwegen (KRINGLEN, 1968)	Dänemark (FISCHER et al., 1969)	England (GOTTESMAN u. SHIELDS, 1972)	Finnland (TIENARI, 1968)	USA (POLLIN et al., 1969)
Anzahl der EZ-Paare	55	21	22	17	95
Konkordanzrate bei EZ	45%	56%	58%	35%	43%
Anzahl der ZZ-Paare	90	41	33	20	125
Konkordanzrate bei ZZ	15%	26%	12%	13%	9%

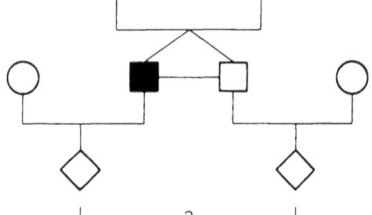

Abb. 2. Schema der Untersuchung von M. FISCHER. Es wird die Häufigkeit der Schizophrenie unter den Kindern eineiiger Zwillinge untersucht, die diskordant für Schizophrenie sind

phrenie in den neueren Untersuchungen, die mit besonderer methodischer Sorgfalt angestellt worden sind.

Die Zwillingsbefunde deuten also auf einen beträchtlichen genetischen Einfluß zur Manifestation einer Schizophrenie hin. Gegen die genetische Interpretation dieser Ergebnisse ist nun immer wieder eingewandt worden, die höheren Konkordanzraten bei EZ könnten durch eine Angleichung der erbgleichen Zwillinge zustande kommen, also nicht-erbliche Einflüsse, wie sie bei ZZ nicht zu beobachten seien. Dieser Einwand konnte jedoch inzwischen mit verschiedenen Befunden weitgehend entkräftet werden. Es gibt in der Weltliteratur 28 eineiige Zwillingspaare, die voneinander getrennt aufgewachsen waren und die eine gleich hohe Konkordanz für Schizophrenie zeigen. In dieselbe Richtung weisen auch verschiedene Adoptionsstudien. Ein eleganter methodischer Ansatz zur Trennung von Anlage und Umwelt bei der Entstehung von Schizophrenie liegt der erweiterten Zwillingsstudie von FISCHER 1971 zugrunde (Abb. 2). Die Autorin ging von EZ aus, die diskordant für Schizophrenie waren. Sie untersuchte die Häufigkeit des Auftretens einer Schizophrenie unter den Kindern der diskordanten EZ. Die nicht-schizophrenen EZ-Paarlinge hatten ebensoviele betroffene Nachkommen wie die erkrankten EZ-Partner (12% bzw. 9%). Dieser Befund läßt sich nur durch den Einfluß der elterlichen Erbanlagen erklären, da der eine Teil der Nachkommen nicht dem Einfluß einer elterlichen Schizophrenie ausgesetzt war.

Der gegenwärtige Stand des Wissens über die Bedeutung der Vererbung bei der Schizophrenie läßt sich kurz so zusammenfassen: Zwillingsuntersuchungen hatten zunächst die Wirksamkeit genetischer Faktoren vermuten lassen; ergänzende Untersuchungen mit anderen Methoden haben gezeigt, daß die Zwillingsbefunde genetisch interpretiert werden müssen. Andererseits liegen die Konkordanzraten bei EZ im Durchschnitt nur bei 50%. Dies weist klar darauf hin, daß erbliche Einflüsse allein die Entstehung einer Schizophrenie nicht erklären können. Es bedarf offensichtlich auch nicht-erblicher Faktoren zur Manifestation dieser Krankheit.

Der Einwand, man dürfe Zwillingsbefunde auf Grund der besonderen Entwicklungsbedingungen von Zwillingen nicht automatisch genetisch interpretieren, ist gerade bei psychischen Eigenschaften vielfach erhoben worden. Tatsächlich läßt sich bei einem Teil kindlicher EZ eine gewisse Identifikation nachweisen: sie verbringen mehr Zeit miteinander als ZZ, entwickeln als Kleinkinder eine „Privatsprache", die nur sie selbst verstehen, und haben weniger Kontakt zu ihrer Umwelt als ZZ. Sie erfahren deshalb weniger Anregungen von Außenstehenden. Dies kann durch ähnlich klingende Vornamen, gleiche Kleidung und eine häufige Verwechselung noch verstärkt werden. Andererseits gibt es aber auch differenzierende Faktoren, die also EZ einander unähnlicher werden lassen. Dies gilt zum Beispiel für die vorgeburtliche Entwicklung. Zwillinge sind im Durchschnitt bei der Geburt nicht nur leichter als Einlinge; es kann vor allem zwischen EZ-Paarlingen auf Grund der intrauterinen Ernährungsbedingungen beträchtliche Gewichtsunterschiede geben. EZ sind sich deshalb in ihrem Geburtsgewicht im Durchschnitt unähnlicher als ZZ. Ein deutlich herabgesetztes Geburtsgewicht kann wiederum – dies hat sich aus Zwillingsstudien ergeben – eine leichte Erniedrigung der Intelligenzleistungen bei dem leichteren Partner zur Folge haben. Bei manchen EZ kann auch die Kindheitsentwicklung differenzierend wirken, d.h. sie verhalten sich zueinander eher wie Rivalen. Häufiger läßt sich eine Wettbewerbssituation auch bei ZZ nachweisen. Vergleicht man die Besonderheit der Zwillingssituation mit der von Nichtzwillingen bilanzmäßig, dann finden sich neben Einflüssen, die eineiige Partner einander ähnlicher machen, solche, die sie verschiedener werden lassen.

In jüngster Zeit haben amerikanische Untersucher nachgeprüft, ob sich ein Einfluß der Zwillingssituation auf psychische Eigenschaften empirisch nachweisen läßt (PLOMIN et al. 1976, SCARR und CARTER-SALTZMAN 1979, VANDENBERG und WILSON 1979). Dabei war ein Zusammenhang zwischen dem Ausmaß der äußeren Ähnlichkeit und Persönlichkeitsmerkmalen oder Intelligenztest-Resultaten nicht auffindbar. – Eineiige Zwillinge halten sich selbst zuweilen für zweieiig und umgekehrt; das gilt auch für ihre Eltern. Wenn das Wissen über die eigene Eiigkeit einen Einfluß auf ihr Befinden und Verhalten hätte, dann sollte sich in diesen Fällen dieser Einfluß vom biologischen Einfluß trennen lassen. Es fand sich jedoch nur eine vernachlässigenswerte Wirkung des Wissens über die eigene Eiigkeit auf die Ergebnisse in verschiedenen psychologischen Tests. Auch diese Befunde zeigen, daß die Zwillingsmethode für genetische Untersuchungen anwendbar ist.

Wir haben mit der Schizophrenie ein Beispiel für ein alternativ verteiltes Merkmal kennengelernt. Gerade im Bereich des „Normalen" sind aber viele Merkmale, z.B. Körpergröße, Blutdruck oder der Intelligenzquotient, kontinuierlich verteilt, d.h. die Menschen lassen sich nicht einfach zwei Kategorien zuordnen. In einem derartigen Fall kann man das Ausmaß der

Ähnlichkeit von Zwillingen durch den Intraclass-Korrelationskoeffizienten r angeben. r kann sich zwischen -1 und $+1$ bewegen. Als rechnerischen Ausdruck für den genetischen Anteil an der Variabilität eines Merkmals in der Bevölkerung hat man die „Heritabilität" (h^2) eingeführt. Es gibt verschiedene Schätzverfahren für h^2. Eine gängige Methode zur Schätzung der Heritabilität aus Zwillingsdaten ist

$$h^2 = \frac{V_{ZZ} - V_{EZ}}{V_{ZZ}}$$

Dabei bedeutet V die Intrapaarvarianz der eineiigen bzw. zweieiigen Zwillinge.

Als Beispiel wollen wir Zwillingsstudien betrachten, in denen die Ausscheidung von Alkohol gemessen worden ist. Wie alle Medikamente wird auch Alkohol unter Mitwirkung von Enzymen aus dem Körper eliminiert. Diese Elimination läßt sich im Blut verfolgen. Die Ausscheidungsgeschwindigkeit aus dem Blut wird als β in der Dimension mg/ml × Stunde bezeichnet. Tabelle 2 zeigt nun das Ergebnis von drei Zwillingsuntersuchungen. Man sieht, daß es erhebliche Unterschiede zwischen verschiedenen Menschen gibt und daß EZ einander deutlich ähnlicher als ZZ sind. Das Ausmaß des genetischen Anteils an der Variabilität von β ist in den drei Studien aber recht verschieden, wenngleich die Ergebnisse übereinstimmend auf die Existenz genetischer Einflüsse auf die Alkoholausscheidung hinweisen. Der Wert h^2 ist – wir können hier nicht näher darauf eingehen – eine labile Meßgröße für das Ausmaß der genetischen Determiniertheit eines Merkmals. Man sollte die Höhe seines Wertes daher immer zurückhaltend bewerten.

Wir haben die Zwillingsmethode bis hierher bewußt kritisch dargestellt. FRITZ LENZ hat der Methode schon vor fast 50 Jahren – wie eingangs zitiert – nur noch „einen gewissen praktischen Wert" zugebilligt. Das genetische Verständnis, vor allem im Bereich der medizinischen Genetik, entwickelt sich immer mehr dahin, daß wir die Mechanismen der Umsetzung eines Genotyps in einen Phänotyp und die Wechselwirkung zwischen Genotyp und Umwelt besser verstehen. Kann man mit der Zwillingsmethode heute überhaupt noch neue wissenschaftliche Erkenntnisse gewinnen? Es gibt durchaus Bereiche, in denen unser kausales Verständnis für die Ursachen interindividueller Unterschiede noch sehr begrenzt ist. Dies gilt für psychische Phänomene und für viele Merkmale im Bereich des „Normalen" wie die oben erwähnten, oder auch die Verstoffwechselung von aufgenommenen Fremdstoffen. Es war z. B. schon länger bekannt, daß viele Medikamente von verschiedenen Menschen sehr unterschiedlich rasch ausgeschieden werden. Zwillingsuntersuchungen haben überzeugend zeigen

Tabelle 2. Zwillingsstudien zur Alkoholelimination aus dem Blut nach einer einmaligen Alkoholdosis

Anzahl	Anzahl der Zwillingspaare	Eliminationsrate β (mg/ml × Stunde)			
		Spanne	r_{EZ}	r_{ZZ}	h^2
Lüth, 1939	10 EZ, 10 ZZ	0,051 – 0,141	0,64	0,16	0,63
Vesell et al., 1971	7 EZ, 7 ZZ	0,11 – 0,24	0,96	–0,38	0,98
Kopun u. Propping 1977	19 EZ, 21 ZZ	0,073 – 0,255	0,71	0,33	0,46

r_{EZ}, r_{ZZ} = Intraclasskorrelationskoeffizienten
h^2 = Heritabilität

können, daß die interindividuellen Unterschiede zu einem wesentlichen Teil durch genetische Faktoren hervorgerufen werden. Sie haben auch gezeigt, welche Meßgrößen sich für die genetische Analyse am besten eignen. Für Alkohol konnte z. B. gezeigt werden, daß nicht nur auf der Ebene der Alkoholverstoffwechselung (Tab. 2), sondern auch auf der Ebene der Alkoholwirkung auf das Gehirn (gemessen mit dem Elektroencephalogramm, dem EEG) genetische Unterschiede zwischen den Menschen bestehen. Es ist zu vermuten, daß dies nicht nur für Alkohol gilt, sondern allgemeinere Bedeutung hat, also auch für andere Medikamente zutrifft (vgl. Vogel und Propping, 1981).

Zum Schluß sollen noch interessante Befunde erwähnt werden, die mit Hilfe von Zwillingsuntersuchungen erst in jüngster Zeit beim Diabetes mellitus erhoben worden sind. Sie sind zu einer wesentlichen Voraussetzung für ein besseres Verständnis der Ätiologie dieser häufigen Krankheit geworden. Der Diabetes mellitus galt lange Zeit nach einem berühmt gewordenen Wort des Genetikers J. V. Neel als der „Alptraum der Humangenetiker". Dies rührte daher, daß zwar eine familiäre Häufung der Krankheit schon lange bekannt war, sich die empirisch gefundenen Wiederholungsziffern jedoch nicht befriedigend theoretisch erklären ließen. Man konnte die beobachtete familiäre Häufung nicht mit einem dominanten oder recessiven Erbgang in Einklang bringen.

Die Zwillingsuntersuchung von Tattersall und Pyke (1972) erbrachte neue und weiterführende Ergebnisse. Die Autoren untersuchten 96 EZ-Paare, von denen jeweils einer als Diabetiker erfaßt worden war. Sie verzichteten auf den sonst üblichen EZ/ZZ-Vergleich und unterzogen statt dessen nur eineiige Paare einer sorgfältigen Analyse. Selbstkritisch haben die Autoren eingeräumt, daß konkordante Paare bei der Art der Erfassung zwar eine höhere Wahrscheinlichkeit hatten, in die Studie aufgenommen

Tabelle 3. Verteilung der konkordanten und diskordanten EZ-Paare in Abhängigkeit vom Alter bei der Erstmanifestation beim Indexzwilling. (TATTERSALL u. PYKE, 1972)

Alter bei der Erstmanifestation	konkordant	diskordant
unter 40 Jahre	31	28
über 40 Jahre	34	3

zu werden, daß dies jedoch die Aussagen der Untersuchung nicht beeinflußt haben könne.

Die wichtigsten Ergebnisse der Studie waren:
1. Diejenigen EZ-Paare, deren Indexfall vor dem 40. Lebensjahr erkrankt war, erwiesen sich nur in etwa der Hälfte der Fälle als konkordant. Bei den Fällen mit einem Ersterkrankungsalter über 40 Jahre waren dagegen fast alle Paare konkordant (Tab. 3). Dies deutet auf einen größeren Einfluß genetischer Faktoren beim Altersdiabetes hin.
2. Unter den konkordanten Paaren war das Zeitintervall des Krankheitsausbruchs bei den Paaren größer, deren Indexfall vor dem 40. Lebensjahr erkrankt war, gegenüber den erst später erkrankten Indexfällen. Offenbar haben nicht-genetische Faktoren bei Personen mit niedrigerem Erkrankungsalter ein größeres Gewicht als bei Personen mit höherem Erkrankungsalter.
3. Unter den 31 diskordanten Paaren waren 16 Paare bereits für mehr als 10 Jahre diskordant. Die Diskordanz ist also nicht etwa dadurch zustande gekommen, daß die Zeit für den Krankheitsausbruch nicht lange genug gewesen wäre.
4. Die Glucose-Belastungstests an den klinisch gesunden Geschwistern der früh erkrankten Indexzwillinge ergaben fast ausnahmslos Normalbefunde. Die Zwillingsgeschwister der spät erkrankten Indexfälle tendierten stärker zu pathologischen Befunden.
5. Die weiteren Verwandten der früh erkrankten konkordanten Paare waren deutlich seltener von Diabetes mellitus betroffen als die Verwandten der spät erkrankten konkordanten Paare.
6. Es ist lange bekannt, daß die Kinder weiblicher Diabetiker ein erhöhtes Geburtsgewicht haben, ein Phänomen, das vielfach auch schon vor Ausbruch des Diabetes mellitus auftritt. Auch diesem Aspekt sind die Autoren nachgegangen. In dem Zwillingskollektiv lag das Geburtsgewicht der Kinder von konkordanten Paaren – diese Kinder waren vor der Manifestation des Diabetes geboren – deutlich über dem der Kinder gesunder Paarlinge aus diskordanten Paaren.

Alle genannten Beobachtungen weisen in dieselbe Richtung: genetische Faktoren haben an der Entstehung der Diabetes-Erkrankungen, die jenseits des 40. Lebensjahres auftreten, ein deutlich größeres Gewicht als beim juvenilen Diabetes. Die Zwillingsuntersuchung hat deutliche Hinweise für eine ätiologische Heterogenität des Diabetes mellitus gebracht: die früher als einheitlich angesehene Krankheit zerfällt offenbar in verschiedene Unterformen. In der Zwischenzeit haben zahlreiche Familienuntersuchungen diese Vorstellung bestätigt. Die Analyse des Diabetes mellitus konnte in jüngster Zeit durch Kombination genetischer, immunologischer und epidemiologischer Methoden sehr rasch weiter vorangetrieben werden (vgl. KÖBBERLING und TATTERSALL 1982). Eine Zwillingsuntersuchung hatte dafür zunächst wichtige Voraussetzungen geschaffen.

Die Zwillingsmethode kann also auch heute noch wertvolle erste Hinweise dafür liefern, wo sich eine weitergehende genetische Untersuchung lohnt. Man darf nur nicht die Vorstellung haben, mit einer Zwillingsuntersuchung sei die Vererbung eines Merkmals geklärt und der Fall damit genetisch abgeschlossen.

Literatur

Fischer M (1971) Psychoses in the offspring of schizophrenic monozygotic twins and their normal co-twins. Br J Psychiatry 118:43–52

Gottesman II, Shields JA (1976) A critical review of recent adoption, twin, and family studies of schizophrenia: behavioral genetics perspectives. Schizophr Bull 2:360–398

Köbberling J, Tattersall R (1982) (eds) The genetics of diabetes mellitus. Academic Press, London New York

Lenz F (1935) Inwieweit kann man aus Zwillingsbefunden auf Erbbedingtheit oder Umwelteinfluß schließen? Dtsch med Wochenschr 61:873–875

Plomin R, Willerman L, Loehlin JC (1976) Resemblance in appearance and the equal environments assumption in twin studies of personality traits. Behav Genet 6:43–52

Scarr S, Carter-Saltzman L (1979) Twin method: defense of a critical assumption. Behav Genet 9:527–542

Tattersall RB, Pyke DA (1972) Diabetes in identical twins. Lancet II 1120–1125

Vandenberg SG, Wilson K (1979) Failure of the twin situation to influence with differences in cognition. Behav Genet 9:55–60

Vogel F, Propping P (1981) Ist unser Schicksal mitgeboren? Moderne Vererbungsforschung und menschliche Psyche. Severin und Siedler, Berlin

Vogel F, Motulsky AG (1979) Human genetics. Problems and approaches. Springer, Berlin Heidelberg New York

Zerbin-Rüdin E (1980) Psychiatrische Genetik. In: Kisker KP, Meyer JE, Müller C, Strömgren E (eds) Psychiatrie der Gegenwart. Forschung und Praxis Bd I/2. Springer, Berlin Heidelberg New York

Vererbung und Umwelt bei der Entstehung von Mißbildungen

W. Lenz

Was ist eine Mißbildung

Von Mißbildungen spricht man, wenn ein oder mehrere Organe fehlen oder wenn ihre Form oder Größe in grober Weise von der Norm abweicht, und wenn diese Abweichung in der Periode der Organentwicklung, im wesentlichen also in der 4. und 5. Woche nach der Empfängnis entstanden ist. Später entstandene Verformungen einmal entwickelter Organe pflegt man heute nicht mehr als Mißbildungen, sondern als Deformationen zu bezeichnen. Eine scharfe Abgrenzung zwischen Mißbildungen und harmlosen Normvarianten ist ebensowenig möglich wie eine Abgrenzung zwischen der normalen morphologischen Variabilität und leichten Anomalien. Dies zeigt sich etwa daran, daß je nach Definition der Mißbildungen ihre Häufigkeit zwischen 1% und über 10% aller Neugeborenen schwankt.

Hier wollen wir von Mißbildungen sprechen, wenn Gliedmaßen fehlen oder in Größe und Form stark von der Norm abweichen, wenn eine Lippen-Kiefer-Gaumenspalte, ein offener Rücken, ein Fehlen der Vorhof- oder der Kammerscheidewand des Herzens oder ein vergleichbarer Defekt vorliegt, der offensichtlich die volle Gesundheit beeinträchtigt. Eine exakte Definition ist das freilich nicht, da auch Gesundheit kein wissenschaftlich definierbarer Begriff, sondern eine ziemliche diffuse Wunsch- oder Idealvorstellung ist. Mißbildungen in diesem engeren Sinne finden sich bei 1 bis 2% aller Neugeborenen. Wenn man Hodenhochstand, leichte Spaltbildungen am Penis, zusammengewachsene Finger oder Zehen, gekrümmte Kleinfinger und ähnliche Abweichungen mitzählt, kommt man auf über 10% aller Kinder, die Fehlbildungen haben.

Sind Mißbildungen häufiger geworden?

Seit über 100 Jahren hat sich in der medizinischen Literatur und noch mehr in populären Darstellungen die Vorstellung verbreitet, daß Mißbildungen in der Gegenwart häufiger geworden seien, wofür teils genetische Vorgänge, teils Umweltfaktoren verantwortlich gemacht wurden. Tatsächlich gibt es keine Beweise für eine zunehmende Entartung. Vielmehr haben alle umfangreichen und sorgfältigen Untersuchungen im wesentlichen

Tabelle 1. Hamburger Frauenklinik Finkenau u. Eppendorf

	Spina bifida	Anencephalie
1935 – 1939	0,20 ± 0,03	0,14 ± 0,02
1940 – 1945	0,23 ± 0,03	0,12 ± 0,02
1946 – 1956	0,13 ± 0,02	0,09 ± 0,02

gleichbleibende Werte für die Häufigkeit von Fehlbildungen ergeben. Eine Ausnahme machen eigentlich nur die schweren Fehlbildungen des Zentralnervensystems, die in allen Industrienationen mindestens in den letzten 50 Jahren deutlich seltener geworden sind (Tab. 1). Unbegründet sind auch die häufig wiederkehrenden sensationellen Nachrichten, wie die, daß als Folge der Strahlenbelastung durch die Atombomben von Hiroshima und Nagasaki, eines Unfalles in einem chemischen Werk in Seveso in Italien, im Industriezentrum von Budapest, in Bevölkerungen, die in den USA oder in Brasilien speziellen chemischen Belastungen ausgesetzt waren, oder die in der Umgebung von sogenannten Kernkraftwerken leben, die Zahl der Fehlbildungen zugenommen habe.

Ein eigentümliches psychologisches Phänomen ist dabei, wie bereitwillig solche Katastrophenmeldungen geglaubt werden, selbst wenn sie keine andere Grundlage haben, als daß Journalisten Informationen über ein paar mißgebildete Kinder aufgestöbert haben, wie man sie in jeder beliebigen Bevölkerung leicht finden kann. Selbst kritische Leute können allen sorgfältigen Untersuchungen, die das Fehlen einer Zunahme von Mißbildungen beweisen, oft mit fast paranoischem Argwohn von vornherein mißtrauen.

Zusammenwirken von Erbanlagen und Umwelt

Sind Mißbildungen vorwiegend genetisch bedingt, oder gehen sie auf äußere Einflüsse zurück? Wenn wir nach der Bedeutung von Erbanlagen oder Umwelt für Mißbildungen fragen, so meinen wir im Grunde, ob ein Unterschied zwischen zwei Personen durch einen Unterschied ihrer Erbanlagen oder durch einen Unterschied ihres Milieus bedingt ist. Zwei Kinder können sich darin unterscheiden, daß nur eines von beiden keine Daumen- und keine Speichenknochen hat. In dem einem Fall kann dieser Unterschied allein darauf beruhen, daß das eine Kind eine bestimmte krankhafte Erbanlage hat, das andere dagegen nicht. Ein morphologisch gleichartiger Unterschied kann jedoch auch dadurch entstanden sein, daß die Mutter des einen Kindes während der Periode der Entwicklung der Arme des Embryos eine Tablette des Schlafmittels Thalidomid genommen hat. Weiter ist denkbar, daß bestimmte äußere Einflüsse nur bei Embryonen mit bestimmten Erbanlagen zu Mißbildungen führen, bei anderen dagegen nicht. Diese dritte Möglichkeit wird gewöhnlich dann zur Klärung herangezogen, wenn man weder von den genetischen noch von den äußeren Ursachen genaues oder sicheres weiß. Sie ist einstweilen mehr ein Denkmodell als eine befriedigende Erklärung. Tatsächlich kennen wir beim Menschen keine definierten Umweltfaktoren, die bestimmte erbliche Mißbildungen entscheidend modifizieren oder etwa nur bei Embryonen mit bestimmten Erbanlagen Mißbildungen erzeugen. Ebensowenig kennen wir gut definierte genetische Teilursachen von Mißbildungen, die nur unter bestimmten definierbaren Umweltbedingungen wirken. Diese Unkenntnis ist freilich etwas verdeckt worden durch mehr oder weniger allgemein gehaltene, aber rein spekulative Ausführungen über Wechselwirkungen von Erbanlage und Umwelt, von denen die Literatur voll ist, und die bei unbefangenen Lesern den Eindruck erwecken, der Autor wisse konkret, wovon er spricht.

Wenn wir von genetisch bedingten Mißbildungen sprechen, können wir dreierlei im Auge haben. Am klarsten liegt der Sachverhalt, wenn eine bestimmte Erbanlage nicht nur die notwendige, sondern auch die ausreichende Ursache einer Mißbildung ist, so daß ohne Rücksicht auf die speziellen Umweltverhältnisse die Erbanlage regelmäßig eine Mißbildung bedingt, die ohne diese Erbanlage nicht entsteht. Als Beispiel sei ein rezessiverblicher Typ von Hand- und Fußlosigkeit genannt, der in mehreren brasilianischen Familien bei Geschwistern aus Verwandtenehen beobachtet worden ist. Dabei enden die Arme unterhalb der Ellbogen, die Beine unterhalb der Knie als symmetrische Stümpfe ohne Finger oder Zehen. Es gibt viele verschiedene Mißbildungen mit ebenso ausschließlicher Erbbedingtheit, doch ist jede einzelne so selten, daß alle zusammen nur einen verschwindend kleinen Teil aller Mißbildungen stellen.

Die Mißbildungen einer zweiten Gruppe sind deutlich familiär gehäuft, sie kommen bei Geschwistern der Patienten gewöhnlich mindestens 20mal so häufig wie bei beliebigen Personen vor. Außerdem sind eineiige, also erbgleiche Zwillinge deutlich häufiger gemeinsam betroffen als zweieiige. Dies zeigt, daß Erbanlagen eine Rolle spielen, daß sie aber nicht allein ausschlaggebend sind. Hierher gehören etwa die Lippen-Kiefer-Gaumenspalten. Wenn von einem eineiigen Zwillingspaar der eine eine Lippen-Kiefer-Gaumenspalte hat, so ist in rund 40% der Paare der andere ebenfalls betroffen. Die familiäre Häufung in dieser Gruppe ist nicht so auffallend wie bei den Mißbildungen, die auf bestimmte Gene mit mendelndem Erbgang und mit regelmäßiger Manifestation zurückgeführt werden können. Geschwister und Kinder der Patienten mit Lippen-Kiefer-Gaumenspalten haben zu 3 bis 5% eine gleichartige Spaltbildung. In dieser

Gruppe spielen vermutlich Umwelteinflüsse neben den Erbanlagen eine Rolle. Wären nämlich allein die Erbanlagen verantwortlich, so müßten eineiige Zwillinge, die ja in allen Erbanlagen übereinstimmen, auch immer in der Mißbildung übereinstimmen. Welche Umwelteinflüsse hier wirken, wissen wir jedoch nicht. Wir haben keine brauchbare Erklärung dafür, warum nicht ganz selten von einem eineiigen Zwillingspaar nur der eine eine Hasenscharte hat. Eineiige Zwillinge haben ja in vieler Hinsicht auch ein gleichartiges intrauterines Milieu. Krankheiten, Medikamenteneinnahme oder Ernährung der Mutter sind für beide gleich, und beide sind etwaigen Milieueinflüssen zum gleichen Zeitpunkt ihrer Entwicklung ausgesetzt.

Drittens kann man unter der Bedeutung der Erbanlagen für Mißbildungen noch den Einfluß der genetischen Beschaffenheit eines Tierstammes auf die Häufigkeit von Mißbildungen verstehen. Bei Mäusen, Ratten oder anderen Versuchstieren, die viele Generationen lang in Geschwisterinzucht gezüchtet und damit genetisch einheitlich gemacht worden sind, haben Mißbildungen eine von Stamm zu Stamm oft recht unterschiedliche, innerhalb desselben Stammes aber recht konstante Häufigkeit. Da die Tiere innerhalb eines Inzuchtstammes genetisch gleichartig sind, kann das Vorhandensein oder Fehlen von Mißbildungen bei individuellen Tieren desselben Stammes nicht auf individuelle erbliche Unterschiede zurückgeführt werden. Dies konnte man auch durch Züchtungsversuche bestätigen. Trotzdem aber hat die genetische Beschaffenheit des Stammes etwas mit der Mißbildungshäufigkeit zu tun. In diesem Sinne spielt die erbliche Beschaffenheit menschlicher Bevölkerungen vermutlich auch eine gewisse Rolle für die Häufigkeit von Mißbildungen, ohne daß allerdings ein so strenger Nachweis wie im Tierversuch geführt werden kann. Die Häufigkeit von Lippen-Kiefer-Gaumenspalten bei verschiedenen Bevölkerungen asiatischer Herkunft, bei nordamerikanischen Indianern und bei Bevölkerungen afrikanischer Herkunft unter ganz verschiedenen klimatischen und sozialen Bedingungen weist darauf hin, daß Genhäufigkeiten also das, was man früher unter dem ziemlich unscharfen Stichwort „Rasse" zusammenzufassen pflegte, eine größere Bedeutung als die Lebensbedingungen haben. Die Bedeutung der genetischen Beschaffenheit eines Inzuchtstammes für die Mißbildungshäufigkeit ist grundsätzlich verschieden von der Bedeutung individueller Erbanlagen im Einzelfall. Man hat dies gelegentlich übersehen und aus der Tatsache, daß jeder Inzuchtstamm seine spezifische Häufigkeit von spontanen Mißbildungen hat, geschlossen, daß generell Mißbildungen von den Erbanlagen abhängig seien. Dabei zeigen diese Tierversuche eigentlich, daß das Vorhandensein oder Freibleiben von Mißbildungen bei Tieren desselben Inzuchtstammes unabhängig von individuellen Erbanlagen ist.

Wenn die Bedeutung von Erbanlagen für die Entstehung von Mißbildungen nicht ganz leicht zu erkennen und zu verstehen ist, so scheinen Umwelteinflüsse zunächst leicht feststellbar und beurteilbar zu sein. Jedenfalls gilt dies für den Tierversuch, in dem man die Umwelt nahezu beliebig variieren kann. Man kann Menge und Zusammensetzung der Nahrung ändern, die Tiere bei verschiedenem Sauerstoffgehalt der Luft, verschiedener Temperatur oder unter dem Einfluss von Strahlen, Lärm, Überfüllung der Käfige, Giften oder Medikamenten züchten und beobachten, wie sich die Jungen entwickeln. So hat man gefunden, daß zahlreiche exakt bestimmbare Umweltschäden, wie Mangel an Sauerstoff oder Vitaminen, ionisierende Strahlen und chemische Substanzen Mißbildungen erzeugen können.

Man kann auf diese Weise aber nicht die für eine normale Organentwicklung günstigen Umweltverhältnisse restlos erfassen und beherrschen und so alle schädigenden Einflüsse erkennen und ausschalten. Auch unter optimalen Pflegebedingungen treten in jedem Tierstamm immer in einem gewissen kleinen Prozentsatz Mißbildungen auf, ohne daß sich hierfür eine genetische oder eine exogene Ursache ermitteln läßt. Auch beim Menschen treten Mißbildungen weitgehend unabhängig von den wirtschaftlichen, sozialen und hygienischen Lebensbedingungen mit überraschend konstanter Häufigkeit auf.

Beim Menschen gibt es keine erbgleichen Inzuchtstämme oder reinen Rassen im Sinne der Tierzucht, jedoch in mancher Hinsicht ein Analogon dazu, nämlich erbgleiche eineiige Zwillinge oder Drillinge. Die Ergebnisse der Zwillingsforschung sind für das Verständnis der Mißbildungsentstehung beim Menschen so wichtig, daß wir sie etwas näher erörtern wollen.

Mißbildungen bei Zwillingen: meist nur einer betroffen

Wenn der eine Partner eines Zwillingspaares eine Mißbildung hat, so ist der andere gewöhnlich frei von Mißbildungen. Bei systematischen Erhebungen über Mißbildungen in Hamburg habe ich 21 Zwillingspaare gefunden, von denen mindestens einer eine Mißbildung hatte. Bei 20 Paaren war nur einer der Zwillinge fehlgebildet, und nur in einem Fall hatten beide Zwillinge eine Fehlbildung, und zwar eine Lippen-Kiefer-Gaumenspalte. Von den 21 Zwillingspaaren waren 17 von gleichem Geschlecht und nur 4 von verschiedenem Geschlecht, was dafür spricht, daß es sich überwiegend um eineiige Zwillingspaare gehandelt hat. WIMMER (1971) sah unter 323 Zwillingspaaren 7 mit Mißbildungen, aber nur ein Zwillingspaar war konkordant betroffen, und in diesem Fall infolge einer nicht-erblichen Ursache, nämlich Thalidomid-Einnahme der Mutter.

Wenn ein Zwilling eine schwere Mißbildung des Gehirns oder Rückenmarks aufweist, ist der Partner in über 95% der Fälle von Mißbildungen frei. Bei Lippen-Kiefer-Gaumenspalten ist die Übereinstimmung eineiiger Zwillinge zwar größer, doch waren von 119 eineiigen Paaren auch nur 35 konkordant. Von 219 zweieiigen Paaren nur 9. Die Konkordanz bei zweieiigen Zwillingen unterscheidet sich so wenig von der Häufigkeit von Gesichtsspalten bei Geschwistern von Probanden mit Lippen-Kiefer-Gaumenspalten, daß auch äußere Einflüsse, die nur während einer Schwangerschaft, gewöhnlich aber nicht während verschiedener Schwangerschaften derselben Mutter einwirken, wie Medikamente oder akute Infektionskrankheiten, kaum als wesentliche Ursache dieser Mißbildung in Betracht kommen. Auch angeborene Herzfehler sind bei rund 90% aller eineiiger Zwillingspaare diskordant, d. h. nur einer von den Zwillingen ist betroffen.

Mißbildung als Folge einer unvollständigen Regeneration bei der Bildung eineiiger Zwillinge

Zwillinge sind etwas häufiger mißgebildet als einzeln geborene Kinder, doch gilt dies allein für eineiige, nicht dagegen für zweieiige Zwillinge. Dies spricht dafür, daß der Teilungsvorgang, der aus einer befruchteten Eizelle zwei getrennte Individuen entstehen läßt, gelegentlich Mißbildungen verursacht. Diese Mißbildungsursache wirkt früher ein als andere bekannte Mißbildungsursachen beim Menschen, nämlich vor Ende der 2. Woche nach der Befruchtung. Danach können nämlich durch Teilung nicht mehr 2 getrennte Individuen entstehen. Wenn das befruchtete Ei oder die frühe Blastomere sich teilt, können eineiige Zwillinge mit getrennten Chorien und getrennten Amnien entstehen. Bei Teilung des inneren Zellhaufens im Embryoblastenstadium zwischen dem 4. und 8. Tag nach der Befruchtung entstehen monochorische eineiige Zwillinge mit getrennten Amnionhöhlen. Bei noch späterer Trennung im Keimscheibenstadium, etwa bis zum 13. Tag, bilden sich monochorische und monoamniotische eineiige Zwillinge, noch später unvollständig getrennte sogenannte siamesische Zwillinge. Je später die Trennung erfolgt, um so größer ist die Mißbildungshäufigkeit, dies gilt daher besonders für monoamniotische Zwillinge und für unfreie Doppelbildungen. Bei unfreien Doppelbildungen sind vor allem Lippen-Kiefer-Gaumenspalten, Anencephalie, Spina bifida und Sirenomelie gehäuft. Rund 10% aller sogenannten Sirenen, bei denen die beiden Beine in der Mittellinie verschmolzen sind, was zu dem Vergleich mit einem Fabelwesen mit Menschenrumpf und Fischschwanz geführt hat, sind Zwillingskinder, und zwar anscheinend immer eineiige, da immer das Geschlecht übereinstimmt. Die Sirenomelie ist oft in eine Reihe mit der sogenannten kaudalen Regression gestellt worden, bei der Kreuzbein und

Lendenwirbelsäule fehlen oder unterentwickelt sind. Während aber für die Sirenomelie ein Zusammenhang mit der Entstehung von eineiigen Zwillingen oder mit unfreien Doppelbildungen gesichert ist, kann man dies für die kaudale Regression nicht feststellen. Immerhin ist auch kaudale Regression, und zwar Fehlen der Lendenwirbelsäule, Rippendefekte und Nierenfehlbildungen, bei nur einem Partner eines eineiigen Zwillingspaares beschrieben worden (LIEBENAM 1935). Andererseits ist kaudale Regression bei Kindern diabetischer Mütter gehäuft, bei denen Sirenomelie nicht häufiger vorzukommen scheint. Obwohl also morphologische Gemeinsamkeiten zwischen den beiden Fehlbildungskomplexen bestehen, sind die Ursachen vermutlich weitgehend verschieden.

In einer Untersuchung an 56 249 Schwangerschaften, von denen 582 zur Geburt eines Zwillingspaares führten, hat MYRIANTHOPOULOS (1978) vier Gruppen von Fehlbildungen bei Zwillingen häufiger gefunden, und zwar:

	Zwillinge ‰	Einlinge ‰
Ohren	26,8	18,0
Herz und Gefäße	17,6	7,6
Magen und Darm	42,7	19,3
Leber, Galle, Milz	5,0	0,5

Fehlbildungen des Muskel- und Skeletsystems (51,9:52,5), der Urogenitalorgane (12,6:16,6) und der Haut (45,2:48,5) waren bei Zwillingen eher seltener, doch war der Unterschied nicht signifikant.

Die Konkordanz war bei EZ höher als bei ZZ (0,34 gegen 0,07), und bei dichorischen höher als bei monochorischen EZ (0,59 gegen 0,26). Daraus folgt wiederum, daß Erbfaktoren für Mißbildungen eine gewisse Rolle spielen, daß sie aber nicht allein ausschlaggebend sind, da sonst die Konkordanz für EZ 1,0 betragen müßte, und daß bei eineiigen Zwillingen nichtgenetische, mit der Zwillingsbildung zusammenhängende Ursachen eine zusätzliche Rolle spielen. Als diskordante Fehlbildungen bei EZ wurden unter anderem aufgezählt:

Anencephalie mit Lippen-Kiefer-Gaumenspalte
Tracheooesophageal-Fistel
Präaurikuläre Fistel

Bei diesen Untersuchungen wurde der Mißbildungsbegriff freilich sehr weit gefaßt, so daß von den einzeln geborenen Kindern 15,6% „Mißbildungen" hatten, bei den Zwillingsindividuen 18,3%.

Zunächst könnte man denken, daß Zwillingsbildung nur für einen winzigen Bruchteil aller Mißbildungen als Ursache in Betracht kommt, da auf 1000 Geburten nur 3 bis 4 eineiige Zwillingsgeburten kommen und da auch unter eineiigen Zwillingen die Mißbildungshäufigkeit nur geringfügig erhöht ist. Dabei ist jedoch nicht berücksichtigt, daß relativ mehr Zwillinge angelegt als ausgetragen werden. Unter 1939 spontan abortierten Embryonen und Feten fanden LIVINGSTON und POLAND (1980) 53 Zwillingspaare, und zwar unter den Fällen, bei denen die Eiigkeit feststellbar war, 35 eineiige und 2 zweieiige Paare. Da etwa doppelt soviele zweieiige wie eineiige Zwillinge geboren werden, gehen offenbar ganz bevorzugt eineiige Zwillinge als Spontanabort zugrunde. Von den 53 abortierten Zwillingspaaren waren in 26 Fällen beide Partner, in 4 Fällen ein Partner abnorm. Nun kommt es aber auch vor, daß ein Zwilling früh abstirbt und der andere überlebt, wobei oft nicht erkannt wird, daß ursprünglich eine Zwillingsschwangerschaft vorlag. SCHINZEL et al. (1979) haben die Beziehungen zwischen der Entstehung eineiiger Zwillinge und Mißbildungen aufgrund eigener Beobachtungen und der Literatur ausführlich diskutiert. Für die Häufung von Sirenomelie, Holoprosencephalie und Anencephalie bei EZ machen sie den Prozeß der Zwillingsbildung verantwortlich. Andere Schäden, wie Mikrocephalie, Porencephalie, Hydranencephalie, Darmatresien, Hautaplasie und Gliedmaßenamputationen führen sie auf sekundäre Schädigung des überlebenden Zwillings durch intravaskuläre Blutgerinnung im verstorbenen Partner mit Embolie in dem überlebenden Zwilling zurück. ROBINOW et al. (1978) haben einen ähnlichen Mechanismus für das diskordante Auftreten des Aglossie-Adaktylie-Komplexes bei weiblichen eineiigen Zwillingen verantwortlich gemacht. Während der eine Partner völlig normal war, waren bei dem andern alle vier Gliedmaßen stark unterentwickelt, Unterkiefer und Zunge zu klein, und es bestand eine Lähmung des 6. und 7. Hirnnerven (oder Aplasie der von diesen Nerven versorgten Muskeln?). Ich habe in den letzten Jahren drei eineiige Zwillingspaare gesehen, von denen jeweils nur einer eine Gliedmaßenfehlbildung hatte. Dabei handelte es sich zweimal um einen doppelseitigen ulnaren Defekt, einmal um atypische Spalthand. Diese Gliedmaßenfehlbildungen zeigen auch keine familiäre Häufung.

Ebenso sind die VATER-Assoziation, das Pectoralis-Handsyndrom (auch „Poland-Syndaktylie") und amniogene Defekte bei eineiigen Zwillingen bisher nur diskordant beobachtet worden. Auch hierdurch bestätigt sich die nichterbliche Natur dieser Fehlbildungen, die auch im Fehlen einer nachweisbaren familiären Häufung zum Ausdruck kommt.

Meist haben wir keine einleuchtende oder gar beweisbare Erklärung für die Entstehung einer Mißbildung bei nur einem Partner eines eineiigen Zwillingspaares, und dasselbe gilt für die überwiegende Mehrzahl der

Mißbildungen bei „Einlingen". Umweltfaktoren, wie sie sich aus experimentellen Untersuchungen an Tieren oder aus statistischen Erhebungen beim Menschen als Mißbildungsursachen ergeben, also Fehlernährung, Medikamente und andere chemische Substanzen, Infektionen oder Strahlen, kommen als Erklärung diskordanter Mißbildungen bei Zwillingen nicht in Betracht, sie müßten dabei ja beide Zwillinge treffen. Solche Faktoren kommen ferner, wie wir aus zahlreichen umfangreichen statistischen Untersuchungen in vielen Ländern wissen, auch sonst allenfalls für einen winzigen Bruchteil aller Mißbildungen beim Menschen als Ursache in Frage. Wenn wir unter Umwelt nur methodisch exakt faßbare Umwelteinflüsse verstehen, dann können wir nicht Umweltunterschiede für eine Mißbildung nur bei einem Partner eines eineiigen Zwillingspaares verantwortlich machen. Wenn wir dagegen dem Wort Umwelt einen rein begrifflichen Inhalt geben, indem wir darunter die Summe aller nichterblichen Einflüsse verstehen, dann können wir von umweltbedingten Unterschieden sprechen, jedoch handelt es sich nun nicht mehr um ein naturwissenschaftliches, aus der Erfahrung abgeleitetes Urteil mit konkretem Inhalt. Dieses Urteil erscheint zwar logisch unanfechtbar, wenn wir die Gültigkeit der unbeweisbaren Hypothese voraussetzen, daß alles seine Ursache haben müsse. Dieses Urteil ist zwar ein notwendiges Vorurteil jeder wissenschaftlichen Forschung, aber eben kein gesichertes Forschungsergebnis. Wir können uns auch auf den Standpunkt stellen, daß Mißbildungen eben weitgehend zufällig auftreten, unabhängig von faßbaren genetischen oder Umweltursachen.

Trotzdem können wir uns eine Vorstellung zu bilden versuchen, wie die meisten Mißbildungen entstehen. Die Entwicklung des Embryos ist nicht bis in die letzte Einzelheit genetisch starr determiniert, sondern es handelt sich um ein bis zu einem gewissen Grade labiles Geschehen. Man kann sich dies durch den Vergleich mit einer Fontäne deutlich machen. Durch die Form des Rohres, den Druck und die Beschaffenheit des Wassers wird die Gestalt des Fontänenstrahls weitgehend bestimmt, jedenfalls bei gleichen Außenbedingungen. Wind, Luftdruck oder Regen können die Form des Strahls verändern. Aber auch wenn die Bedingungen im Springbrunnen und in der Luft nicht meßbar verändert werden, so wird der Fontänenstrahl doch ein ständig wechselndes, von kleinen Zufälligkeiten bedingtes Bild bieten. Einzelne Tropfen werden „zufällig" jenseits des Beckenrandes niederfallen, und niemand kann vorausberechnen, welche individuellen Wasserteilchen es sein werden. Ähnlich ist es beim Embryo. Auf die in geradezu atemberaubendem Tempo im Laufe weniger Tage sich vollziehende Entwicklung aller wesentlichen Organe können offenbar zahlreiche minimale Schwankungen der physikalischen und chemischen Bedingungen einen Einfluß nehmen und „zufällig" bis zur Fehlentwick-

Vererbung und Umwelt bei der Entstehung von Mißbildungen 163

lung führen. Angesichts der menschlichen Tendenz zu Schuldbewußtsein oder unberechtigten Anklagen ist dabei die Erkenntnis hilfreich, daß die meisten Mißbildungen mindestens gegenwärtig weder vorhersehbar noch verhütbar sind.

Spezielle Mißbildungsursachen

Nach dieser allgemeineren Betrachtung wollen wir uns einer konkreteren Darstellung einzelner Fragen der Mißbildungsforschung anhand von Beispielen genetischer und exogener Mißbildungen zuwenden. Genetisch bedingte Störungen lassen sich zwanglos in drei Gruppen einteilen: (1) diejenigen, bei denen ein einziges Gen durch eine Mutation verändert ist, (2) andere, die auf Veränderungen der Zahl oder der Gestalt von Chromosomen zurückgehen, und (3) Fehlbildungen, die auf dem Zusammenwirken mehrerer Erbanlagen beruhen.

Alle Gene, bis auf diejenigen der Geschlechtschromosomen des Mannes, sind paarweise vorhanden. Von jedem Genpaar stammt eines vom Vater, eines von der Mutter. Wir unterscheiden recessive Genwirkung, die erst erkennbar ist, wenn beide Gene eines Paares gleichartig verändert sind, von dominanter Genwirkung, die schon dann eintritt, wenn nur eines von zwei Genen eines Paares verändert ist. In geringem Umfang lassen sich recessive Krankheiten oder Mißbildungen dadurch verhüten, daß weniger Verwandtenehen geschlossen werden. Unter Kindern aus Vettern-Basenehen sind etwa doppelt soviele mißgebildete wie unter Kindern nichtverwandter Eltern. Ferner läßt sich durch Empfängnisverhütung die Geburt weiterer Kinder in manchen Familien, in denen bereits ein mißgebildetes Kind geboren wurde, verhüten. Hierzu ist es notwendig, daß die Eltern über das Risiko aufgeklärt werden. Recessiv erblich sind außer der bereits erwähnten Hand- und Fußlosigkeit eine Form von Sechsfingrigkeit, die mit Wachstumshemmung und einem Loch in der Vorhofscheidewand des Herzens einhergehen; ein weiteres Leiden, bei dem Sechsfingrigkeit mit Schwachsinn, Fettleibigkeit und Sehstörungen kombiniert ist; ein Erbleiden, bei dem Fehlen oder Unterentwicklung des Daumens mit Nierenmißbildungen und ungenügender Bildung von Blutkörperchen zusammen auftritt; eine ähnliche Mißbildung der Daumen und der Speichen in Verbindung mit einem Hautleiden, das an oberflächliche Verbrennungsnarben erinnert; eine Form von Minderwuchs mit Klumpfuß, Gaumenspalte, klumpig verformten Ohrmuscheln und schweren Gelenkstörungen und viele andere.

Wenn ein dominantes Gen ein schweres Erbleiden verursacht, so kommen die betroffenen Patienten gewöhnlich nicht zur Fortpflanzung. Die meisten Fälle sind dann durch Neumutation entstandene Einzelfälle in der

Familie, die mit dem Tod der kinderlosen Patienten wieder verschwinden. Die erbliche Natur eines solchen dominanten Leidens stellt sich erst dann heraus, wenn ausnahmsweise ein mißgebildeter Patient doch einmal Kinder hat. Dominant erblich sind Spalthand und Spaltfuß, Turmschädel bei zusammengewachsenen Fingern und Zehen, eine Art von schweren Mißbildungen der Arme, die nicht unterscheidbar sind von denen, die durch Thalidomid verursacht wurden, ein seltener Typ von Lippen-Kiefer-Gaumenspalten mit Fisteln der Unterlippe und viele andere.

Für jedes Kind eines Patienten mit einer dominanten Fehlbildung beträgt das Risiko, an der gleichen Fehlbildung zu leiden, 50%. Durch Empfängnisverhütung läßt sich die Weitergabe dominanter Mißbildungen an die Nachkommen verhüten. Gewöhnlich sind die betroffenen Eltern geneigt, auf eigene Kinder zu verzichten, da sie aus Erfahrung das Lebensschicksal eines Mißgebildeten kennen. In begrenztem Umfang lassen sich Mutationen zu solchen Fehlbildungen durch frühe Eheschließung und Kinderzeugung in jüngerem Alter verhüten. Eine Reihe von dominanten Mutationen nimmt nämlich mit steigendem Lebensalter des Vaters erheblich zu.

Wir kommen nun zu einer weiteren Gruppe genetisch bedingter Mißbildungen, bei denen nicht einzelne Gene mutiert sind, sondern ganze Chromosomen oder Chromosomenabschnitte überzählig vorhanden sind oder fehlen. Das häufigste Beispiel dieser Art ist der sogenannte Mongolismus, bei dem ein Chromosom 21 überzählig ist. Bei mongoloiden Kindern sind Herzmißbildungen häufig, entscheidend für ihr Leben ist ferner ihre ungenügende geistige Entwicklung. Die Häufigkeit der Chromosomenanomalien durch Überzahl hängt vom Lebensalter der Mutter ab. Infolge der Tendenz zur Frühehe und Familienplanung, die vor allem zur Verminderung der Geburten durch ältere Mütter führt, ist der Mongolismus in den letzten 10–20 Jahren schätzungsweise um 30% seltener geworden. Ausnahmsweise kommt Mongolismus familiär gehäuft vor. Diese Fälle lassen sich durch eine Chromosomenuntersuchung von den anderen unterscheiden, bei denen kein erhöhtes Risiko für weitere Kinder besteht.

Die Analyse des Zusammenwirkens mehrerer Gene beim Menschen ist schwierig, ja meist überhaupt nicht exakt durchführbar. Daher haben wir bei Mißbildungen, die auf dem Zusammenwirken mehrerer Gene beruhen, auch keine präzisen Vorstellungen von der Zahl und Natur der beteiligten Gene.

Meist besteht ein Wiederholungsrisiko in der Größenordnung von 2% (für viele Herzfehler) bis 5% (Lippen-Kiefer-Gaumenspalten). Eine Verhütung ist bei offenem Rücken und Anencephalie vielleicht in gewissem Umfang durch Gaben von Folsäure möglich. Durch vorgeburtliche Diagnose läßt sich die Geburt solcher Kinder verhüten, vorausgesetzt, die Eltern wünschen den Abbruch einer Schwangerschaft mit einem Kind mit offenem Rücken oder Anencephalie. Eine Prophylaxe von Lippen-Kiefer-Gaumenspalten wird von mancher Seite angepriesen, doch sind die empirischen Begründungen dafür nicht überzeugend.

Von äußeren Ursachen von Mißbildungen beim Menschen wissen wir sehr wenig. Faßbare äußere Ursachen lassen sich nur in einem kleinen Bruchteil aller Fälle ermitteln. Hierher gehören die durch eine Rötelnerkrankung der Mutter in den ersten 12 Schwangerschaftswochen geschädigten Kinder, die eine Linsentrübung, Schwerhörigkeit und gewisse Veränderungen an den großen Gefäßen aufweisen, ferner die sehr seltenen Fälle einer Strahlenschädigung des Embryos, die zu Unterentwicklung des Gehirns und ebenfalls zu Linsentrübung führt. Hierher gehören schließlich die durch Thalidomid bedingten Mißbildungen. Eine Erkenntnis aus den Erfahrungen mit Thalidomid ist von so großer allgemeiner Bedeutung für die Ursachenforschung bei menschlichen Mißbildungen, daß sie hier kurz dargestellt sei. Die Analyse der Fälle, in denen die Mütter in der Frühschwangerschaft im Krankenhaus gelegen haben, und in denen daher der Zeitpunkt der Thalidomideinnahme genau bekannt ist, hat einen Zeitplan der Mißbildungsentstehung aufstellen lassen. Um den 21. Tag nach der Empfängniszeit verursacht Thalidomid eine Unterentwicklung von Innen-, Mittel- und Außenohr mit Lähmung der Gesichts- und Augenmuskulatur, um den 26. Tag das völlige Fehlen der Arme, um den 30. Tag schwere Beinmißbildungen und um den 35. Tag Dreigliedrigkeit der Daumen und Verengung des Afters. Wenn bei ähnlichen Mißbildungen der Verdacht besteht, daß Thalidomid oder ein anderes Gift ursächlich verantwortlich sein könnte, dann ist zu prüfen, ob nach den zeitlichen Verhältnissen ein Zusammenhang möglich ist.

Ereignisse in der Schwangerschaft ohne schädliche Wirkung auf den Embryo

Zum Abschluß seien noch ein paar Bemerkungen über Ereignisse angefügt, die oft mit Mißbildungen in Verbindung gebracht werden, ohne daß sich dies wissenschaftlich begründen läßt und ohne daß sinnvolle Konsequenzen daraus gezogen werden können. Im Gegenteil, derartige Behauptungen erzeugen bei werdenden Müttern nur allzuoft unnötige Beunruhigung, die es zu zerstreuen gilt. Es ist nur allzu verständlich, daß die Mutter eines mißgebildeten Kindes in ihrem Gedächtnis nach Ereignissen sucht, welche die Entstehung der Mißbildung erklären könnten. Mütter mißgebildeter Kinder sind daher gewöhnlich eher bereit als Mütter gesunder Kinder, detaillierte Angaben über alle möglichen Begebenheiten in der Schwangerschaft zu machen. Eine sogenannte retrospektive Untersuchung, in der die Mütter erst befragt werden, nachdem sie von der Fehlbildung ihres Kindes wissen, ergibt daher leicht eine zwar „statistisch signifikante", biologisch jedoch bedeutungslose scheinbare Häufung von Blutungen in der Frühschwangerschaft, schwerem Erbrechen, fieberhaften Erkrankungen, oder Einnahme von Medikamenten. Diese Fehlerquelle kann ausgeschaltet werden, wenn man die Mütter „prospektiv" befragt, daß heißt bevor die Kinder geboren sind. Derartige Untersuchungen zur planmäßigen Erfassung äußerer Mißbildungsursachen hat in Dänemark VILLUMSEN (1970) an 9006, in Finnland KLEMETTI (1966) an 3674 Müttern durchgeführt. Beide Untersuchungen lieferten zwar gewisse statistische Hinweise, konnten jedoch keine bestimmte Ursache oder Teilursache von Mißbildungen identifizieren.

Für die Vermutung, daß starke Blutungen in den ersten Schwangerschaftsmonaten etwas mit der Entstehung von Mißbildungen zu tun haben, hat sich in prospektiven Erhebungen kein ausreichender Anhalt ergeben. Ebensowenig ist starkes Schwangerschaftserbrechen eine Ursache oder Teilursache von Mißbildungen.

Einzelfälle, in denen der Einnahme eines Medikamentes in der Frühschwangerschaft die Geburt eines mißgebildeten Kindes folgte, können einen ursächlichen Zusammenhang nicht beweisen, ja nicht einmal wahrscheinlich machen. Da manche Medikamente, wie etwa Mittel gegen Schwangerschaftserbrechen oder Hormone in den vergangenen Jahrzehnten im allgemeinen von 10 bis 20% aller werdenden Mütter in der Frühschwangerschaft eingenommen wurden, und da Fehlbildungen insgesamt keineswegs sehr selten sind, muß es natürlich auch bei Fehlen jedes ursächlichen Zusammenhangs rein zufällig Hunderttausende von fehlgebildeten Kindern geben, deren Mütter solche Medikamente genommen haben. Aus den USA, England, Frankreich, der Bundesrepublik und den skandinavischen Ländern liegen zahlreiche statistische Untersuchungen vor, die klar erkennen lassen, daß Medikamente als wesentliche Ursache oder Teilursache von Mißbildungen nicht in Betracht kommen. Selbstverständlich kann man nicht erwarten, daß bei jeder der zahlreichen Gruppen von Müttern, die einzelne Medikamente genommen haben, der Prozentsatz bestimmter Mißbildungen unter Kindern immer genau gleich hoch wie bei Kindern von Müttern ohne Medikamenteinnahme war. Durch zufällige Schwankungen liegt der Prozentsatz gelegentlich über oder auch unter dem Vergleichswert, aber doch praktisch immer so nahe daran, daß sich kein ursächlicher Zusammenhang beweisen läßt. Charakteristisch für diese Schwankungen ist, daß sie in verschiedenen Erhebungen verschiedene Medikamente und verschiedene Fehlbildungen betreffen. Bei einem echten ursächlichen Zusammenhang zwischen einem Medikament und einer Fehlbildung würde man dagegen erwarten, daß die Häufigkeit einer

Fehlbildung nach Einnahme eines bestimmten Medikamentes nicht immer ausgerechnet in derselben Größenordnung wie die spontane Häufigkeit dieser Fehlbildungen in der Bevölkerung liegt. Leider ist die Öffentlichkeit durch sensationelle Berichte fehlinformiert, während die umfangreichen und sorgfältigen statistischen Untersuchungen, die keinen Zusammenhang zwischen Medikamenteinnahme und Mißbildungen ergeben, so wenig Sensationswert haben, daß sie für Presse oder Fernsehen uninteressant erscheinen. Die Kommission der Deutschen Forschungsgemeinschaft für teratologische Fragen hat einen Bericht über die Kinder von 2056 Müttern vorgelegt, die während der Schwangerschaft nach der Einnahme von Medikamenten befragt worden waren. Nur 418 Mütter hatten in den ersten 12 Wochen überhaupt keine Medikamente genommen. 317 Mütter hatten Mittel gegen Erbrechen, 292 Mütter phenacetinhaltige Mittel, 284 Tranquillizer, 139 Antibiotica und Antimycotica, 135 Sulfonamide, 127 sympathicuserregende Mittel genommen, aber für keines dieser Medikamente ließ sich ein Zusammenhang mit Mißbildungen des Kindes nachweisen. Eine ähnliche amerikanische Studie an 50 282 werdenden Müttern hat im wesentlichen vergleichbare negative Ergebnisse gebracht. Hier hatten in den ersten 4 Schwangerschaftsmonaten 15 909 Mütter Mittel gegen Schmerz und Fieber, 8088 gegen Krankheitserreger, 6194 gegen Erbrechen, 3122 Beruhigungsmittel, 4657 Mittel mit Einfluß auf das vegetative Nervensystem und 2327 Hormone erhalten, um nur die wichtigsten Gruppen zu nennen (HEINONEN et al. 1977).

Wichtig zu wissen für werdende Mütter ist auch, daß kein Grund für die Annahme besteht, daß Grippe, Hepatitis, Mumps und die meisten anderen Infektionskrankheiten zu Mißbildungen führen können. Nur die Röteln machen eine wohlbekannte Ausnahme.

Zusammenfassung

Die Entwicklung des Embryos ist gewöhnlich durch seine Erbanlagen so programmiert und durch die Bedingungen im Mutterleib so gut geschützt, daß sich seine Organe normal entwickeln. Bei 1 bis 2% aller Neugeborenen kommt es jedoch zu gröberen Fehlern der Gestaltentwicklung. Es ist keine Bevölkerung, keine soziale Schicht, keine spezielle Gruppe von Müttern bekannt, bei der ein wesentlich geringeres Risiko gefunden wurde und keine Gruppe, bei der das Risiko wesentlich höher liegt, wenn man von Familien absieht, die aufgrund bestimmter Erkrankungen der Mutter (Alkoholismus, Diabetes, Phenylketonurie) oder aufgrund des Vorkommens von Mißbildungen ausgewählt wurden. Für die Mißbildungen sind, wie Untersuchungen an eineiigen Zwillingen beweisen, nur zu einem kleinen Teil definierbare Störungen des genetischen Programms in den Genen und

Chromosomen verantwortlich. Noch wesentlich kleiner ist der Anteil exakt faßbarer oder auch nur indirekt statistisch erschließbarer Umweltschäden. Der Embryo ist offensichtlich bemerkenswert gut geschützt gegen schädliche Einflüsse der meisten mütterlichen Erkrankungen, gegen Fehlernährung, Medikamente, Blutungen oder Erbrechen in der Frühschwangerschaft. Beim augenblicklichen Stand unserer Kenntnisse sind die meisten Mißbildungen weder voraussehbar noch zu verhüten. Sie verhalten sich so, als ob sie durch eine ungünstige Häufung minimaler Schwankungen des intrauterinen Milieus sowie durch ungünstige Kombinationen von Genen, die einzeln keine nachweisbare Wirkung haben, zufällig entstehen.

Literatur

Heinonen OP, Slone D, Shapiro S (1977) Birth defects and drugs in pregnancy. Publishing Sciences Group, Littleton
Klemetti A (1966) Relationship of selected environmental factors to Pregnancy Outcome and congenital malformations. Acad Diss (med), Helsinki
Liebenam L (1935) Pathologische Befunde bei eineiigen Zwillingspaaren. Der Erbarzt 10:150
Livingston JE, Poland BJ (1980) A study of spontaneously aborted twins. Teratology 21:139–148
Myrianthopoulos NC (1978) Congenital malformations: The contribution of twin studies. Birth Defects Orig Art Ser 14; No 6A:151–165
Robinow M, Marsh JL, Edgerton MT, Sabio H, Johnson GF (1978) Discordance in monozygotic twins for aglossia-adactylia and possible clues to the pathogenesis of the syndrome. Birth Defects Orig Art Ser 14: No 6A:223–230
Schinzel AAGL, Smith DW, Miller JR (1979) Monozygotic twinning and structural defects. J Pediat 95:No 6:921–930
Villumsen AL (1970) Environmental factors in congenital malformations. A prospective study of 9,006 human pregnancies. FADLs, København-Arhus-Odense
Wimmer D (1971) Über Mehrlingsschwangerschaften und Mehrlingsgeburten an der Universitäts-Frauenklinik Erlangen vom 1.1.1949 bis 31.12.1968. Inaug Diss med, Erlangen Nürnberg

Geschlechtsentwicklung beim Menschen als Modellbeispiel für einen Differenzierungsprozeß

U. Wolf

Im Titel ist vom Menschen die Rede, und doch werde ich häufig auf Befunde zurückgreifen müssen, die an Versuchstieren gewonnen wurden. Besonders Maus, Ratte, Kaninchen dienen als Modellorganismen und werden als sogenannte Laborsäuger stellvertretend für den Menschen eingesetzt. Tatsächlich haben sich biologische Grundvorgänge immer wieder als gleichartig innerhalb der Klasse der Säugetiere erwiesen, zu denen ja auch der Mensch gehört, so daß dieses Vorgehen seine Berechtigung hat.

Ich verstehe mein Thema so, daß ich das Phänomen der Entwicklung, oder genauer gesagt der ontogenetischen Differenzierung, am Beispiel eines Organsystems illustrieren möchte. Die Geschlechtsentwicklung soll stellvertretend dafür dienen, wie wir uns das Zustandekommen und den Ablauf eines biologischen Entwicklungsprozesses vorstellen können.

Daß ich die Geschlechtsentwicklung als Beispiel wähle, und nicht etwa irgend ein anderes Merkmalssystem, hat seinen besonderen, aber auch einfachen Grund darin, daß diese Entwicklung alternativ in einer von zwei Richtungen verläuft, die weibliche bzw. männliche. Diese Dichotomie, die wir bei anderen Entwicklungserscheinungen nicht antreffen, bietet die Möglichkeit des direkten Vergleiches und liefert dadurch günstige Ansätze für die experimentelle Untersuchung; damit wird zugleich auch der Zugang zu einem Verständnis erleichtert. Aber gerade diese Dichotomie der Entwicklung, nämlich die Alternative zwischen zwei Programmen, von denen in der Regel jeweils nur eines verwirklicht wird, macht auch den besonderen Reiz dieses Modellbeispieles aus.

Die Geschlechtsentwicklung ist ein weitgespanntes Thema. Es lassen sich daran verschiedene Mechanismen für Entwicklungsvorgänge aufzeigen. Da ich aber ein Modellbeispiel als repräsentativ für einen genetisch gesteuerten Differenzierungsprozeß erörtern möchte, muß ich meinen Stoff näher eingrenzen. Das Geschlecht eines Menschen wird *von uns* in der Regel bei der Geburt bestimmt. Das ist aber in der Biologie nicht mit „Geschlechtsbestimmung" gemeint. Für die Geschlechtsentwicklung ist die Geburt lediglich ein Durchgangsstadium. Genetisch wird das künftige Geschlecht schon bei der Verschmelzung der mütterlichen und väterlichen Keimzellen festgelegt. Die Differenzierung der Geschlechtsorgane beginnt in der frühen Embryonalzeit mit den Keimdrüsen, es folgt die Entwicklung der inneren und äußeren Genitalien. Bei der Geburt sind alle diese Entwicklungsabschnitte bereits abgeschlossen. Was danach noch stattfindet, nämlich die Einleitung der Pubertät, die Geschlechtsreife, also die Phase der Reproduktionsfähigkeit, und schließlich deren Abschluß, werde ich hier nicht darstellen, obwohl auch diesen Prozessen interessante und teilweise gut aufgeklärte Mechanismen zugrundeliegen.

Ich beschränke mich auf die vorgeburtliche Entwicklung, und auch hier sollen wiederum Schwerpunkte gesetzt werden. Am ausführlichsten soll uns die Frage beschäftigen, wie es denn eigentlich zu dieser Alternative kommt, dieser frühen Entscheidung, ob ein Organismus männlich oder weiblich heranwachsen wird. Weiterhin wollen wir uns fragen, ob es sich tatsächlich nur um eine Entscheidung handelt, aufgrund derer dann der Entwicklungsprozeß gewissermaßen automatisch abläuft, oder ob einzelne Entwicklungsabschnitte erneut Entscheidungen erfordern. Und schließlich sollen uns auch Störungen dieses Prozesses interessieren, die zu Intersexualität und Geschlechtsumkehr führen. Gerade derartige Störungen sind es nämlich, die uns Einblicke in den normalen Ablauf geben. Weiterhin werfen diese Störungen die Frage auf, ob die Geschlechtsbestimmung und -entwicklung überhaupt so streng unter den alternativen Möglichkeiten „männlich" und „weiblich" stehen, oder ob wir nicht vielmehr quasi ein Kontinuum vor uns haben, innerhalb dessen allerdings die beiden Extrembereiche mit gutem Grund am stärksten besetzt sind.

Wenn ich nun bei meiner Darstellung dem tatsächlichen Verlauf der Ontogenese folgen wollte und bei der Geschlechtsbestimmung anfinge, so würde ich vom Unbekannten zum Bekannten, vom wenig gesicherten Wissen zu bereits überschaubaren Kenntnissen fortschreiten. Es läßt sich jedoch weniger leicht, und vielleicht auch weniger klar vom Ungewissen und Spekulativen auf den Boden von gesichert erscheinenden Zusammenhängen gewissermaßen zurückkehren. Der Weg der Forschung ist umgekehrt. Er geht von bereits gewonnenen Erkenntnissen aus und sucht von dort aus neue Erkenntnisse zu gewinnen. Auf unser Thema angewendet bedeutet das, daß wir von dem Zustand zum Zeitpunkt der Geburt rückwärts in der Ontogenese gehen müssen, bis wir bei der befruchteten Eizelle, dem Beginn individuellen Lebens, zu dem die Geschlechtsentwicklung bereits genetisch festgelegt ist, ankommen.

Gehen wir jetzt also in raschen Schritten den Weg vom Bekannten zum Unbekannten. ALFRED JOST in Paris hat Mitte der vierziger Jahre Experimente zur Frage der Entwicklung der Geschlechtsunterschiede durchgeführt, die in der Folgezeit ausgeweitet und immer wieder bestätigt wurden und inzwischen eine dogmatische Bedeutung erlangt haben. Er hat nämlich festgestellt – am Beispiel des Kaninchens – daß bei Entfernung der

Keimdrüsen männlicher Embryonen die Entwicklung in weiblicher Richtung verläuft. Ich darf kurz einschieben, wie ich die Nomenklatur verwende: Keimdrüsen = Gonaden, männliche Keimdrüsen = Hoden = Testis, weibliche Keimdrüsen = Eierstock = Ovar. Die Gonaden der beiden Geschlechter sind also Testis und Ovar. Das Experiment von JOST bedeutet, daß die Testes für die Entwicklung eines männlichen Phänotypus verantwortlich sein müssen. Tatsächlich produzieren die Testes männliche Sexualhormone – Androgene – insbesondere Testosteron, das im weiblichen Geschlecht zumindest in der Frühentwicklung fehlt. In beiden Geschlechtern sind nun die Anlagen für männliche und weibliche Genitalentwicklung vorhanden. In Gegenwart von Testosteron entwickelt sich die männliche Anlage, in Abwesenheit dieses induzierenden Hormons hingegen die weibliche Anlage zu den geschlechtsspezifischen inneren Genitalien. Ein weiteres Hormon des Testis, der Oviduktrepressor, veranlaßt die Rückbildung der weiblichen Genitalanlage. Fehlt Oviduktrepressor, so bildet sich die männliche Genitalanlage spontan zurück, und die weibliche Anlage entwickelt sich an dessen Stelle. Auch die Entwicklung der äußeren Genitalien hängt von Gegenwart oder Fehlen des Testosterons ab. Im männlichen Geschlecht wird Testosteron in der Zelle zu Dihydrotestosteron umgewandelt (durch das Enzym 5α-Reduktase), und dieses Hormon wiederum bewirkt die Entwicklung der äußeren männlichen Genitalien. Bei dessen Fehlen wird das äußere Genitale weiblich. Testosteron ist darüber hinaus verantwortlich für die Attribute, die den reifen männlichen Phänotypus ausmachen: Wachstum während der Pubertät, Entwicklung und Erhaltung der Muskulatur, athletischer Körperbau usw. Der Zusammenhang zwischen Androgenen und männlicher Entwicklung wird besonders deutlich durch die Experimente von F. NEUMANN demonstriert. NEUMANN zeigte, daß bei Einsatz von Antiandrogenen, also Präparaten, die die Androgenwirkung aufheben, die Entwicklung in weibliche Richtung verläuft, wenn der Antagonist in entsprechenden Entwicklungsstadien angewendet wird.

Worauf es mir hier ankommt, ist der Hinweis darauf, daß die männliche Geschlechtsentwicklung im wesentlichen von Androgenen, nämlich Testosteron und Dihydrotestosteron, sowie zusätzlich dem Oviduktrepressor abhängt, während das Fehlen dieser Hormone zur Ausdifferenzierung eines weiblichen Phänotypus führt. Deshalb hat JOST das weibliche Geschlecht als konstitutiv bezeichnet, nämlich als das Geschlecht, das sich spontan, „aus der Konstitution heraus" entwickelt, während er das männliche Geschlecht als induziert ansprach, weil dessen Realisierung die Induktion durch die genannten Hormone voraussetzt. JOST hat diese Zusammenhänge auf die einfache Formel gebracht: „Der Mensch ist primär weiblich angelegt".

Die hormonelle Steuerung der Geschlechtsentwicklung kann als ein gut verstandenes Beispiel eines Entwicklungsprozesses gelten, wenn auch die Mechanismen der Hormonwirkung auf molekularer Ebene noch nicht in allen Einzelheiten geklärt sind. Sehr vereinfacht kann man sagen, daß die männliche Entwicklung hormonabhängig ist, die weibliche nicht. Dieser Unterschied setzt aber voraus, daß die genannten Hormone im männlichen Organismus zur Verfügung gestellt werden. Das Problem der Entstehung des Geschlechtsdimorphismus bleibt bestehen, es wird jetzt auf eine entwicklungsmäßig frühere Ebene verschoben. Damit stellt sich die Frage, wo die Hormone herkommen, die im männlichen Geschlecht auftreten, im weiblichen hingegen nicht, jedenfalls nicht in derjenigen kritischen Phase der Ontogenese, in der die Entwicklung der Geschlechtsorgane stattfindet. Die Antwort ist: Diese Hormone werden in der männlichen Gonade, dem Testis, von darauf spezialisierten Zellen sezerniert, und zwar Testosteron von den Leydigzellen, Oviduktrepressor von den Sertolizellen. In den Zielzellen für Testosteron erfolgt die Umbildung von Testosteron in Dihydrotestosteron. Das Ovar produziert diese Hormone nicht. Damit können wir feststellen: Die hormonell bewirkte Geschlechtsdifferenzierung setzt eine bereits differenzierte männliche Keimdrüse voraus. In zahlreichen Experimenten wurde gezeigt, daß die Gonadendifferenzierung selbst hormonunabhängig ist. Auch hier ist wieder ein Experiment von NEUMANN anzuführen, der zeigte, daß auch unter Einfluß von Antiandrogenen eine Testisentwicklung stattfindet.

Bis hierhin haben wir uns gewissermaßen auf klassischem Boden bewegt. Die Experimente von JOST und NEUMANN haben gezeigt, daß die gesamte männliche Geschlechtsentwicklung, und darüber hinaus die Ausprägung konstitutioneller Merkmale des Mannes, im wesentlichen auf die Wirkung von Androgenen zurückzuführen sind, daß bei deren Fehlen hingegen ein weiblicher Phänotypus entsteht. Ausgenommen hiervon sind lediglich die Gonaden selbst. Deren Differenzierungsrichtung ist die Voraussetzung dafür, ob Androgene produziert werden oder nicht. Auf unserem Weg vom Neugeborenen rückwärts in Richtung auf die Anfänge der Geschlechtsunterschiede stoßen wir damit auf die nächst frühere Ebene, auf der nämlich die Entscheidung zu treffen ist: Ovar oder Testis?

Wir beschäftigen uns jetzt mit der Frage der Gonadendifferenzierung, also der primären Geschlechtsentwicklung. Hierbei stoßen wir auf sehr viel weniger gesichertes Wissen; die Spekulation muß uns streckenweise in Form von Arbeitshypothesen zu einem geschlossenen Bild verhelfen. Dieses Bild will ich jetzt zu skizzieren versuchen.

Bekanntlich unterscheiden sich die beiden Geschlechter in den Geschlechtschromosomen X und Y. Die Chromosomen selbst haben aber mit der hormonellen Geschlechtsdifferenzierung nichts zu tun, also mit der sekundären Entwicklung unter Einschluß der Genitaldifferenzierung. Dieser Entwicklungsabschnitt ist, wie wir gesehen haben, nicht auf genetischer Ebene reguliert. Aber es könnte ja sein, und die Annahme liegt nahe, daß die Gonadendifferenzierung direkt von der Geschlechtschromosomen-Konstitution abhängt. Sollte das der Fall sein, so ist folgende Frage zu stellen: Gibt es eine genetische Information, ein Genprodukt, das für das männliche Geschlecht spezifisch ist? Wenn ja, so wäre dieses dem Y-Chromosom zuzuschreiben, denn alle anderen Chromosomen haben ja beide Geschlechter gemeinsam. Gleichzeitig wäre es möglich, daß dieses Genprodukt dann der Faktor ist, der die zunächst indifferente Gonadenanlage veranlaßt, sich in Richtung Testis zu entwickeln. Fehlte der Faktor, so würde sich ein Ovar differenzieren.

Hier will ich das Experiment schildern, das zur Entdeckung eines solchen Faktors geführt hat: Mitte der fünfziger Jahre, in der Frühzeit der Transplantationsimmunologie, hat ERNST EICHWALD, ein ehemaliger Freiburger Medizinstudent, in einer kleinen Provinzuniversität des amerikanischen Mittelwestens Versuche über Verträglichkeit von Hauttransplantationen gemacht. Verglichen wurden genetisch identische mit genetisch verschiedenen Laborstämmen der Maus. Bei den verschiedenen erfolgte Abstoßung, bei den identischen jedoch zu einem gewissen Teil ebenfalls. Nähere Prüfung zeigte, daß nach Transplantationen zwischen genetisch identischen Tieren die Abstoßung vom Geschlecht abhängig war: gleichgeschlechtliche waren verträglich, verschiedengeschlechtliche immer dann nicht, wenn der Spender männlich war. Hieraus schloß EICHWALD auf ein Transplantationsantigen, das auf das männliche Geschlecht beschränkt ist. Es sollte also genetisch vom Y-Chromosom abhängig sein. Dieser Faktor wurde in der Folgezeit von BILLINGHAM (1960) H-Y-Antigen genannt. Hierbei steht H für Histokompatibilität, das Y bezieht sich auf die vermutete Abhängigkeit vom Y-Chromosom.

Erst 1972 wurde dieses Antigen immunologisch nachweisbar. Das Prinzip dieses Nachweises sei kurz erklärt: Bei einem hoch ingezüchteten und damit genetisch homogenen Laboratoriumsstamm von Maus oder Ratte werden weibliche Tiere mit männlichen Zellen immunisiert. Antikörper können dabei nur gegen die Eigenschaft „männlich" entstehen, da alle anderen Eigenschaften bei beiden Geschlechtern gleich sind. Das aus den immunisierten Weibchen gewonnene Serum wird dann (nach verschiedenen Vortestungen) als Anti-H-Y-Serum verwendet. Dieses Antiserum wird jetzt mit Zellen des zu untersuchenden Organismus absorbiert; sinkt der Antikörpertiter, so hat Absorption stattgefunden – das zu testende Gewebe ist H-Y-positiv. H-Y-negative Zellen hingegen absorbieren den Antikörper kaum und nur unspezifisch, der Antiserumtiter bleibt hoch. Der Titer selbst wird mit einem konventionellen immunologischen Test gemessen, dem sogenannten zytotoxischen Test.

Die Immunologen haben sich immer wieder mit dem H-Y-Antigen beschäftigt. WACHTEL (1975) führte Kreuzexperimente mit Anti-H-Y-Serum der Maus an verschiedenen anderen Spezies durch und entdeckte, daß das Antiserum mit allen untersuchten männlichen Säugern kreuzreagierte. Diese Kreuzreaktion spricht dafür, daß das H-Y-Antigen während der Evolution funktionsgleich konserviert wurde, und das legt wiederum die Annahme nahe, daß es sich um einen Faktor mit einer wichtigen biologischen Funktion handelt. Diese Befunde und Überlegungen brachten schließlich OHNO 1975 auf den Gedanken, das H-Y-Antigen könne der maßgebliche Faktor für die männliche Gonadendifferenzierung sein. Die folgenden Jahre sind geprägt durch den Versuch, diese Hypothese von OHNO zu prüfen. Die Versuche erstrecken sich einmal auf die Frage nach der biologischen Funktion: Ist H-Y-Antigen tatsächlich in der Lage, die indifferente Gonadenanlage zum Testis zu organisieren? Die andere naheliegende Frage war eine solche der Genetik: Worin besteht der Zusammenhang zwischen dem Auftreten des H-Y-Antigens und dem Y-Chromosom?

Von den verschiedenartigen Experimenten zur Aufklärung der Funktion des H-Y-Antigens möchte ich eines schildern, das gleichzeitig zeigt, wie man eine solche Frage experimentell angehen kann. Es war schon lange bekannt, daß Organproben, die durch enzymatische Verdauung in Einzelzellen zerlegt wurden, in der Zellkultur zu Aggregaten reorganisieren, die wieder den Aufbau des Herkunftsgewebes zeigen. Also ähnlich wie es Max und Moritz ergangen ist (Abb. 1). So zeigen dissoziierte Testiszellen von Ratte und Maus, die hierzu als Versuchstiere verwendet wurden, nach Reorganisation typische Hodenkanälchen (Tubuli seminiferi), Ovarzellen aggregieren zu follikelartigen Strukturen. Diese Eigenschaften der Gonadenzellen lagen der Überlegung zugrunde, daß das H-Y-Antigen ja in den Mechanismus dieser Reorganisation eingreifen müßte, wenn es für die Testisdifferenzierung verantwortlich sein soll. Wurde nun H-Y-Antigen zum Ansatz mit den suspendierten Ovarzellen gegeben, so bildeten sich Tubuli anstelle von Follikeln. Das Antigen hatte also gewissermaßen eine Geschlechtsumkehr bewirkt! Diese Ergebnisse zeigen, daß H-Y-Antigen in der Lage ist, Hodenkanälchen zu organisieren, wenn es auf Gonadenzellen gleich welchen Geschlechtes einwirkt. Auf Zellen anderer Organe bleibt es ohne Einfluß, wie entsprechende Experimente ergeben haben.

Der Befund, daß H-Y-Antigen auch auf weibliche Gonadenzellen wirkt und diese zur Testisorganisation veranlaßt, verdient noch einen kleinen Exkurs. Der Mechanismus der Antigenwirkung hat sich als hormonartig erwiesen. Das Antigen findet sich nämlich nicht nur auf der Zelloberfläche, sondern auch frei im männlichen Serum. In dieser Form kann es an

Geschlechtsentwicklung beim Menschen als Modellbeispiel

Abb. 1. Halbschematische Darstellung eines Dissoziations-Reorganisations-Experimentes nach Moscona. Eine Organprobe (*hier ganze Organismen*) wird in Einzelzellen zerlegt, die unter geeigneten Kulturbedingungen in vitro (*hier Mühle*) zur Reaggregation gebracht werden. Die histologische Untersuchung des Aggregates zeigt die Organisation des ursprünglichen Organs

Zellen binden, die einen spezifischen H-Y-Rezeptor haben, und das ist nur bei den Zellen der Gonade der Fall, allerdings in beiden Geschlechtern. Die Selektivität der H-Y-Wirkung ist durch diesen Rezeptor bedingt. Der gonadenspezifische Rezeptor kann als die Ursache der sogenannten Bipotenz der Gonadenanlage angesprochen werden. Unabhängig davon, ob ein Organismus genetisch weiblich oder männlich ist, bewirkt das H-Y-Antigen eine Virilisierung, d.h. zunächst die Induktion testikulärer Strukturen, wenn es zum Zeitpunkt der embryonalen Gonadendifferenzierung in hinreichender Konzentration zur Verfügung steht. Beispiele hierfür sind die sogenannten heterosexuellen Chimären, die aus der Verschmelzung gegengeschlechtlicher befruchteter Eizellen – Zygoten – oder früher postzygotischer Stadien hervorgehen. Diese Chimären, die im Tierversuch bei der Maus auch künstlich hergestellt werden können, sind zumeist männlich, manchmal hermaphroditisch, selten weiblich. Dabei spielt die Proportion männlicher und weiblicher Zellen eine Rolle. Ein anderes Beispiel sind die sogenannten Rinderzwicken, weibliche Partner eines männlichen Zwillings, die starke Virilisierungserscheinungen zeigen. Die Geschlechtsumkehr geht auf einen gemeinsamen Blutkreislauf der Zwillinge zurück, wobei H-Y-Antigen humoral vom männlichen auf den weiblichen Partner übergeht und dort die Gonadendifferenzierung aufgrund des gonadenspezifischen H-Y-Rezeptors in die männliche Richtung leitet.

Diese und andere Befunde können als guter Beleg für die Hypothese von OHNO gewertet werden, und wir können jetzt davon ausgehen, daß die Gegenwart bzw. das Fehlen von H-Y-Antigen maßgeblich dafür ist, ob die Entwicklung der indifferenten Gonadenanlage in die männliche oder weibliche Richtung geht.

Hier schließt dann gleich unsere zweite Frage an: Wenn dieser Differenzierungsfaktor nur im männlichen Geschlecht auftritt und dort die Hodenentwicklung bewirkt, sollte er genetisch vom Y-Chromosom kontrolliert werden, weil dieses Chromosom im weiblichen Geschlecht nicht vorhanden ist. Trifft auch diese Annahme zu?

Einen Zugang zur Prüfung dieser Frage liefern Experimente, die die Natur selbst durchführt – nämlich Mutationen. Beim Menschen und anderen Säugern treten spontan Aberrationen der Geschlechtschromosomen auf, die deren Anzahl wie deren Struktur betreffen können. Manche dieser Chromosomenanomalien führen zu Geschlechtsumkehr oder Intersexualität. Es gibt aber auch Genmutationen, die ähnliche Störungen der Geschlechtsentwicklung verursachen und die teilweise familiär übertragen werden. Nun sind es gerade Mutationen, die zum Ausfall bestimmter Leistungen führen, die einen Einblick in den normalen Entwicklungsablauf geben. Der Defekt einer Komponente in einer biologischen Kausalkette offenbart häufig erst die Existenz dieser Komponente.

Als besonders aufschlußreich haben sich Aberrationen des X-Chromosoms erwiesen. Beim sogenannten Turner-Syndrom fehlt ein Geschlechtschromosom, es ist nur ein X-Chromosom vorhanden. Die Patienten sind weiblich und steril, die Gonaden beginnen bereits während der vorgeburtlichen Phase der Entwicklung zu degenerieren. Die gleiche Störung findet sich aber auch, wenn ein zweites X-Chromosom vorhanden ist, dem aber bestimmte Abschnitte fehlen, z. B. der kurze Arm oder Teile desselben (Strukturaberration: Deletion). Bei allen diesen Patienten hat sich nun überraschenderweise das H-Y-Antigen nachweisen lassen, das sonst im weiblichen Geschlecht (per definitionem) ja gerade fehlt. Allerdings ist der Titer, die Konzentration des Antigens auf der Zelloberfläche, gegenüber gesunden männlichen Kontrollpersonen erniedrigt. Dieser reduzierte Titer dürfte die Ursache dafür sein, daß eine männliche Entwicklung nicht eingeleitet wurde. Wir wissen aus anderen Untersuchungen, daß der H-Y-Titer einen bestimmten Schwellenwert erreichen muß, damit es zur Testisinduktion kommt. Was uns bei diesen X-Chromosomenaberrationen aber hier interessiert, ist das Phänomen, daß mit dem Verlust eines Chromosoms bzw. eines Chromosomensegments das untersuchte Merkmal, das

H-Y-Antigen, in Erscheinung tritt, während es in Gegenwart zweier intakter X-Chromosomen, wie normalerweise bei Frauen, fehlt. Aus diesem Befund lassen sich verschiedene Schlüsse ziehen. Einmal muß die genetische Information für das H-Y-Antigen (Strukturgen) in beiden Geschlechtern vorhanden sein – sie kann nicht auf dem Y-Chromosom lokalisiert oder zumindest nicht darauf beschränkt sein. Weiterhin ist auf genetische Information auf dem X-Chromosom zu schließen, die in doppelter Dosis (2 X-Chromosomen) die Wirkung des H-Y-Gens vollständig, in einfacher Dosis (nur 1 X-Chromosom oder Deletion auf dem anderen X) teilweise unterdrückt. Man spricht von einem Kontrollgen, weil es die Expression des Strukturgens kontrolliert. Und schließlich erlaubt dieser Befund auch eine Aussage über das Y-Chromosom. Beim normalen Mann ist auch nur ein X-Chromosom vorhanden; trotzdem ist das H-Y-Strukturgen voll exprimiert. Dieser Effekt ist dem Y-Chromosom zuzuschreiben, so daß auf diesem Chromosom ebenfalls genetische Information mit Kontrollfunktion lokalisiert sein sollte, die allerdings antagonistisch zu derjenigen auf dem X-Chromosom wirkt. Das Y-Chromosom kompensiert die reprimierende Funktion des X-Chromosoms, und sogar mehrerer X-Chromosomen.

Damit ist das gegenwärtige Bild von der Genetik des H-Y-Antigens in groben Umrissen gezeichnet. Die erwähnten Genmutationen, die mit der Geschlechtsentwicklung interferieren, bestätigen dieses Bild, indem sie zeigen, daß tatsächlich diskrete genetische Information beteiligt ist, also individuelle Gene, und daß nicht etwa die Geschlechtschromosomen als ganze sich indirekt, z.B. über das Teilungswachstum der Zellen auswirken, wie das auch schon vermutet wurde.

Die zweite Frage können wir jetzt ebenfalls positiv beantworten. Es hat sich zwar die ursprüngliche einfache Vorstellung nicht bestätigt, daß das Y-Chromosom die genetische Information für das H-Y-Antigen trägt; aber dieses Chromosom ist für die Expression der Strukturgeninformation verantwortlich und hat damit eine maßgebliche Kontrollfunktion, die sich letztlich auf die Entscheidung männlich oder weiblich auswirkt. Die alternative Geschlechtsentwicklung geht also auf einen genetischen Regulationsmechanismus zurück, der allerdings seinerseits noch nicht näher analysiert ist.

Auch auf der Ebene der primären Gonadendifferenzierung erweist sich somit das männliche Geschlecht als induziert, das weibliche als konstitutiv, wie wir es schon bei der hormonell kontrollierten Genitaldifferenzierung kennengelernt haben. Das schließt natürlich nicht aus, daß auch die weibliche Geschlechtsentwicklung durch Differenzierungsfaktoren bzw. Hormone gesteuert ist. Im Gegenteil, derartige Faktoren wurden teilweise identifiziert und ihr Wirkungsmechanismus ist mehr oder weniger bekannt, zumindest gilt das für die weiblichen Sexualhormone. Kürzlich wurde sogar ein Faktor entdeckt, der offenbar für die Follikelbildung des Ovars verantwortlich ist. „Induziert" soll damit kennzeichnen, daß zur männlichen Entwicklung bestimmte Faktoren hinzutreten müssen, während in deren Abwesenheit eine weibliche Entwicklung erfolgt, die damit konstitutiv vorgegeben ist, auch wenn sie durch bestimmte Effektoren – Hormone, Differenzierungsantigene – vermittelt ist. Den virilisierenden Faktoren kommt damit eine epistatische Rolle zu, das heißt, sie setzen sich durch, zumindest wenn sie eine kritische Konzentration erreichen.

Wir können jetzt die stufenweise Abfolge der Geschlechtsentwicklung in ihrem tatsächlichen ontogenetischen Ablauf wenigstens in groben Zügen überblicken. Man sollte allerdings vor Augen haben, daß dabei manche Wissenslücken durch Hypothesen überbrückt werden müssen und daß viele Einzelheiten noch unerforscht sind (Abb. 2).

Das künftige Geschlecht ist in der Zygote bereits festgelegt, es wird normalerweise durch die Geschlechtschromosomen bestimmt. Der Beitrag der Geschlechtschromosomen besteht in regulatorischer Information, durch die ein Strukturgen (Gene?) kontrolliert wird, das für einen Differenzierungsfaktor kodiert, das H-Y-Antigen. Die Regulatorgene auf den Geschlechtschromosomen X und Y wirken dabei antagonistisch. Die bipotente indifferente Gonadenanlage wird durch das H-Y-Antigen induziert, sich in die männliche Richtung zum Testis zu entwickeln; fehlt H-Y-Antigen, so entwickelt sich ein Ovar. Auf dieser Ebene der primären Geschlechtsentwicklung ist also das weibliche Geschlecht konstitutiv, das männliche induziert. Es ist damit zu rechnen, daß bei diesen primären Entwicklungsprozessen weitere Differenzierungsfaktoren mitwirken.

Auf der nächsten Stufe, der sekundären Geschlechtsentwicklung, erfolgt die Genitaldifferenzierung und die weitere Ausprägung der Geschlechtsmerkmale im Verlauf der Pubertät, die zum adulten, reproduktionsfähigen Menschen führt. Diese Prozesse sind hormonell gesteuert. Sie setzen ebenfalls eine Bipotenz der Erfolgsorgane voraus. Auch hier wieder ist die männliche Entwicklung induziert, sie hängt ausschließlich von Hormonen ab, die im Testis produziert werden, insbesondere von Androgenen; die weibliche Entwicklung ist hingegen zunächst hormonunabhängig,

---

Abb. 2. Vereinfachtes Schema der normalen Geschlechtsentwicklung. Es läßt sich eine Abfolge von mehreren Schritten unterscheiden, die dem Verlauf der Ontogenese entspricht:
1. Genetisches Geschlecht, repräsentiert durch die Geschlechtschromosomen-Konstellation XY bzw. XX
2. Gonadales Geschlecht, Testis bzw. Ovar;
3. Genitales Geschlecht, innere und äußere Reproduktionsorgane;
4. Sog. sekundäre Geschlechtsmerkmale.

Geschlechtsentwicklung beim Menschen als Modellbeispiel

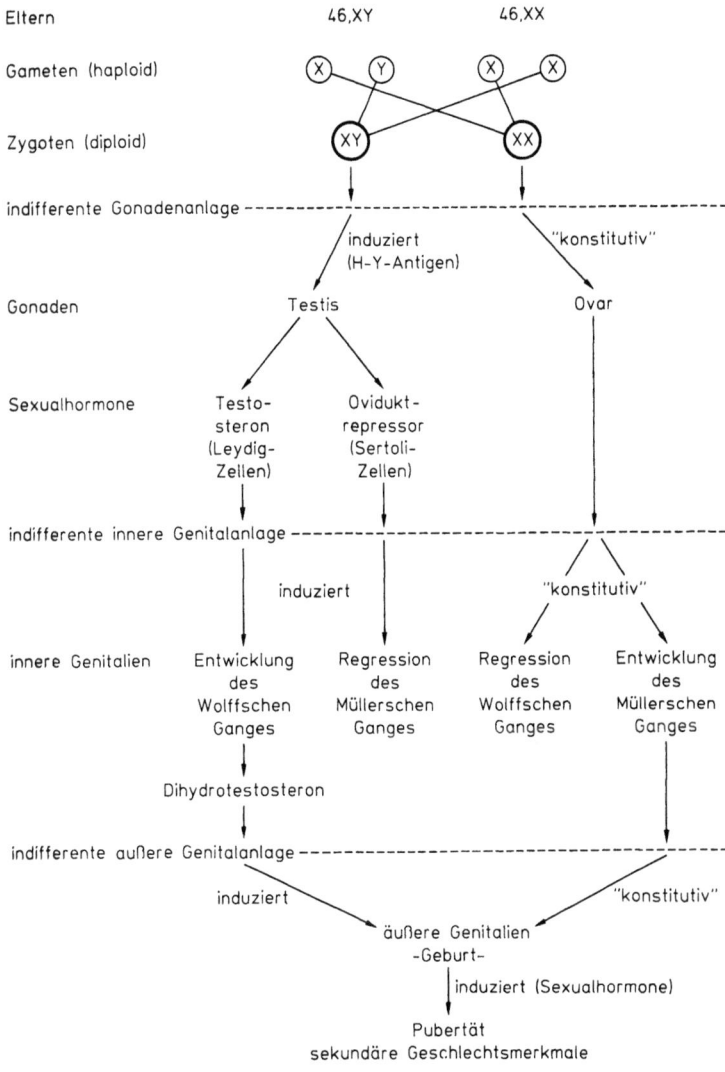

Im männlichen Geschlecht ist jeder Schritt durch einen spezifischen Faktor (H-Y-Antigen, Sexualsteroide) induziert, bei Abwesenheit dieser Faktoren kommt es zur weiblichen Entwicklung. Die weibliche Entwicklung wird als „konstitutiv" bezeichnet, was nicht ausschließt, daß sie ebenfalls durch Differenzierungsfaktoren vermittelt ist, die aber noch kaum identifiziert sind. Die sekundären Geschlechtsmerkmale sind in beiden Geschlechtern hormoninduziert. Störungen der Geschlechtsentwicklung sind bei jedem Schritt bekannt; sie führen zu unterschiedlichen Graden der Geschlechtsumkehr bzw. Intersexualität also wiederum konstitutiv. Für die Pubertätsentwicklung und Reproduktion sind dann allerdings auch im weiblichen Geschlecht Hormone erforderlich.

Sowohl auf der Ebene der primären wie der sekundären Geschlechtsentwicklung werden normalerweise alternative Entscheidungen getroffen: Synthese von H-Y-Antigen oder nicht bedeutet für die Gonadendifferenzierung Testis oder Ovar. Produktion von Androgenen oder nicht bestimmt, ob die Genitalentwicklung männlich oder weiblich verläuft. Andererseits sind aber Zwischenformen auf allen Stufen der Geschlechtsentwicklung bekannt, die auf genetische Mutationen, manchmal auch auf Einflüsse des intrauterinen Milieus zurückgehen. Es entstehen verschiedene Formen der Intersexualität und Geschlechtsumkehr. Zweifellos werden gerade die auffälligeren Formen häufiger erfaßt, genetisch gesprochen die Mutanten, die sich phänotypisch unmittelbar manifestieren. Man kann aber davon ausgehen, daß die genetische Variabilität auch Übergangsformen umfaßt, deren Geschlechtszuordnung jedoch nicht fraglich erscheint. Die Annahme ist naheliegend, daß dabei geringere Unterschiede in den hier diskutierten Wirkungsmechanismen eine Rolle spielen. So gesehen resultiert die Geschlechtsentwicklung in einem Spektrum von Varianten, die sich quasi kontinuierlich zwischen den wohl nur ideellen Extremen rein männlicher bzw. weiblicher Ausprägung anordnen lassen.

Für die Existenz einer derartigen quasi kontinuierlichen Variation spricht auch, daß man eine Problematik der psychosozialen Geschlechtszugehörigkeit kennt. Obwohl wir hier auf das Gebiet der Ontogenese des Verhaltens kommen, hat die Geschlechtsrolle, die ein Individuum annimmt, zweifellos eine biologische und insbesondere genetische Grundlage. Hier eröffnet sich ein noch kaum erforschtes Gebiet, die Verhaltensgenetik der Geschlechtsentwicklung.

Wir haben uns jetzt am Beispiel der Geschlechtsentwicklung mit dem Ablauf eines Differenzierungsprozesses beschäftigt und sind dabei auf einen Faktor gestoßen, der bei bestimmten Zielzellen morphogenetisch wirksam wird. Das H-Y-Antigen ist ein Differenzierungsfaktor, dessen Synthese genetisch reguliert ist, der spezifisch an die Gonadenzellen bindet und über die Zelloberfläche ein Signal abgibt, das diese Zellen veranlaßt, sich zu einem organspezifischen Gewebeverband zu organisieren. Vieles spricht dafür, daß dieses Beispiel nicht isoliert steht, sondern daß auch andere morphogenetische Entwicklungsabläufe von Differenzierungsantigenen gesteuert werden. Die weitere Analyse des Mechanismus der Gonadendifferenzierung verspricht damit, ein Verständnis für die noch weitgehend ungeklärten Vorgänge der genetischen Regulation sowie der Zell- und Gewebedifferenzierung zu eröffnen.

Literatur

Billingham RE, Silvers WK (1960) Studies on tolerance of the Y-chromosome antigen in mice. J Immunol 85:14–26

Byskov AG, Peters H (1981) Development and function of the reproductive organs. Excerpta Med Int Congr Ser Amsterdam

Lang, N, Gropp A (1976) Fehlerhafte Geschlechtsentwicklung (Intersexualität) I. Der Gynäkologe Bd 9/1. Springer, Berlin Heidelberg New York

Neumann F (1977) Hormonale Regulation der Sexualdifferenzierung bei Säugetieren. Vorlesungsreihe Schering Heft 3. Schering, Berlin

Ohno S (1979) Major sex-determining genes. Monogr Endocrinol Vol 11. Springer, Berlin Heidelberg New York

Wachtel SS (1981) Errors of sex determination. Hum Genet Bd 58/1 Springer International

Genetik des Alterns*

H. HÖHN

Was ist Altern?

Altern bedeutet Verfall von Struktur und Funktion eines Organismus nach der geschlechtlichen Reifung. Der alternde Mensch zeigt zunehmende Unfähigkeit, unabhängig von Änderungen seiner Umwelt ein konstantes Stoffwechselgleichgewicht (Homöostase) zu erhalten. Diese Unfähigkeit, Änderungen der Umwelt durch entsprechende interne Regulation ausgleichen zu können, wird in einfachen Erfahrungen und Versuchen immer wieder als universelles Dogma des Alterungsprozesses belegt. Ein häufiges Beispiel ist das Versagen der Thermoregulation: In (nicht klimatisierten) Altenheimen besteht eine deutliche Korrelation zwischen Außentemperatur und Mortalität. Werden im Tierexperiment 4 Monate alte Mäuse für 14 Tage Temperaturen von nur 6°–7°C ausgesetzt, so überleben 82% der Tiere. Nach Kälte-Exposition von 20 Monate „alten" Mäusen überleben jedoch nur noch 15% im Vergleich zu Kontrolltieren. Aus der menschlichen Pathologie sind neben Beispielen versagender Thermoregulation viele weitere Systeme bekannt, in denen der alternde Organismus unter Streß-Bedingungen (Umweltveränderungen) seine homöostatische Regulation verliert. Erwähnt seien hier nur Entgleisung des Flüssigkeits- oder des Säure-Basen-Haushaltes, der Regulation des Blutzuckerspiegels oder der Verträglichkeit von Medikamenten bei älteren Patienten.

Der Phänotypus des alten Menschen umfaßt Veränderungen nahezu aller Organsysteme, jedoch sind die Proportionen dieser Veränderungen variabel und individualspezifisch. Herz- und Kreislauferkrankungen sowie Neoplasien dominieren im klinischen Bild „vorzeitiger" Alterung in den Industrieländern. Nicht weniger eingreifend für den Menschen als soziales Wesen sind jedoch frühzeitiger Verlust von Gedächtnis und geistiger Leistungsfähigkeit. Schätzungsweise 10 bis 15 Prozent aller Menschen über 65 leiden an derartiger seniler Demenz. Bei den meisten dieser „Alterskrankheiten" kennen wir keine kausale, sondern nur symptomatische oder palliative Therapieansätze, die den Krankheitsverlauf nur (jedoch z.T. erheblich) protrahieren. Wie sollte man auch z.B. bei der senilen Demenz im

---

* Herrn Professor Dr. HANS FRANKE in Verehrung gewidmet

basalen Großhirn zugrunde gegangene Nervenzellen ersetzen, nachdem in solchen hoch spezialisierten Geweben das genetische Programm zur Zellvermehrung bereits kurz nach der Geburt abgeschaltet wird?

Der Eintritt des Todes ist abhängig von dem Grad der jeweiligen metabolischen und klinischen Veränderungen, sowie von der Art der jeweiligen Umweltbelastung. Unsere Umweltbedingungen haben sich in den letzten Jahrhunderten drastisch geändert, und dementsprechend stieg die durchschnittliche Lebenserwartung des Menschen in den Industrienationen von 35 Jahren im Mittelalter auf 75 Jahre heute (vgl. Abb. 1). Erstaunlicherweise deutet jedoch alles darauf hin, daß sich die maximale Lebenserwartung des Menschen von der Steinzeit bis heute kaum verändert hat. Sie liegt nach gut dokumentierten Berichten im Bereich von 110 bis 120 Lebensjahren.

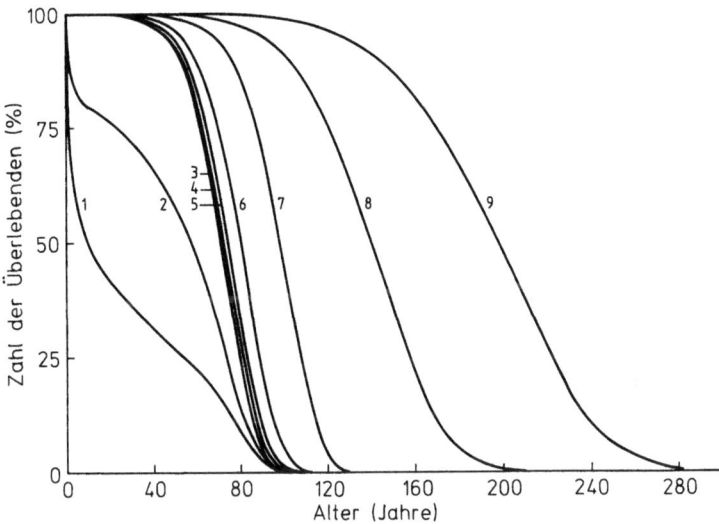

Abb. 1. Wirkliche und hypothetische umweltbedingte Veränderungen der theoretischen menschlichen Überlebenskurve. *1* Mittelalter; *2* US-Bevölkerung im Jahre 1901; *3* amerikanische Männer im Jahre 1967. Die mittlere Lebenserwartung betrug damals 71,8 Jahre; *4* hypothetische Kurve nach erfolgreicher Bekämpfung aller Gefäßkrankheiten; *5* hypothetische Kurve nach Beherrschung aller Krebskrankheiten; *6* hypothetische Kurve nach Elimination aller Herzkrankheiten; *7* Verlauf der Überlebenskurve unter der Annahme einer erfolgreichen Therapie für alle drei dieser hauptsächlichen „Alterskrankheiten". Die durchschnittliche Lebenserwartung würde sich damit auf 98,8 Jahre erhöhen, und die maximale Lebenserwartung zum ersten Male 120 Jahre geringfügig übertreffen; *8* hypothetische Kurve nach Senkungen der Körpertemperatur auf 33 °C; *9* hypothetische Kurve nach Kühlung auf 31 °C. Die mittlere Lebenserwartung wäre dann 198 Jahre. [In Anlehnung an ROSENBERG et al. (1973) Mech Ageing Dev 2:275–294]

In diesem Kapitel soll die Frage untersucht werden, inwieweit das Altern des Menschen ein endogener, also vorprogrammierter Prozeß ist, mit dem sich eine Spezies überflüssiger Konkurrenz entledigt, nachdem diese ihren Beitrag zur Erhaltung der Art geliefert hat. Als Alternative zu einem ausschließlich genetisch programmierten Alterungsprozeß steht die Annahme seiner überwiegend exogenen Bedingtheit, z. B. durch ständige Schädigungen des (prinzipiell unsterblichen) genetischen Materials. Es wird ersichtlich sein, daß nur eine enge Verknüpfung dieser scheinbar alternativen Hypothesen zum wirklichen Verständnis des menschlichen Alterungsprozesses beitragen kann.

Ist Altern genetisch gesteuert?

Niemand wird daran zweifeln, daß Gene eine wichtige Rolle bei Alterungsprozessen und Langlebigkeit spielen. Die Eintagsfliege lebt 1 Tag, die Fruchtfliege 100 Tage, die Spitzmaus 1 Jahr, der Hase 10 Jahre und der Mensch 100 Jahre. Betrachtet man die maximale Lebenserwartung innerhalb einer einzigen taxonomischen Ordnung, in der wie z. B. bei den Säugern alle Mitglieder über eine nahezu gleiche Menge an genetischem Material (6×10^{-12} g DNA/diploider Zellkern) verfügen, so findet man dennoch bis zu 50fache Unterschiede in der Langlebigkeit. Die Frage, warum sich so verschiedene Lebensspannen selbst innerhalb einer Gattung evoluiert haben, ist bis heute ungeklärt. Der Mensch ist nicht nur das langlebigste Säugetier, er zeigt auch eine nahezu doppelte Lebensspanne gegenüber seinem nächsten Verwandten unter den Primaten. Dabei ist der genetische Unterschied zwischen Mensch und Schimpansen minimal: Die Aminosäuresequenzen von ca. 50 untersuchten Proteinen zeigen eine 99%ige Übereinstimmung, und direkte DNA-Sequenzanalysen bestätigen die nahe molekulare Verwandtschaft. Wenn man von der konservativen Schätzung des Divergenzzeitpunktes zwischen Mensch und Schimpanse von einem gemeinsamen Vorfahren vor 15 Millionen Jahren ausgeht, so ergibt sich eine durchschnittliche Zunahme der maximalen Lebensspanne des Menschen in der Größenordnung von 1,6 pro 10^6 Jahre. Die Untersuchungen von CUTLER (1980) und SACHER (1982) zeigen darüber hinaus, daß der überwiegende Teil dieser Zunahme der Langlebigkeit erst in den allerjüngsten Stadien unserer Phylogenese, vor ca. 100 000 Jahren, stattfand. Um diesen Zeitpunkt betrug die Steigerungsrate, mit der die Langlebigkeit unserer Spezies zunahm, ca. 14 pro 10^5 Jahre. Parallel zu dieser dramatischen Steigerung des maximalen Lebenspotentials verlief die Größenzunahme unserer Gehirne. Unter Einbeziehung des Körpergewichts hat SACHER aus der Zunahme des Gehirngewichtes eine Formel entwickelt, welche die maximale Lebenserwartung jeder Säugerspezies vorhersagen kann:

$$L_{max} = (10{,}839) \times (\text{Gehirn Gew.})^{0{,}636} \times (\text{Körper Gew.})^{-0{,}225}$$

Der Wert dieser empirischen Formel liegt darin, daß sich mit ihrer Hilfe auch die Lebensspanne von bereits ausgestorbenen Spezies berechnen läßt, sofern fossile Daten über Gehirn- und Körpergröße vorhanden sind.

Es ist unwahrscheinlich, daß die geschätzten 40 bis 250 (Struktur-Gen) Mutationen, welche nach allen Berechnungen im Zeitraum der letzten 100 000 Jahre der hominiden Evolution in unser Genom inkorporiert wurden, ausgereicht haben, um die Verdoppelung unserer maximalen Lebensspanne herbeizuführen. Vielmehr sind die meisten Experten überzeugt, daß gleichzeitige Veränderungen in der Regulation einer ganzen Reihe von Genen erfolgt sein müssen. Die Parallelität der Zunahme der Gehirngröße einerseits und der Lebensspanne andererseits lassen auch vermuten, daß die zunehmende Gehirnleistung und die damit verbundene bessere Beherrschung der Umweltgefahren eine entscheidende Rolle in der Verdoppelung der Langlebigkeit gespielt haben.

Wieviele Gene sind beteiligt?

Nimmt man an, Altern sei durch ein einziges Gen determiniert, so sollte man entsprechende Mutanten beobachten können, die zu einer deutlichen Verkürzung bzw. Verlängerung des menschlichen Lebens führen. Nun kennen wir zwar eine große Zahl menschlicher Krankheitsbilder, welche durch Gen-Defekte bedingt sind und mit einer Verkürzung der Lebensspanne des betroffenen Individuums einhergehen, jedoch sind die Ursachen der Lebensverkürzung bei diesen Krankheiten zumeist grundverschieden. Erinnert sei hier etwa an eine bereits im Alter von 10 bis 20 Jahren manifeste Form der koronaren Herzkrankheit, bei der ein autosomal dominant vererbter Defekt in der Produktion von Zelloberflächenrezeptoren für bestimmte Lipoproteine zugrundeliegt. Durch diesen Rezeptordefekt kommt es zur ständigen Erhöhung des Blut-Cholesterinspiegels. Während bei homozygot Betroffenen der Tod durch Myokardinfarkt im jugendlichen Alter eintritt, ist die Ursache der Lebensverkürzung bei anderen vermutlichen Einzelgen-Defekten, z.B. bei familiären Tumorerkrankungen des Dickdarmes, eine ganz andere: In diesen Fällen äußert sich der Gendefekt primär in einer Störung der Regulation von Zellproliferation und/oder Immunkontrolle, wobei die letztliche Ursache die (genetisch bedingte) Unfähigkeit der Darmzellen dieser Patienten sein kann, sich im Laufe des Lebens anhäufende Schäden an ihrer DNA zu reparieren.

Bei diesen beiden Beispielen handelt es sich also mit großer Wahrscheinlichkeit um Defekte verschiedener Gene, die auf pathogenetisch verschiedenen Wegen zu einer Verkürzung der Lebensspanne führen. Umgekehrt gibt es auch keine Hinweise auf Langlebigkeits-Mutanten, zumindest nicht in dem Sinne einer Einzel-Gen-Mutation. Interessanterweise sind bisher auch bei niederen Eukaryonten (Drosophila, Nematoden) alle Versuche fehlgeschlagen, Langlebigkeits-Mutanten zu selektionieren.

Es ist eine Binsenweisheit, daß die optimale Ausschöpfung unserer offensichtlich genetisch determinierten maximalen Lebensspanne ebenfalls von genetischen Faktoren mitbestimmt wird. Wir alle kennen langlebige Familien und wünschen uns langlebige Eltern. Nach allem, was wir wissen, kommt jedoch diese maximale Ausschöpfung des Lebenspotentials dadurch zustande, daß in diesen Stammbäumen deletäre (Einzel)gene nicht oder weniger häufig segregieren. So konnte FRANKE in seinen Untersuchungen von Hundertjährigen zeigen, daß Tumorerkrankungen mit nur 2–6% in dieser langlebigen Population unterrepräsentiert sind. Gerade am Beispiel der Altersabhängigkeit vieler Tumorerkrankungen sehen manche Fachleute Altern als Fortsetzung eines (onto)genetischen Programms, in dem es sowohl prä- als auch postnatal kritische Phasen besonderer Störanfälligkeit gibt: Die häufigsten Hirntumoren treten im Alter von 3–5 Jahren auf, wenn sich das Nervengewebe endgültig vom mitotischen zum postmitotischen Zustand umstellt; zum Zeitpunkt des Abschlusses des metaphysären Knochenwachstums (im Alter von 15–20 Jahren) entstehen die häufigsten bösartigen Tumoren des Knochengewebes (osteogene Sarkome); im Einklang mit dem Nachlassen von zellspezifischen Funktionen ist ebenso das Auftreten von Brust- und Prostata-Carcinomen (40–70 Jahre) altersabhängig.

Daß der Alterungsprozeß demnach eher durch eine Vielzahl von Genen in bestimmter Kombination bedingt wird als von der Wirkung eines einzigen (deletären) Genkomplexes, folgt einfach aus der Tatsache, daß eine Vielzahl von Organen mit unterschiedlichsten Gen-Aktivitätsmustern in den Alterungsprozeß einbezogen ist. Wieviele Gene könnten beteiligt sein? Auf diese Frage hat MARTIN (1981) versucht, eine Antwort zu geben. MARTIN untersuchte anhand des von MCKUSICK herausgegebenen Kataloges der menschlichen Erbkrankheiten die Häufigkeit „progeroider" Manifestationen der einzelnen Krankheiten. Unter den 2336 dort aufgeführten Gendefekten zeigten 165 (ca. 7%) Befunde, die auch beim „normalen" Alterungsprozeß vorkommen. Erwartungsgemäß sind degenerative Veränderungen des Zentralnervensystems, Gefäßerkrankungen und Tumorerkrankungen am häufigsten vertreten (vgl. Tab. 1). Extrapoliert man nun auf die Gesamtzahl aller (Struktur-)Gene des Menschen überhaupt (nach verschiedenen Schätzungen maximal 1×10^5), so ergibt sich, daß nahezu 7000 Gene bei Alterungsprozessen in irgendeiner Form eine Rolle spielen könnten. Auch wenn nur 10% dieser Zahl wirklich beteiligt wären, so würde

Genetik des Alterns

Tabelle 1. Befunde bei 165 genetischen Syndromen mit möglicher Relevanz zur Pathobiologie des Alterns. [Nach MARTIN GM, Fed Proc 38: 1963–1967 (1979)]

Klinischer- bzw. Laborbefund	Zahl der Syndrome m. d. Befund
Demenz oder degenerative neuropathologische Veränderungen	55
Diabetes mellitus	32
Degenerative Gefäßerkrankungen	31
Regionale Fibrose	29
Erhöhte Tumorneigung	26
Vorzeitiges Ergrauen/Verlust des Haares	20
Katarakte	19
Störungen des Lipid-Stoffwechsels	17
Erhöhte Chromosomenbrüchigkeit/-Verlust	15
Osteoporose	13
Hypertension (ohne renale/adrenale)	13
Amyloid-Ablagerungen	12
Erhöhte Ablagerungen von Lipofuszin	8
Anzeichen für Autoimmun-Vorgänge	8

sich dennoch eine einfache genetische Analyse der vermutlichen Loci kaum durchführen lassen.

Ein weiteres Argument für die Polygenie von Alterungsprozessen wurde von MARTIN darin gesehen, daß zu den genetischen Syndromen mit progeroiden Manifestationen auch drei durch Chromosomendefekte bedingte Krankheitsbilder des Menschen zählen. Beim Vorhandensein eines überzähligen Chromosoms Nr. 21 (Down-Syndrom) darf man annehmen, daß alle auf diesem Chromosom beheimateten (Struktur- und Regulations-)Gene bei der Ausprägung des klinischen Bildes mitwirken. Was können wir im einzelnen von einem detaillierten Studium solcher Alterungsmutanten in unserer Spezies lernen?

Alterungs-Mutanten des Menschen

Diese Krankheitsbilder sind nicht nur als klinisches Problem wichtig, sondern gestatten auch Einblicke in fundamentale Aspekte des Alterns. Als Beispiele seien hier nur 2 der 165 Syndrome betrachtet, von denen MARTIN betont, daß sie „segmentale" progeroide Syndrome darstellen, da sie viele, jedoch niemals alle für den Alterungsprozeß typischen Merkmale aufweisen. Die bereits erwähnte Trisomie 21 ist ein vielen vertrautes Krankheitsbild mit charakteristischer Fazies und schwerem Intelligenzdefekt. Weniger bekannt ist, daß diese Patienten bereits im Alter von 30 Jahren histologische Veränderungen in bestimmten Regionen ihres Gehirnes zeigen, wie sie sonst nur bei sehr hochbetagten Menschen anzutreffen sind. Pathologisch-anatomisch handelt es sich dabei um sog. „senile plaques", neurofibrilläre Vernetzungen und granulo-vakuoläre Veränderungen in der Struktur und Funktion vornehmlich fibrillärer Proteine (Neurofilamente, Neurotubuli). In welchem Zusammenhang stehen nun diese verfrühten Alterungsveränderungen im ZNS dieser Patienten zu der zugrundeliegenden Trisomie 21?

Wir wissen, daß viele Genprodukte, speziell Proteine, heteromere Moleküle sind, d.h. aus mehreren Polypeptidketten bestehen. Das beste Beispiel hierfür ist unser roter Blutfarbstoff, das Hämoglobin; dieses Molekül besteht aus jeweils zwei alpha- und zwei beta-Ketten, die von verschiedenen Genkomplexen auf den Chromosomen 11 und 16 des Menschen kodiert werden. In einer erblichen Form von Anämie, der Alpha-Thalassämie, kommt es aufgrund eines Ungleichgewichtes in der Produktion dieser beiden Kettentypen zu einem abnormen Hämoglobin-Molekül (Hämoglobin H), welches nur aus 4 beta-Ketten besteht. Dieses außergewöhnliche Hämoglobin weist verschiedene Störungen auf, unter anderem eine verminderte Löslichkeit. In Analogie zu diesem Defekt des roten Blutfarbstoffes könnte man sich vorstellen, daß die frühzeitigen degenerativen Veränderungen im Gehirn von Patienten mit dem Down-Syndrom in ähnlicher Weise durch ein Ungleichgewicht in der Produktion der Untereinheiten filamentärer und tubulärer Proteine bedingt sind. Diese Hypothese wird erst verifizierbar sein, wenn die Kartierung der verschiedenen Gene für diese Proteine auf dem menschlichen Genom abgeschlossen ist, und wenn wir wissen, ob zumindest einige dieser Loci auf dem Chromosom 21 liegen. Eine derartige Zuordnung ist bereits seit längerem für die zytoplasmatische Form des Enzyms „Super-Oxyd-Dismutase" (SOD) bekannt, welches in der Tat von einem Gen auf dem Chromosom 21 kodiert wird. Patienten mit Down-Syndrom weisen dementsprechend 50% höhere SOD-Enzymaktivitäten auf. Das ist im Zusammenhang mit der Betrachtung von Alterungsprozessen deswegen interessant, weil es sich bei dieser Klasse von Enzymen um wichtige zelluläre Schutzstoffe handelt, die für den Organismus hochtoxische freie Sauerstoff-Radikale (O_2^-) in Wasserstoffsuperoxyd (H_2O_2) und gewöhnlichen Sauerstoff (O_2) umwandeln und damit den ersten Schritt zur „Entgiftung" von O_2^--Radikalen einleiten. Eine ganze Reihe von Theorien sehen in der ubiquitären toxischen Wirkung solcher Radikale eine zentrale Ursache des Alterns. Diese Theorien erlebten eine erhebliche Renaissance durch die Beobachtung (aus Cutler's Labor) einer positiven Korrelation zwischen der maximalen Lebensspanne einer Spezies und der jeweiligen SOD-Aktivität (bezogen auf die gewebsspezifische Stoffwechselrate). Demnach sollten gerade Patienten mit Trisomie 21, die aufgrund des Gen-Dosis-Effektes über 50% mehr SOD-Aktivität verfügen, eigentlich „langsamer" altern. Wenn auch nach dem oben Gesagten zumindest für das Gehirn dieser Patienten eher das Gegenteil zutrifft, so ist es doch interessant, daß diese Patienten selbst gegen Ende ihrer Lebensspanne (zwischen 60 und 70 Jahren) noch kaum altersgemäße arteriosklerotische Gefäßveränderungen aufweisen. Diese konträren Beziehungen illustrieren wiederum den „segmentalen" Charakter dieser Alterungsmutanten des Menschen, und gleichzeitig die Tatsache, daß sich das Seneszenz-Phänomen umfassend nur als poly- oder oligo-gener Prozeß verstehen läßt.

Eine weitere sehr informative progeroide Mutante des Menschen ist das sehr seltene, autosomal rezessiv vererbte Werner-Syndrom (SALK 1982). Patienten mit diesem Syndrom, welches aufgrund seines Erbganges wahrscheinlich auf einen (noch nicht näher bekannten) Einzel-Gen-Defekt zurückgeht, entwickeln sich bis zum Eintritt der Pubertät völlig normal. Bereits zwischen dem 20. und 30. Lebensjahr zeigen diese Patienten jedoch charakteristische Anzeichen vorzeitigen Alterns: Ergrauen der Haare, Atrophie der Haut (besonders im Bereich der Unterschenkel und Füße), Atrophie des subkutanen Fettgewebes, Linsentrübungen (Katarakte), Diabetes mellitus, Osteoporose und schwere arteriosklerotische Gefäßveränderungen. Der Tod tritt in der Regel zwischen dem 40. und 50. Lebensjahr durch Folgen der Gefäßveränderungen (Myokardinfarkt) ein. Im Gegensatz zu dem oben beschriebenen Down-Syndrom finden sich bei Patienten mit Werner-Syndrom jedoch keine frühzeitigen pathologischen Veränderungen des Gehirns; dementsprechend sind die intellektuellen Funktionen dieser Patienten bis zum frühzeitigen Tode völlig intakt. Dem Werner-Syndrom kommt bei der Erforschung möglicher Ursachen menschlichen Alterns deswegen eine so hohe Bedeutung zu, weil hier wie in keinem anderen System eine eindeutige Korrelation zwischen den überstürzten Alterungsvorgängen in vivo und dem vorzeitigen Altern der Hautzellen dieser Patienten in vitro gefunden wurde. Damit fokussierten sich Arbeitsansätze der experimentellen Gerontologie zunehmend auf die Erforschung von Alterungsvorgängen auf zellulärer Ebene.

Omnis senescencia e cellula?

Hautbindegewebszellen (Fibroblasten) von Patienten mit dem Werner-Syndrom können in der Gewebekultur nicht einmal halb so lang vermehrt werden wie entsprechende Zellen von gleichaltrigen Normalpersonen. Fibroblasten von sehr alten Menschen (>80 Jahre) teilen sich ebenfalls in der Zellkultur weniger oft als Fibroblasten, die von jungen Menschen stammen. Ein ähnlicher Verlust des Replikationspotentials in Abhängigkeit vom Lebensalter wurde auch für andere Zelltypen festgestellt (Lymphocyten, Hepatozyten, Keratinozyten, glatte Muskelzellen). Warum reflektiert das Wachstumsverhalten dieser Körperzellen im Reagenzglas das Alter bzw. den pathologischen Phänotyp des jeweiligen Spenders? Bevor man auf diese Frage näher eingehen kann, muß man feststellen, daß es sicher nicht das Versagen der Zell-Replikation ist, was unser Leben begrenzt. Elegante Transplantationsexperimente mit Zellen aus blutbildenden Organen, Haut und Brustdrüsengewebe haben vielmehr ergeben, daß die einzelnen Zelltypen oder Zellverbände das Gast-Tier jeweils mehrfach überleben können. Es wurde bei diesen Versuchen jedoch bestätigt, daß selbst Zellen des (sich bis ins hohe Alter hinein teilenden) Knochenmarks nicht wirklich unsterblich sind, denn nach 3–4 Passagen in Gast-Tieren kam es ebenfalls zu einem Abfall und Stillstand der Teilungstätigkeit.

Mit dem Nachlassen von Replikation kommt es universell zu Veränderungen der Zellfunktion. Am deutlichsten geschieht dies während der ontogenetischen Gewebsdifferenzierung, jedoch auch bei alternden Zellen, z. B. des Immunsystems. Obwohl die meisten älteren Menschen noch über eine genügende Zahl immunkompetenter Zellen verfügen, scheinen diese Zellen auf einen mitogenen Reiz nur mit weniger und langsamerer Zellproliferation zu reagieren als das bei Zellen jugendlicher Individuen der Fall ist. Als mögliches Substrat dieses Funktionsverlustes alter Zellen wird eine Vielzahl von quantitativen und qualitativen Veränderungen von Genprodukten des betreffenden Zelltypus angesehen. So entdeckt man in den alternden Zellen und Geweben Enzyme (z.B. Aldolase, 3-Phosphoglyceratkinase, Tyrosin-Amino-Transferase, um nur einige zu nennen), die nur noch 30–70% ihrer ursprünglichen Aktivität aufweisen. Interessanterweise bleiben dabei die physikalisch-chemischen Parameter dieser Enzyme (Km, elektrophoretische Mobilität, antigenische Identität) unverändert. Es ist daher unwahrscheinlich, daß der Aktivitätsverlust auf klassische Aminosäuresubstitutionen (Punkt-Mutationen) zurückgeht. Auch inkorporieren alte Zellen in speziellen Testsystemen nicht mehr außergewöhnliche (natürlicherweise in dem betreffenden Protein nicht oder nur geringfügig vorkommende) Aminosäuren. Solche Experimente haben gezeigt, daß der Proteinsyntheseapparat alter Zellen vermutlich nicht weniger akkurat arbeitet als der junger Zellen. Den vielleicht schlüssigsten Beweis für diese Annahme liefert die Infektion alter Zellen mit bestimmten Viren, die auf den Proteinsynthese-Apparat der infizierten Zelle zur Herstellung ihrer eigenen Proteine angewiesen sind. Auch hier wurden nicht weniger „korrekte" (virale) Proteine synthetisiert als nach der Infektion junger Zellen. Untersuchungen, die darauf abzielen, daß der Abfall der Enzymaktivität in alten Zellen durch post-synthetische Ereignisse wie Phosphorylierung, Azetylierung, Deamidierung, Adenylierung, Glykosilierung oder durch

Oxydation von SH-Gruppen bedingt sein könnte, sind technisch schwierig und mit der Gefahr von Artefakten behaftet. Ohne eine derzeit befriedigende Erklärung für die Veränderungen der Genprodukte alter Zellen durch Prozesse außerhalb des Zellkerns richtet sich das Augenmerk experimenteller Gerontologen wieder mehr auf den Zellkern und damit direkt auf die Struktur, Funktion und Regulation des genetischen Materials.

Bedeutung des Zellkerns

Es sind wiederum Beobachtungen an menschlichen Alterungsmutanten, welche auf die zentrale Rolle des genetischen Materials bei Alterungsvorgängen hinweisen. So fand man in Zellkulturen des bereits erwähnten Werner-Syndroms eine Vielzahl von Chromosomentranslokationen, von denen man derzeit annimmt, daß sie sowohl in vitro als auch in vivo entstehen. Es handelt sich dabei hauptsächlich um eine ungewöhnliche Anordnung des genetischen Materials, ohne erkennbaren Verlust oder Gewinn von Chromosomenabschnitten (balancierte Chromosomentranslokationen). Man kann sich jedoch vorstellen, daß es durch die unübliche Nachbarschaft von gewöhnlich nicht benachbarten Genabschnitten zu Änderungen der Genexpression kommt. Dabei ist bei derartigen Positionseffekten nicht allein an Veränderungen des primären Transkripts, sondern auch an Störungen des recht komplizierten Vorgangs des Aufbereitens dieses Transkripts zum Transport in das Zytoplasma zu denken. Das Phänomen der Chromosomentranslokationen beim Werner-Syndrom illustriert zudem auch in unserer Spezies eine unvermutete Plastizität des Genoms. Während das klassische Konzept der Entwicklungsgenetik und Zelldifferenzierung auf der sequentiellen Anschaltung von Genen beruht, erkennt man neuerdings auch Gen-Umordnungen als Entwicklungsprinzip. Solche Mechanismen operieren z.B. mit Sicherheit bei der Differenzierung von B-Lymphocyten in Antikörper-produzierende Zellen. Ein anderes Beispiel aus der Entwicklungsgenetik ist die Beobachtung, daß ein und derselbe Genabschnitt in Leberzellen die eine und in Blutzellen die andere von zwei biochemisch möglichen Formen ein und derselben Protein-Kinase produziert. Als Erklärungen für dieses ungewöhnliche Verhalten kommen in Frage: (1) Eine jeweils andere Anordnung der genetischen Untereinheiten (Exons, Introns) des betreffenden Genabschnittes während der Differenzierung. (2) Es gibt zwei unterschiedliche Arten der Aufbereitung ein und desselben Transkriptionsproduktes, bevor es ins Zytoplasma abgegeben wird. Diese neuen molekularen Konzepte werden hier angesprochen, weil sie auch für die Änderungen der Genexpression im Verlaufe von Alterungsprozessen in Frage kommen und eine Begriffserweiterung, z.B. der Definition von Mutationen, beinhalten.

Gibt es neben den erwähnten Chromosomenveränderungen des Werner-Syndroms weitere Hinweise auf Alterationen des menschlichen Genoms mit zunehmendem Alter? Diese Frage kann man bejahen. Zum einen kommt es in Blut- bzw. in Knochenmarkszellen älterer Menschen zum meßbaren Verlust eines der jeweiligen Geschlechtschromosomen. Zum anderen zeigen in der Zellkultur gealterte menschliche Fibroblasten einen zunehmenden Verlust an hoch-repetitiver DNA. Beim letzteren Beispiel erscheint jedoch Vorsicht in der Interpretation geboten, da ähnliche Befunde früher auch an intermediär repetitiven Fraktionen menschlicher DNA (ribosomale DNA) erhoben wurden, jedoch letztlich als Folge von sekundären Chromatin-Veränderungen (DNA-Protein-Vernetzungen) gedeutet werden mußten.

Eine weitaus größere Bedeutung als diese grob-quantitative Veränderung z.T. genetisch wenig informativer Sequenzklassen kommt nach Ansicht vieler Fachleute den qualitativen Veränderungen zu, welche sich ohne Ausnahme im Laufe des Lebens in jeder Zelle unseres Körpers abspielen. Diese Veränderungen umfassen einmal regelrechte Mutationen, also Änderungen des Informationsgehaltes des genetischen Materials durch Basen-Substitution, Shift, Deletion, Addition oder Insertion, wobei die Konformation des DNA-Protein-Komplexes primär nicht verändert wird, und zum anderen DNA-Läsionen. Zu den letzteren gehört eine Vielzahl von Unregelmäßigkeiten in der Konformation der Doppel-Helix und ihrer assoziierten Proteine. Beispiele für solche Läsionen sind Pyrimidin-Dimere, apurinierte Sequenzen (AP-sites), Vernetzungen zwischen Basenpaaren und/oder den benachbarten Proteinen, Anlagerung von Methylgruppen und Anlagerung einer Vielzahl von Chemikalien. Zwischen den Effekten von DNA-Läsionen und Mutationen bestehen Gemeinsamkeiten: beide können durch Änderung des Transkriptes eine veränderte Gen-Expression zur Folge haben, und beide können eliminiert werden. Während die Elimination von Mutationen letztlich auf der Populationsebene über eine erniedrigte Fitness der betreffenden Tochterzellen erfolgt, geschieht die Elimination von DNA-Läsionen mittels einer Reihe von mehr oder weniger komplizierten Reparatursystemen.

Die Hypothese, daß hauptsächlich (einfach rezessive) somatische Mutationen Ursache zumindest der Zellalterung menschlicher Fibroblasten sind, wurde widerlegt: Fusioniert man alte Zellen unterschiedlicher Genotypen miteinander, so sollte in den resultierenden Hybridzellen Komplementation für derartige rezessive (Einzel-Gen-)Mutationen eintreten; die Hybridzellen sollten entsprechend ein verlängertes Teilungswachstum aufweisen. Das ist nicht der Fall. Auch die Möglichkeit der allmählichen Anhäufung von Mutationen in repetitiven Sequenzen (rDNA, tRNA, Histon-Gene) erscheint gerade aufgrund ihrer Möglichkeit zur kompensatorischen

Redundanz wenig plausibel. Während also die somatische Mutationshypothese für individuellen Zelltod oder Tumorentstehung beansprucht werden kann, gibt es an der Bedeutung von DNA-Läsionen als universellem Alterungsprinzip weniger Zweifel.

Altern als Imbalance zwischen Schädigung und Reparatur des genetischen Materials

Es steht außer Frage, daß unser genetisches Material ständigen schädlichen Einflüssen ausgesetzt ist und seine erstaunliche informative Konstanz einer Vielzahl von hochentwickelten Reparaturprozessen verdankt. LINDAHL schätzt, daß eine durchschnittliche Säugerzelle ca. 1×10^4 Purin- und $0,5 \times 10^3$ Pyrimidinbasen durch spontane Hydrolyse allein in einem Zeitraum von nur 20 Stunden bei 37 °C verliert. Extrapoliert man diese Schätzungen auf besonders langlebige Zellen im menschlichen Körper, z. B. die Nervenzellen des Gehirns, so ergibt sich, daß aus jeder dieser Zellen im Laufe des Lebens ungefähr 10^8 Purinbasen (das sind etwa 3% der Gesamtmenge dieses Basen-Typus) verlorengehen. In gesunden Zellen gehört daher die Fähigkeit zur Reparatur von DNA-Läsionen zu den wichtigsten Haushaltsfunktionen der Zelle. Wenn solche Reparatursysteme fehlen, kommt es bereits in frühen Lebensjahren zu Ausfällen in denjenigen Zellsystemen, für die Reparaturleistungen offenbar besonders wichtig sind. Ein vielzitiertes Beispiel hierfür ist die menschliche Erbkrankheit „Xeroderma pigmentosum". Bei Formen dieser Krankheit mit neurologischen Ausfallserscheinungen fehlen nicht nur ein, sondern sogar zwei Reparatursysteme: Einmal verfügen die Zellen der Haut nicht über die Möglichkeit, durch UV-Licht induzierte Pyrimidin-Dimere aus ihrer DNA entfernen zu können, und zum anderen finden sich in Nervenzellen keine oder nur Spuren einer AP-Endonuclease, deren Aufgabe es wäre, sog. AP-sites zu entfernen. Dementsprechend „altert" die Haut solcher Patienten frühzeitig und zeigt zudem bereits im Alter von 10–20 Jahren eine Häufung von Carcinomen, die bei gesunden Menschen erst im hohen Alter vereinzelt auftreten, wenn diese Zeit ihres Lebens ungeschützt starkem Sonnenlicht ausgesetzt waren.

Eine weitere solche Reparatur-Defekt-„Mutante" unserer Spezies ist ein Krankheitsbild mit dem Namen „Ataxia teleangiectatica", welches durch Koordinationsstörungen und Erweiterungen der Blutkapillaren im Augapfel erkannt wird. Diesen Patienten fehlt ein Reparatursystem, das durch ionisierende Strahlen induzierte DNA-Läsionen reparieren kann. Bevor man diesen Defekt analysiert hatte, wurde eine Reihe dieser Patienten diagnostischen Röntgenuntersuchungen ausgesetzt. Diese Patienten erkrankten dann an Tumoren des blutbildenden Systems zu einem Zeitpunkt, wo dies aufgrund der natürlichen Strahlenbelastung eigentlich noch nicht zu erwarten war. Es gibt sicher noch eine ganze Reihe von ähnlichen Reparaturdefekten, die zur menschlichen Alters-Pathologie beitragen, ohne daß die kausalen Zusammenhänge offenkundig wären. Experten schätzen die Heterozygoten-Häufigkeit für Reparaturdefekte in unserer Population auf 1:50 bis 1:100; es ist somit denkbar, daß es gerade diese Heterozygoten sind, welche eine besondere Sensibilität gegenüber DNA-schädigenden (Umwelt-)Agentien (z.B. UV-Strahlen, Röntgenstrahlen, Chemikalien) aufweisen und daher aufgrund ihrer genetischen Konstitution zur Gruppe der mehr oder weniger „kurzlebigen" Menschen gehören.

Im Tierexperiment wurde verschiedentlich eine Beschleunigung des Altersprozesses durch DNA-schädigende Agentien nachgewiesen. So sahen OHNO und NAGAI die mittlere Lebensspanne weiblicher Mäuse nach Fütterung von Dimethylbenzanthrazen (DMBA) von 608 auf 297 Tage reduziert. Diese Reduktion ging nicht primär zu Lasten einer größeren Zahl von Tumoren, sondern erinnerte durchaus an natürliche Alterungserscheinungen, wie wir sie auch vom Menschen her kennen: Verfrühtes Eintreten der Menopause, Ergrauen der Haare, langsame Gewichtsabnahme, etc. Weitere Beispiele sind die klassischen Bestrahlungsversuche an Drosophila, bei denen übrigens auch gezeigt wurde, daß die Lebensverkürzung durch Strahlen um so geringer wurde, je später im Leben die einzelnen Fliegen bestrahlt wurden.

In einer umfassenden Darstellung aller Argumente für die Bedeutung von DNA-Schädigung und Reparatur in der Pathogenese von Alterungsprozessen machen GENSLER und BERNSTEIN auf zwei weitere Systeme aufmerksam, die hier wegen ihrer besonderen Relevanz für menschliches Altern und Langlebigkeit erwähnt sein sollen. Einmal ist das der Hinweis, daß terminal differenzierte Gewebe über weniger Reparaturpotential verfügen als replizierende Zellen. In Hamstergehirnen fanden GENSLER et al. kurz nach der Geburt einen Abfall der Reparaturfähigkeit für UV-Licht-induzierte Läsionen auf nur 9,6% des im Lungengewebe vorhandenen Reparatur-Potentials. Auch in Zellen der glatten Muskulatur kommt es nach dem Stillstand der Zellteilung zu einem Absinken der Reparaturrate. KIRKWOOD u. HOLLIDAY haben aufgrund dieser Beobachtungen vermutet, daß die Aufrechterhaltung von Reparaturfähigkeit in *postmitotischen Zellen* ein Luxus ist, den sich diese Zellen energiemäßig neben der Erfüllung ihrer eigentlichen (zellspezifischen) Aufgaben nicht leisten können. So verbraucht unser Gehirn zur Aufrechterhaltung seiner Zelleistungen 20% des verfügbaren Sauerstoffes, während es nur 2% unseres Körpergewichtes ausmacht. Offenbar werden hier alle zellulären Energiequellen für die Erfüllung der speziellen Nervenzelleistungen benötigt und stehen nicht mehr für Replikation und Reparatur zur Verfügung. Es verwundert demnach auch nicht, daß Untersuchungen der DNA-Polymerase beta (eines speziell zur Reparatur verwendeten Enzymkomplexes) keine Unterschiede zwischen kurz- und langlebigen Mäusestämmen ergeben, solange man Zellen vergleicht, die noch über Replikationskapazität verfügen (Lymphozyten, Fibroblasten). Hier sollten noch beide (oft vielleicht gemeinsame) Enzymsysteme für Replikation *und* Reparatur vorhanden sein. So unterscheiden sich auch Hautfibroblasten junger und alter Menschen nicht in ihren DNA-Reparaturleistungen, solange ihr Wachstumspotential nicht endgültig erschöpft ist.

Das Paradebeispiel für das Zusammenspiel von DNA-Läsionen, Reparaturpotential und Seneszenz sind schließlich Untersuchungen von HART u. SETLOW, die eine erstaunliche Korrelation zwischen der maximalen Lebensspanne einer Spezies und deren Reparaturfähigkeit zeigen. Diese Arbeiten wurden in der Folge durch detaillierte Vergleiche des Reparaturpotentials in Fibroblasten kurzlebiger (*Mus musculus,* 3 Jahre) und langlebiger (*Peromyscus leucopus,* 7 Jahre) Nagerspezies bestätigt. Andere Arbeitsgruppen haben die Validität dieser Korrelation auch in Lymphocytensystemen gefunden. Somit leuchtet es ein, daß wir, als Individuen und als Spezies, unsere Langlebigkeit vor allem gut funktionierenden Reparatursystemen verdanken. Ein Absinken an Reparaturfähigkeit müssen wir offenbar als Gegenleistung für den Luxus immer höherer Differenzierung in Kauf nehmen. Altern wäre somit der Preis, den uns die Evolution für unsere Vielfalt abverlangt.

Warum sind Keimzellen unsterblich?

Diese Frage ist falsch gestellt. Wir wissen, daß bei der Frau bereits vor der Geburt in den fötalen Eierstöcken Degeneration und Verlust von primordialen Eizellen stattfindet. Genauere Zahlenangaben über das Ausmaß dieser physiologischen Keimzell-„Atresie" gibt es erst für den Zeitraum zwischen 15 und 44 Jahren. In diesem Alter verringert sich die Zahl der Keimzellen von etwa 200 000 auf 40–100. Das andersartige Prinzip der Keimzellproduktion im männlichen Geschlecht sichert zwar eine verhältnismäßig intakte Keimzellproduktion bis ins hohe Alter, jedoch nimmt die genetische „Qualität" der im höheren Alter produzierten Keimzellen nachweislich ab. Das hängt vermutlich mit der sehr hohen Zahl von Zellteilungen zusammen, die im höheren Alter produzierte männliche Keimzellen durchlaufen müssen: Nach Berechnungen von VOGEL u. RATHENBERG hat z. B. eine fertige Keimzelle eines 28jährigen Mannes bereits um die 380 Mitosen hinter sich; bei einem 35jährigen sind es schätzungsweise schon 540 Teilungen. Da jede der Teilung vorausgehende DNA-Synthese ein Risiko für (zufallsmäßige) Veränderungen der genetischen Information trägt, kumuliert dieses an sich sehr geringe Risiko mit dem Alter und übertrifft die von der Evolution entwickelten Schutzmechanismen zur unbeschadeten Weitergabe des Erbgutes. (Dazu gehören z. B. die extrakorporale Position der männlichen Gonaden zur Reduzierung der temperaturabhängigen Läsionsrate; die Reparatur von Keimzellschäden unmittelbar nach der Befruchtung durch Reparatursysteme der Eizelle; die hohe spontane, altersabhängige Abortrate beim Menschen, u. a.)

Beispiele für die erhöhte Mutationsrate in älteren männlichen Keimzellen sind verschiedene autosomal dominant vererbliche Krankheitsbilder, z. B. Achondroplasie, das Akrozephalo-Syndaktylie-Syndrom von Apert und das Marfan-Syndrom. Ein 40jähriger Mann hat ein nahezu vierfach höheres Risiko, ein Kind mit Achondroplasie zu zeugen als ein 25jähriger. Auch der vermutliche Geschlechtsunterschied in Mutationsraten ließe sich durch die viel höhere Zahl der Mitosen während der Spermatogenese im Verhältnis zur Oogenese erklären (jeweils nur ca. 24 Teilungen bis zur reifen Eizelle).

Die besser bekannte altersabhängige Zunahme an Nachkommen mit Chromosomenanomalien betrifft das genetische Material selbst nur indirekt. Als Ursachen kommen vielmehr Versagen von mechanischen Faktoren während der Chromosomen- und Chromatid-Trennung, oder die Unfähigkeit des (älteren) weiblichen Organismus in Frage, trisome Föten spontan abzustoßen. Während in diesem Zusammenhang bisher stets ausschließlich von einem erhöhten Altersrisiko der Frau die Rede war, zeigen die neuerdings anhand der pränatalen Diagnostik gemachten Erfahrungen ebenfalls eine statistische Assoziation zwischen erhöhtem Vateralter und Risiko für fötale Trisomie.

Trotz aller hier aufgezeigter Imperfektion und „Mortalität" unserer Keimbahn bleibt die Tatsache, daß über einen Zeitraum von Jahrmillionen einzelne Keimzellen beider Geschlechter nach erfolgreicher Verschmelzung immer wieder „jugendliches" Leben geschaffen haben und in diesem Sinne die Bezeichnung unsterblich verdienen. Von der Vielzahl unserer Körperzellen gibt es hier also einige, welche dem vorher beschriebenen universalen Altersmechanismus entkommen und ihre jeweilige genetische Information mehr oder weniger intakt an den neuen Organismus weitergeben. Wie kann man sich das erklären?

Der entscheidende Unterschied zwischen Keimzellen und anderen Körperzellen besteht darin, daß erstere während ihrer Reifung ein Stadium der Chromosomenpaarung durchlaufen. Zytologische und genetische Daten zeigen unzweifelhaft einen Austausch zwischen den jeweilig gepaarten homologen Chromosomen während dieser Paarung. Im gesamten menschlichen Chromosomensatz finden etwa 50 solche Rekombinationen pro Meiose statt. Bisher sah man in der Schaffung neuer Genkombinationen und damit genetischer Variabilität als Grundlage für weitere Evolution das entscheidende Attribut der Meiose. Unabhängig voneinander haben indessen ROLF MARTIN und HARRIS BERNSTEIN demgegenüber die Hypothese entwickelt, daß die (entwicklungsgeschichtlich) primäre Funktion der Meiose nicht Schaffung genetischer Variabilität, sondern die Reparatur von genetischen Defekten der Keimbahn war. Ausgehend von Beobachtungen an Prokaryoten und anderen niederen Organismen, deren Unsterblichkeit oder Langlebigkeit letztlich an eine intervallmäßige Rekombination und gleichzeitige Reparatur des genetischen Materials gekoppelt ist, argumentieren MARTIN und BERNSTEIN für ein Modell der Reparatur von DNA-Doppelstrang-Läsionen durch meiotische Paarung (Abb. 2). Nur im Stadium der Paarung homologer Chromosomen steht nach derartigen Läsionen eine intakte „Matrize" für eine korrekte Reparatursynthese

Einstrang-Läsion
präreplikativ: Excisions-Reparatur
(intakter Strang dient als Matrize)

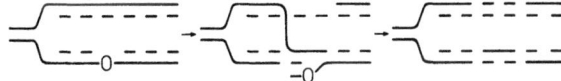

postreplikativ: Rekombinations-Reparatur
(Schwester-Chromatide dient als Matrize)

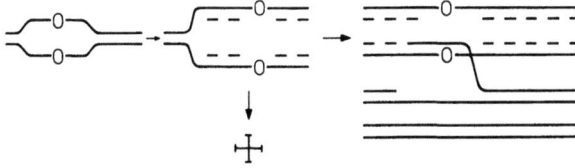

Doppelstrang-Läsion: Zelltod, oder:
Reparatur durch (meiotische) Paarung
(homologes Chromosom dient als Matrize)

Abb. 2. Schematische Darstellung der Reparatur-Möglichkeiten geschädigter DNA. Während Einstrangläsionen im Prinzip stets repariert werden können, kommt es bei einer Doppelstrangläsion in somatischen Zellen unweigerlich zum Zelltod. In den Keimzellen besteht aufgrund der Paarung homologer Chromosomen auch für diesen sonst fatalen Defekt die Möglichkeit der Reparatur. [In Anlehnung an MARTIN R (1977) ICN-UCLA Symposia on Molecular and Cellular Biology, Vol VII pp 355–373]

zur Verfügung. Die phylogenetischen Implikationen dieser Hypothese sind weitreichend: sie begründen die Notwendigkeit der Entwicklung von mehr als haploiden Chromosomensätzen höherer Organismen und die Aufrechterhaltung zweigeschlechtlicher Fortpflanzung. Vor allem öffnet sie ein futuristisches Konzept zur Überwindung des Alterns: Wir müssen unsere übrigen Körperzellen dazu bringen, in bestimmten Abständen eine Paarung homologer Chromosomen durchzuführen, welche die Reparatur ansonsten „lethaler" DNA-Läsionen erlaubt. Bevor jedoch die molekularen Grundlagen zur Einleitung einer temporären Pseudo-Meiose in Somazellen erarbeitet sind, müssen wir uns auf mehr konventionelle Ansätze zur Überwindung des Alterns beschränken, die im letzten Abschnitt dieser Betrachtung erwähnt werden sollen.

Ist Altern vermeidbar?

Wenn wir Altern als Konsequenz unserer Evolution in Super-Organismen mit schier unbegrenzten Möglichkeiten der Zelldifferenzierung und Zelleistung betrachten, so ist klar, daß wir die natürliche Begrenzung unserer Lebensspanne nur durch Veränderung an unserem genetischen Material überwinden können. Davon sind wir heute trotz Gentechnologie noch weit entfernt. Da jedoch jede Expression genetischer Information nur im Zusammenhang mit Umwelteinflüssen realisiert werden kann, ist die Rate der jeweiligen Alterungsprozesse des Menschen ohne Zweifel durch Veränderungen der Umwelt modifizerbar.

In unzähligen Modellsystemen wurden sowohl wissenschaftlich fundierte als auch exotische Rezepte zur Lebensverlängerung erarbeitet. Was kritischer Prüfung jedoch standhält, sind nicht Megadosen an Vitamin E, teueres Procain oder „Longevin" aus Karpfenblut, sondern allein zwei Ansätze, deren Wirkungsweise von vornherein einleuchtend ist: Einmal kann durch die Reduzierung der täglichen Kalorienzufuhr die mittlere Lebensspanne im Tierversuch reproduzierbar erhöht werden. Den gleichen Effekt hat zum anderen eine Reduzierung der Körpertemperatur. Inwieweit diese Möglichkeiten zur Ausschöpfung der maximalen Lebensspanne beim Menschen praktikabel sind, bleibt dahingestellt. Eine „bescheidene Lebensweise" findet FRANKE (1979) als übereinstimmendes Merkmal bei vielen seiner Hundertjährigen, genauso wie Persistenz von intellektueller und körperlicher Aktivität bis ins hohe Alter. Jedoch ist eine maximale Ausschöpfung der menschlichen Lebensspanne auch bei idealen Umweltbedingungen ohne die Grundlage einer glücklichen Genkombination (effektive Reparatur-Gene; Fehlen von „segmentalen" Progerie-Genen) selbst im Zeitalter medizinischer Höchstleistungen (z. B. Organtransplantation) nicht möglich.

Betrachtet man die Ergebnisse der Tierversuche zur Lebensverlängerung, so bleibt außerdem die Frage offen, inwieweit solche im Tierexperiment gefundenen Rezepte ohne weiteres auf den Menschen übertragbar sind. So führt bei Drosophila-Männchen die lebenslange Paarung mit mehreren Weibchen zur statistisch gesicherten Lebensverkürzung. Als jedoch der ehemalige Sklave und Holzfäller Ike Ward im Frühjahr 1982 in Florida starb, lagen 119 Lebensjahre und 16 Ehen hinter ihm. Sicherlich hat die Überwindung der Infektionskrankheiten durch Hygiene und andere medizinische Maßnahmen zu einer dramatischen Verlängerung der durchschnittlichen Lebensspanne des Menschen geführt. Wie aus der Abb. 1 ersichtlich, würde selbst die Beherrschung der 3 dominierenden „Alterskrankheiten" unseres Zeitalters (Krebs, Gefäß- und Herzkrankheiten) nurmehr zu einer Verlängerung der mittleren Lebensspanne auf 98,8 Jahre führen. Eine größere Erhöhung der mittleren Lebensspanne und effektive Verlängerung der maximalen Lebensspanne des Menschen ergäbe sich nach Berechnungen von ROSENBERG durch Erniedrigen der Körpertemperatur (vgl. Abb. 1). Eingedenk kalter Nächte im Norden Kanadas zweifelt der Verfasser dieses Kapitels jedoch daran, ob ein durch Unterkühlung verlängertes Leben noch lebenswert sein kann.

Weiterführende Literatur

Bergsma D, Harrison, DE (eds) (1978) Genetics effects on Aging. Allan Liss, NY
Comfort, A (1979) The Biology of Senescence. Churchill Livingstone, Edinburg London
Cutler RG (1980) Evolution of human longevity. In: Advances in pathobiology Vol 7: Aging, cancer and cell membranes, pp 43–79, Thieme Stratton, Stuttgart New York
Franke, H (1979) Theorien der Langlebigkeit. Aktuel Gerontol 9:167–177
Gensler HL, Bernstein H (1981) DNA damage as the primary cause of aging. Q R Biol 56:279–303
Martin GM (1981) Genetic heterogeneity: Implications for the pathobiology of aging in man. In: Biological mechanisms in aging pp 4–28. Schimke T (ed) NIH Publication No 81–2194
Platt D (1976) Biologie des Alterns. Quelle und Meyer, Heidelberg
Sacher GA (1983) Evolutionary theory in gerontology. Perspect Biol Med (in press)
Salk D (1982) The Werner Adult Progeria Syndrome. Hum Gen 62:1–15
Schneider EL (ed) (1978) The genetics of aging. Plenum Press, New York London

Genetik und Intelligenz

W. Engel

Solange in einem Staat ausreichend Mittel für die Befriedigung der Interessen aller Gruppen vorhanden sind, können selbst extreme gesellschaftliche Positionen kaum Schaden anrichten. Dies ändert sich dann, wenn die Mittel knapper werden und gesellschaftspolitische Prioritäten festgelegt werden müssen. Die populäre Ansicht des Psychologen Eysenck zur Erbe-Umweltabhängigkeit der Intelligenz stellt eine solche extreme gesellschaftliche Position dar. Eysenck behauptet nämlich, daß „in der Tat 80% der Intelligenz vererbungsbedingt und nur 20% umweltbedingt sind". Diese prozentualen Abschätzungen gehen auf einen Artikel des amerikanischen Psychologen Jensen aus dem Jahre 1969 mit dem Titel zurück: „How much can we boost IQ and scholastic achievement?" (Wie stark lassen sich der IQ und der Schulerfolg steigern?) Folgt man der Behauptung von Jensen und Eysenck, dann kommt man sehr schnell zu der Einsicht, daß begabungsfördernde Maßnahmen für Kinder, Jugendliche und Erwachsene eigentlich nur sehr wenig ausrichten können. Eine solche Vorstellung kann bei knappen finanziellen Mitteln Politikern bei der Festlegung gesellschaftlicher Prioritäten sehr entgegenkommen. Durch den Abbau von pädagogischen Förderungsmaßnahmen können nämlich erhebliche finanzielle Mittel eingespart oder in andere Bereiche des Staates verschoben werden. Die Zahl der „Dummen" sollte dadurch nur geringfügig größer werden.

So wie die Psychologen Jensen und Eysenck dem Erbmaterial das Primat für die geistige Leistungsfähigkeit des Menschen zuweisen, so gibt es andere Psychologen, für die der Umwelt die entscheidende Bedeutung zukommt. Eigentlich haben wir es hier mit einem jahrhundertealten Streit zu tun. Dunn und Dobzhansky meinen zu Recht, daß dieser Streit sinnlos ist, und daß die dafür aufgebrachten Stunden vergeudet sind. Die in der Literatur vorhandenen Ergebnisse zum Erbe-Umweltproblem der Intelligenz lassen keinerlei Aussagen über die relativen Anteile von Erbe und Umwelt an der Ausprägung der Intelligenz zu. Sie lassen nur den Schluß zu, daß beide Faktoren für die Ausprägung der geistigen Leistungsfähigkeit eines Menschen gleichermaßen wichtig sind. „Was immer auch die genetischen Möglichkeiten eines Individuums sein mögen, sie werden verwirklicht durch das sich über das Leben erstreckende Zusammenspiel seines Genotypus und der ihn umgebenden Verhältnisse." (DOBZHANSKY). Auf dieser Aussage muß der Humangenetiker bestehen. Weitergehende Aussagen zur erblichen Grundlage der Intelligenz beim Menschen werden erst möglich sein, wenn die an der Ausbildung der Intelligenz beteiligten einzelnen Gene und deren Funktionen bekannt sind. Bislang ist noch nicht einmal bekannt, wie viele der geschätzten 40 000 bis 50 000 Gene im menschlichen Genom zur geistigen Leistungsfähigkeit des Menschen beitragen.

Was ist Intelligenz, wie wird sie gemessen, wie ist sie in der Bevölkerung verteilt und welche Aussagekraft haben die Ergebnisse von Intelligenztests?

Es gelingt kaum, eindeutig zu definieren, was Intelligenz ist. In der psychologischen Literatur findet sich dementsprechend auch eine Vielzahl von Definitionen. Dies erscheint unverständlich, wenn man bedenkt, daß Psychologen seit nahezu 80 Jahren mit der Erarbeitung und ständigen Verbesserung von Testen zur Feststellung der Intelligenz beschäftigt sind. Nach SPEARMAN wird Intelligenz als eine Fähigkeit angesehen, Beziehungen und Zusammenhänge zu erkennen; nach STERN handelt es sich um eine Fähigkeit, sich auf rationales Denken zu verlassen, um sich auf angemessene Weise neuen Situationen anzupassen. Nach WECHSLER ist Intelligenz die Fähigkeit, zweckdienliche Mittel einzusetzen, zweckvoll zu handeln, rational zu denken und sich wirkungsvoll mit der Umwelt auseinanderzusetzen. Die meines Erachtens umfassendste verbale Definition stammt von JASPERS: „Das Ganze aller Begabungen, aller Talente, aller Werkzeuge, die zu irgendwelchen Leistungen in Anpassung an die Lebensaufgaben brauchbar sind, nennen wir Intelligenz."

Art und Grad der Intelligenz werden als quantitatives Merkmal benutzt. Die Intelligenz ist jedoch nicht einwandfrei meßbar. Sie kann durch Beschreibung, Prüfung oder Teste einigermaßen fixiert werden. Die Messung der Intelligenz erfolgt mit den sogenannten Intelligenztesten. Jeder Intelligenztest prüft den Grad und die Qualität der Leistungsfähigkeit eines Menschen gegenüber neuwertigen Aufgaben. Die herangezogenen Teste können jedoch immer nur eine Stichprobe aller denkbar möglichen intelligenten Verhaltensweisen prüfen. HECKHAUSEN weist darauf hin, daß wir allen Grund zu der Annahme haben, daß die bislang entwickelten Testaufgaben eine einseitige Auslese von Bewährungssituationen herausgreifen, die man unter den besonderen gesellschaftlichen Anforderungen in den hochindustrialisierten Ländern für wichtig hält.

Die Ergebnisse von Intelligenztesten drückt man in der Einheit des Intelligenzquotienten, dem IQ aus. Der IQ gibt das Intelligenzalter als Prozentsatz des tatsächlichen Lebensalters an. Entspricht das Intelligenzalter eines Individuums seinem Lebensalter, dann ist sein IQ gleich 100. Ein achtjähriges Kind, dessen Intelligenzalter jedoch dem eines sechsjährigen Kindes entspricht, hat demnach einen IQ von 6 mal 100 dividiert durch 8 $\left(\frac{6 \cdot 100}{8} = 75\right)$. Bei Erwachsenen ist eine genaue Bestimmung des IQ gar nicht möglich, da der eindeutige Bezugspunkt für die Testergebnisse fehlt. Als Bezugspunkt wäre das Alter bei Abschluß der Intelligenzentwicklung festzusetzen. Da dieses Alter in der Literatur zwischen dem 14. und 21. Lebensjahr variiert, beschreibt man zumeist die Testergebnisse bei Erwachsenen nicht mit dem IQ, sondern mit dem Intelligenzalter.

Die Intelligenz stellt in der Bevölkerung ein gestuftes Merkmal dar und bildet eine kontinuierliche Variationsreihe von den niedrigsten bis zu den höchsten Intelligenzgraden. Ähnlich wie etwa die Körpergröße ist auch der IQ in der Bevölkerung in Form einer sogenannten GAUSSschen Normalverteilung verteilt (Abb. 1). Die Testaufgaben in den Intelligenztests sind so konstruiert und zusammengestellt, daß in einer Bevölkerungsstichprobe ein Mittelwert von IQ = 100 erreicht wird. Daraus ergibt sich auch, daß Intelligenzteste immer wieder neu geeicht werden müssen. – Abweichungen vom Mittelwert IQ = 100 sind um so seltener, je größer sie sind. Aus der Abbildung 1 geht hervor, daß die tatsächliche Verteilung des IQ in der Bevölkerung nicht der theoretisch zu erwartenden Verteilung entspricht, nach der Personen mit sehr niedrigem IQ in der Population genauso häufig sein sollten wie Personen mit hohem IQ. In Wirklichkeit übertrifft die Zahl der schwer Schwachsinnigen die der Höchstbegabten nahezu um das Zehnfache. Nach FRASER-ROBERTS finden sich in der Bevölkerung unterhalb eines IQ von 45 achtzehnmal mehr Individuen als theoretisch zu erwarten wären. Diese sogenannte linksschiefe Verteilung des IQ in der Bevölkerung ergibt sich aus der Tatsache, daß für die Eichung der Intelligenzteste (Festlegung der Testaufgaben, um einen Mittelwert von IQ = 100 zu erreichen) manche Personen wie etwa geistig und seelisch Behinderte ausgeschlossen werden.

Die meisten Personen in der Bevölkerung haben einen IQ von 100 (50% bewegen sich zwischen 90 und 110). Menschen mit einem IQ von 140 oder darüber bezeichnet man im allgemeinen als hochbegabt; ihr Anteil in der Bevölkerung wird auf 0,4% geschätzt. Individuen mit einem IQ unter 90 werden als minderbegabt, Individuen mit einem IQ unter 70 als schwachsinnig klassifiziert. Die Grenzen zwischen Minderbegabung und Schwachsinn einerseits und Minderbegabung und Normalbegabung andererseits sind fließend. Man unterscheidet üblicherweise drei Schwachsinnsgrade, die mit Hilfe des IQ festgelegt werden: Debilität (IQ 50 bis 69), Imbezillität (IQ 20 bis 49) und Idiotie (IQ kleiner 20). Die Minderbegabten machen in der Gesamtbevölkerung etwa 20 bis 25%, die Schwachsinnigen

Genetik und Intelligenz

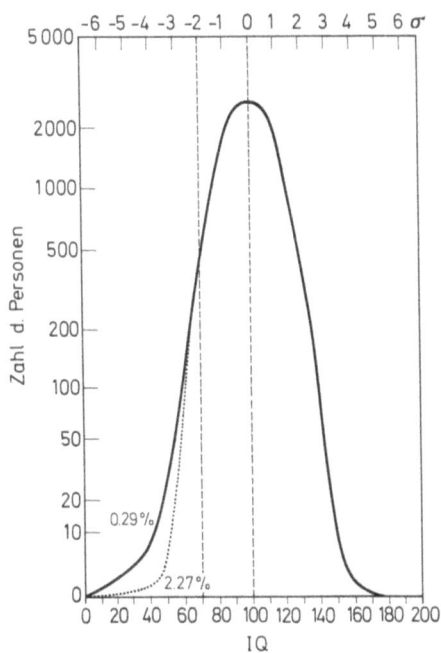

Abb. 1. Theoretische Verteilung des IQ bei 100 290 Personen zwischen 10–14 Jahren (nach den Angaben von PENROSE 1954). Der *linke* Kurvenschenkel verläuft flacher als der *rechte*, er sollte der *gepunkteten Linie* entsprechen; d.h. es gibt mehr Schwachsinnige als Höchstbegabte. Die IQs von 100 und 70 sind durch unterbrochene, senkrechte Linien besonders hervorgehoben: die meisten Personen in der Bevölkerung haben einen IQ um 100, Individuen mit einem IQ < 70 werden als schwachsinnig klassifiziert

2 bis 4% aus. Die Schwachsinnigen verteilen sich auf die drei genannten Schwachsinnsgrade folgendermaßen: 2 bis 3% Debile, 0,5% Imbezile und 0,25% Idioten.

Viele Menschen schließen von der Höhe des IQ einer Person auf deren intellektuelle Fähigkeiten. Dabei übersehen sie, daß die geistigen Leistungen des Menschen stets Ausdruck seiner Gesamtpersönlichkeit sind und durch ein eindimensionales Klassifikationsschema, wie es der IQ darstellt, nicht befriedigend ausgedrückt werden können. Ferner kann der IQ derselben Person bei verschiedenen Testverfahren um mehrere Punkte variieren. Die Reproduzierbarkeit des Ergebnisses in ein- und demselben Test wird um so schlechter, je größer die Zeitabstände zwischen den Wiederholungen des Tests sind. Die Differenz des IQ kann in Einzelfällen bis zu 20 bis 30 Punkte erreichen, wenn mehrere Jahre dazwischen liegen. Bei Kindern müssen altersabhängig Teste mit unterschiedlichen Testaufgaben durchgeführt werden. Dabei hat sich gezeigt, daß die Testergebnisse bei ein- und demselben Kind sehr unterschiedlich ausfallen können. Je älter ein Kind zum Zeitpunkt der Untersuchung ist, desto besser stimmt das Testresultat mit dem späteren Ergebnis als Erwachsener überein. Unter drei Lebensjahren haben Intelligenzteste keinen Voraussagewert. Hier ist eine grundsätzliche Kritik an den Intelligenztesten bei Kindern vorzubringen. Für die Berechnung des IQ wird das Lebensalter eines Kindes, also sein chronologisches Alter zugrundegelegt. Aus Untersuchungen über die Reifung somatischer Merkmale bei Kindern ist jedoch hinreichend bekannt, daß sich das chronologische Alter eines Kindes erheblich von seinem biologischen Alter unterscheiden kann. Für das Lösen der Aufgaben in einem Intelligenztest ist ein bestimmter Reifegrad des Gehirns notwendig. Wenn sich nun Kinder ähnlich wie in anderen somatischen Merkmalen, auch im Reifegrad des Gehirnes voneinander unterscheiden können, d. h. in ihrem biologischen Alter nicht übereinstimmen, dann sind von vorneherein erhebliche Unterschiede in den Testleistungen und im IQ zu erwarten. Da nun alle Kinder desselben chronologischen Alters in der Regel in einer Schulklasse zusammengefaßt werden, werden die Unterschiede der Kinder in ihren Testleistungen weitgehend festgeschrieben. Das Erlernen altersentsprechender Sachverhalte setzt die altersentsprechende Reifung von Gehirnstrukturen voraus. Daraus folgt, daß bei den Intelligenztesten bei Kindern die zu lösenden Aufgaben eigentlich nach dem biologischen Alter der Kinder ausgerichtet werden müßten.

Historisch sind Intelligenzteste als Instrument zur Vorhersage des Schulerfolgs von Kindern entwickelt worden. Im Auftrag einer vom französischen Erziehungsminister 1904 eingesetzten Kommission entwickelten SIMON und BINET den ersten Intelligenztest. Es ist nun tatsächlich so, daß die Ergebnisse des Intelligenztests den Schulerfolg im Durchschnitt recht gut voraussagen können. Im allgemeinen liegen die Korrelationen (r) zwischen den Ergebnissen im Intelligenztest und den Schulleistungen zwischen 0,50 und 0,60. $r = 1$ bedeutet völlige Übereinstimmung, $r = 0$ bedeutet völlige Unabhängigkeit zwischen IQ und Schulleistung. Diese Werte 0,50 bis 0,60 bedeuten, daß man etwa 25 bis 36% der Unterschiede zwischen Schulleistungen aufklären kann, wenn man Intelligenzteste zu Rate zieht. Die Intelligenzteste messen in hohem Maße Fähigkeiten, die in der Schule benötigt werden. Die Korrelation zwischen IQ und Schulleistung von 0,50 bis 0,60 weist aber auch darauf hin, daß für die Schulleistungen auch noch andere Fähigkeiten des Schülers notwendig sind als die, die bei Intelligenztesten erfaßt werden. Die Motivation zum Lernen, außerschulische Förderung oder Fantasie dürften ebenfalls wichtig sein. Weit weniger eng als mit der Schulleistung korrelieren Intelligenztestleistungen mit Berufs- und Lebenserfolg (McCLELLAND). Für den Berufs- und Lebenserfolg sind zwar intellektuelle Fähigkeiten notwendig, aber nicht weniger wichtig sind etwa Kreativität, soziales Verhalten, Fleiß, Ausdauer oder Willensstärke. Hierfür sprechen die Untersuchungen des Psychologen TERMAN, der den Lebensweg von 1528 Kindern mit einem IQ über 140 verfolgt hat. 86% übten im Erwachsenenalter hochqualifizierte Berufe (akademische Berufe; führende Positionen in der Wirtschaft, auf kulturellem oder künstlerischem Gebiet; selbständige Unternehmer) aus, immerhin 14% waren jedoch gar nicht berufstätig oder übten Tätigkeiten mit geringerer Qualifikation aus. Auch Unterschiede im mittleren IQ zwischen den Angehörigen unterschiedlich anspruchsvoller Berufe hat man als Hinweis für die Bedeutung des IQ für den Berufserfolg angesehen. Tatsächlich nimmt der mittlere IQ von Universitätsabsolventen über den Handwerker zum ungelernten Arbeiter hin deutlich ab. Nach EYSENCK besteht zwischen dem IQ der oberen Mittelschicht und dem angelernten oder ungelernten Arbeiter ein Unterschied von etwa 50 Punkten. Aber: die Unterschiede im IQ zwischen den Angehörigen von Berufen mit geringerer Qualifikation sind wesentlich größer als zwischen den Angehörigen in anspruchsvollen Berufen. Man kann daraus ableiten, daß aus der Leistung im Intelligenztest zwar abgeschätzt werden kann, welcher berufliche Erfolg erreicht werden kann, daß aber der IQ keine Garantie dafür gibt, daß dieser berufliche Erfolg auch tatsächlich erreicht wird. Hierfür sind Persönlichkeitseigenschaften notwendig, die bei den Intelligenztesten nicht erfaßt werden. Es steht zudem außer Zweifel, daß für den beruflichen Erfolg der Umwelt eine ganz entscheidende Bedeutung zukommt. Der Volksmund sagt hier: „Wenn der Onkel Papst ist, dann hat man es leicht, Kardinal zu werden."

Die Ergebnisse von Intelligenztesten bei verwandten Personen weisen auf die Bedeutung von Erbe und Umwelt für die intellektuelle Leistungsfähigkeit des Menschen hin

Die ersten wissenschaftlichen Untersuchungen über die erblichen Grundlagen der geistigen Fähigkeiten des Menschen wurden 1865 von FRANCIS GALTON (1822–1911), der neben GREGOR MENDEL (1822–1884) als der Begründer der Erbbiologie gilt, durchgeführt. GALTON untersuchte die Verwandten von 415 berühmten Männern der englischen Geschichte und stellte dabei eine überdurchschnittliche Häufung hoher Begabungen fest. Er kam zu der Schlußfolgerung, daß in bezug auf die geistige Leistungsfähigkeit des Menschen die Anlage der Umwelt weit überlegen ist, wenn die Umweltbedingungen innerhalb gewisser Grenzen variieren. Die Bedeutung von Erbe und Umwelt für die Intelligenz des Menschen wurde dann insbesondere in den ersten Jahrzehnten dieses Jahrhunderts intensiv bearbeitet, und zwar anhand von Familienuntersuchungen bei Hochbegabten, Normalbegabten, Schwachsinnigen sowie durch Zwillingsuntersuchungen. Die dabei erhobenen Befunde lassen keinerlei Aussagen über die relativen Anteile von Erbe und Umwelt an der Ausprägung der Intelligenz zu. Sie lassen nur den Schluß zu, daß die Variabilität der Begabungsphänomene genetisch determiniert ist und der Umwelt eine nicht abgrenzbare Bedeutung zukommt. Das soll im folgenden näher ausgeführt werden.

Verwandte Personen haben einen ähnlicheren Genotypus als nichtverwandte Personen; sie sollten daher auch in ihren geistigen Leistungen einander ähnlich sein. Entsprechend den Gesetzen der Vererbung haben Kinder die eine Hälfte ihrer Gene von der Mutter, die andere vom Vater, und entsprechend je ein Viertel von jedem Großelternteil. Geschwister und zweieiige Zwillinge (ZZ) besitzen ebenfalls die Hälfte aller Gene gemeinsam, eineiige Zwillinge (EZ) dagegen sind genetisch identisch, da sie aus einer einzigen befruchteten Eizelle hervorgehen. Eineiige Zwillinge sollten demnach identische intellektuelle Leistungen zeigen, Unterschiede sollten umweltbedingt sein. Insbesondere Untersuchungen bei getrennt aufgewachsenen eineiigen Zwillingspartnern sollten Aufschluß darüber geben können, inwieweit bei genetischer Identität verschiedene Umwelten die Intelligenz beeinflussen können. Weiterhin sind für diese Fragestellung Vergleiche der Intelligenzquotienten zwischen Kindern, die in Heimen oder bei Adoptiveltern aufgewachsen sind, mit ihren Eltern, sowie zwischen getrennt aufgewachsenen Geschwistern interessant.

Die Ähnlichkeit des IQ zwischen verschiedenen Personen kann mit einem Korrelationskoeffizienten (r) ausgedrückt werden. $r = 1$ bedeutet dabei völlige Gleichheit, $r = 0$ bedeutet Fehlen von Gleichheit. In Abb. 2 sind die Korrelationskoeffizienten für den IQ zwischen Personen verschiedenster Verwandtschaftsgrade nach den Angaben von ERLENMEYER-KIMLING und JAVRIK zusammengestellt. Insgesamt wurden 99 Stichproben mit mehr als 30 000 Individuen berücksichtigt.

Aus dieser Abbildung geht hervor, daß die IQ's verschiedener Individuen um so ähnlicher sind, je näher sie verwandt sind; der Korrelationskoeffizient (Mittelwert!) ist am niedrigsten für nichtverwandte, getrennt aufgewachsene Personen (um 0), am höchsten für zusammen aufgewachsene eineiige Zwillinge (bis 0,89). Für Eltern und Kinder sowie zusammen aufgewachsene Geschwister liegt er mit 0,5 zwischen diesen beiden Werten. Allerdings ergaben neuere und sorgfältiger durchgeführte Familienuntersuchungen wesentlich niedrigere Eltern-Kind-Korrelationen, nämlich zwischen 0,2 und 0,3. Nach der Abb. 2 ist die IQ-Korrelation zwischen Pflegeeltern und Kind im Durchschnitt bei 0,2 gelegen. VOGEL und PROPPING haben in ihrem 1981 erschienenen Buch „Ist unser Schicksal angeboren?" die Korrelationen im IQ zwischen Adoptivkindern und Adoptiveltern ei-

Genetik und Intelligenz 207

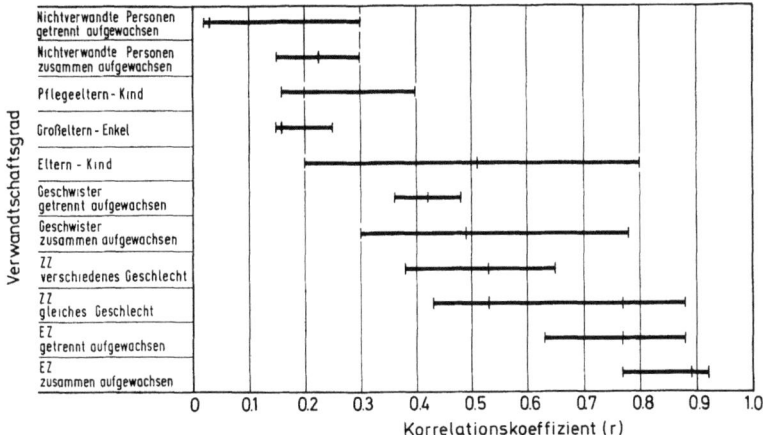

Abb. 2. Korrelationskoeffizienten (r) für den IQ zwischen Personen verschiedener Verwandtschaftsgrade. Jede *horizontale Linie* verbindet die Ergebnisse aus verschiedenen Untersuchungen, der Mittelwert daraus ist durch eine *vertikale Linie* markiert. (Nach den Angaben von ERLENMEYER-KIMLING und JAVRIK 1963)

nerseits und zwischen diesen Adoptiveltern und ihren eigenen Kindern andererseits aus drei neueren amerikanischen Studien zusammengestellt (LOEHLIN). Während die Korrelationen zwischen Adoptiveltern und Adoptivkindern im Durchschnitt bei 0,17 (Väter: 0,16, Mütter: 0,17) liegen, ergibt sich für Adoptiveltern–biologische Kinder ein Wert von 0,37 (Väter: 0,40; Mütter: 0,33). Bei einer der drei nordamerikanischen Studien konnten auch die IQ-Werte der leiblichen Mütter der adoptierten Kinder bestimmt werden. Die Korrelation betrug 0,32. Sie ist damit deutlich höher als zwischen den Adoptivmüttern und den Adoptivkindern und entspricht der Korrelation, die üblicherweise zwischen Eltern und deren biologischen Kindern gefunden wird. Auf die Bedeutung der Vererbung für die Leistung im Intelligenztest weisen auch folgende Befunde hin:

1. Eineiige Zwillingspartner unterscheiden sich im erreichten IQ durchschnittlich um 5,9 Punkte, zweieiige Zwillingspartner dagegen um 10 Punkte. In Abb. 3 sind die Punktdifferenzen im IQ zwischen den Partnern von 50 EZ und 50 ZZ grafisch dargestellt.

2. Zusammen als auch getrennt aufgewachsene eineiige Zwillingspartner sind einander in den Testergebnissen entschieden ähnlicher als zusammen aufgewachsene Geschwister oder zweieiige Zwillingspartner (Abb. 2 u. 4). Es ist hier sehr wichtig, auf die große Variabilität der Ergebnisse in den einzelnen Gruppen der Abb. 2 hinzuweisen. Die Korre-

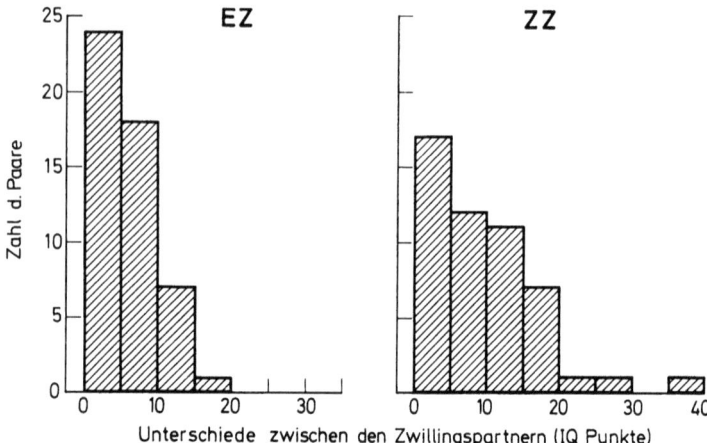

Abb. 3. Unterschiede im IQ zwischen den Partnern von 50 eineiigen Zwillingen (EZ) und 50 zweieiigen Zwillingen (ZZ). (Nach den Angaben von NEWMAN 1937)

lation zwischen Eltern und Kindern bewegt sich zwischen 0,20 und 0,80 oder zwischen 0,30 und 0,78 bei zusammen aufgewachsenen Geschwistern. Auch die Korrelationen der eineiigen und zweieiigen Zwillingspaare überlappen sich beträchtlich.

Die dargestellten Ergebnisse aus Familienuntersuchungen, aus Zwillingsstudien und aus Untersuchungen an Pflege- bzw. Adoptivkindern lassen aber nicht den Schluß zu, daß die Vererbung gegenüber der Umwelt für die Ausprägung der geistigen Leistungsfähigkeit des Menschen maßgeblich bzw. maßgeblicher sei. Insbesondere auf diese Untersuchungen stützen sich die Abschätzungen von JENSEN und EYSENCK, daß 80% der menschlichen Intelligenz erbbedingt sei. Da Familienmitglieder nämlich im allgemeinen eine ähnliche Umwelt haben, können die gegenüber nichtverwandten Personen feststellbaren höheren Korrelationskoeffizienten sowohl das Ergebnis ähnlicherer Erbanlagen als auch ähnlicherer Umwelt sein. Die Ergebnisse der Zwillingsuntersuchungen und der Studien bei Adoptivkindern müssen mit besonderer Vorsicht betrachtet werden. Bei Zwillingen spielen exogene Faktoren eine große Rolle, die die Partner ähnlicher aber auch verschiedener werden lassen können. Dieser Sachverhalt wird von VOGEL und PROPPING ausführlich diskutiert. Solche exogenen Faktoren sind in der Schwangerschaft, im Geburtsverlauf und in der Gruppensituation von Zwillingen zu suchen. Gegenüber Einzelkindern werden bei Zwillingen häufiger Frühgeburten, erniedrigtes Geburtsgewicht und Fehlbildungen bei einem Partner beobachtet. Gerade bei eineiigen Zwillingen können gravierende Unterschiede im Geburtsgewicht bis

Genetik und Intelligenz 209

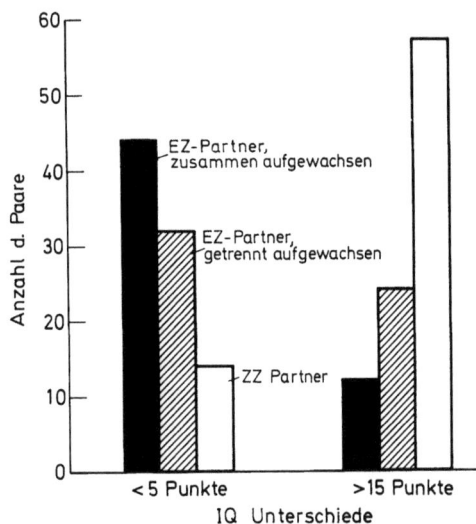

Abb. 4. Anzahl der zusammen und getrennt aufgewachsenen EZ-Paare und der ZZ-Paare, bei denen sich die Partner um weniger als 5 Punkte oder um mehr als 15 Punkte voneinander unterscheiden. (Nach Angaben von SHIELDS 1962)

zu 1000 g vorkommen. Beim Geburtsvorgang ist der zweitgeborene Zwillingspartner wegen mangelnder Blutversorgung und dem damit verbundenen Sauerstoffmangel stets gefährdet. Sauerstoffmangel kann jedoch zu leichteren oder schwereren Schädigungen des Gehirns führen. Die Gruppensituation eineiiger Zwillinge ist von der zweieiiger Zwillinge in der Regel sehr verschieden. Man kann feststellen, daß die Umwelten von zusammen aufgewachsenen eineiigen Zwillingspartnern weitaus ähnlicher ist als die von zusammen aufgewachsenen zweieiigen Zwillingspartern oder Geschwistern. Dennoch wurden auch bei einer Reihe von zusammen aufgewachsenen eineiigen Zwillingen zum Teil erhebliche Unterschiede im IQ festgestellt (Abb. 3 u. 4). Die Besonderheiten der Zwillingsschwangerschaft und der Geburtsverlauf bei Zwillingen müssen bedacht werden, wenn man die IQ-Werte getrennt aufgewachsener Zwillinge wertet. Auch einige methodische Unzulänglichkeiten verfälschen die Ergebnisse aus Untersuchungen bei getrennt aufgewachsenen Zwillingen. Es wird dabei nicht berücksichtigt, in welchem Alter die einzelnen Zwillingspaare voneinander getrennt wurden, in welchem Lebensalter die Intelligenzteste durchgeführt wurden oder inwieweit die Zwillingspartner bzw. deren Pflegeeltern nach ihrer sozialen Herkunft repräsentativ für die Bevölkerung sind. Es kann festgestellt werden, daß die Differenzen im IQ zwischen getrennt aufgewachsenen eineiigen Zwillingspartnern stets um so größer waren, je unterschiedlicher die Umwelten der Partner waren. Bei den bislang mehr als 100 untersuchten getrennt aufgewachsenen eineiigen Zwillingspaaren bestanden jedoch nur selten große Umweltunterschiede. In vielen Fällen waren die eineiigen Zwillinge im Kleinkindalter bei Verwandten oder Freunden der Familie untergebracht worden. – Ähnliche methodische Unzulänglichkeiten wie bei den Untersuchungen an getrennt aufgewachsenen Zwillingen gelten auch für die Adoptionsstudien. In diesen Adoptionsstudien wird besonders deutlich, daß weder die Adoptionseltern noch die Adoptivkinder eine Zufallsstichprobe aus der Bevölkerung repräsentieren, und daß die Ähnlichkeit im IQ zwischen Adoptionseltern und Adoptivkindern um so größer ist, je früher die Adoption stattgefunden hat.

Alle diese Daten – auch die Befunde bei Familienuntersuchungen bei Hochbegabten und Minderbegabten, auf die hier nicht eingegangen wird – weisen letztlich nur darauf hin, daß die Erbanlagen *und* die Umwelt für die geistigen Leistungen des Menschen von Bedeutung sind.

Weitere Befunde, die auf die Bedeutung des Erbmaterials und der Umwelt für die Intelligenztestleistung hinweisen

1. Die Umweltabhängigkeit der Intelligenztestleistung ergibt sich sehr klar aus folgenden Beobachtungen:
a) Im Durchschnitt sinkt die Intelligenztestleistung eines Kindes mit zunehmender Größe der Geschwisterschaft. Die Leistung ist zudem davon abhängig, welche Stellung ein Kind in der Geburtenreihenfolge einnimmt. Die erstgeborenen Kinder in einer größeren Familie erreichen in der Regel höhere IQ-Werte als die letztgeborenen Kinder. Die Ausprägung dieser Unterschiede hängt dabei auch von dem zeitlichen Abstand zwischen den Geburten der Kinder ab.
b) Die Intelligenzquotienten von Kindern, die von Müttern in fortgeschrittenerem Alter geboren wurden, sind durchgehend höher als die von Kindern junger oder sogar sehr junger Mütter.
c) Der Verlust bzw. das Fehlen eines Elternteils kann die Intelligenztestleistung negativ beeinflussen. Die Unterschiede zwischen der Leistung von Kindern aus vaterlosen Haushalten und von Kindern aus intakten Familien sind um so größer, je früher der Vater verloren wird (Tod oder Scheidung) und je jünger das Kind ist, wenn die Abwesenheit des Vaters beginnt.
2. Es gibt den rein umweltbedingten und den rein genetisch bedingten Schwachsinn. Allerdings zeigt sich, daß die intellektuellen Störungen bei genetischen Defekten stets durch adäquate Erziehungsmaßnahmen gemildert werden können. – Bei 15 bis 20% aller Patienten mit geistiger Retardierung spielen umweltbedingte Ursachen wie vorgeburtliche Infektionen,

Man hat heute Hinweise dafür, daß etwa 15 bis 25 Gene auf dem X-Chromosom im Zusammenhang mit geistiger Leistungsfähigkeit stehen. Eine Ausnahme im Hinblick auf das Zusammentreffen von chromosomaler Störung und geistiger Retardierung stellen die Patienten mit Anomalien der Geschlechtschromosomen dar. Patienten mit fehlenden oder zusätzlichen Geschlechtschromosomen (X- oder Y-Chromosomen) können zwar Verhaltensauffälligkeiten zeigen, geistige Retardierung schweren Ausmaßes findet sich jedoch kaum. Bei Patientinnen, bei denen ein Geschlechtschromosom fehlt (Karyotypus 45, X0; Turner-Syndrom) konnte mit Hilfe der Intelligenzteste eine spezifische Störung im kognitiven Bereich der Intelligenz nachgewiesen werden. Bei diesen Patientinnen ist eine gezielte Ursachenforschung im Bereich der Struktur bestimmter Gehirnteile möglich. Spezifischere Aussagen über die Beziehung zwischen geistiger Leistungsfähigkeit und den Geschlechtschromosomen könnten sich auch aus den Befunden bei Patienten mit einer sogenannten brüchigen Stelle auf einem X-Chromosom ergeben (Xq fra; Marker-X-Syndrom). Diese Bruchstelle auf dem X-Chromosom wird nur dann sichtbar, wenn man die Zellen der Patienten in einem Medium ohne Folsäure kultiviert hat. Es handelt sich dabei um männliche Patienten (46, XY), deren IQ zwischen 20 und 50 liegt und die durch eine typische Ohrform und eine Makroorchidomie auffallen. Andere schwerwiegende Fehlbildungen kommen in der Regel nicht vor. In den Familien solcher Patienten mit Xq fra finden sich häufiger weitere männliche Verwandte mit dem Syndrom (X-chromosomal rezessiver Erbgang). Die Mütter sind Konduktorinnen und sind manchmal ebenfalls geringgradig geistig retardiert. Wir wissen seit langem, daß die Zahl geistig retardierter Männer die der geistig retardierten Frauen übersteigt (etwa um 30%). Die bisherigen Untersuchungen lassen die Annahme zu, daß bei einem erheblichen Prozentsatz geistig retardierter Männer ohne Fehlbildungen dieses Xq fra-Syndrom besteht. Obwohl die Patienten mit Xq fra normale Folsäurespiegel im Blut haben, gibt es Hinweise, daß sich die intellektuelle Situation bei exogener Folsäuregabe bessert. Der Grund dafür ist zwar unbekannt, aber die Konsequenzen daraus könnten höchst wichtig werden. Folsäuregaben führen beim Föten oder beim Kind nicht zu Schädigungen. Es ist eine offene Frage, ob vielleicht die Behandlung von Schwangeren bzw. der Neugeborenen die Entwicklung des mit dem Xq fra üblicherweise verbundenen Schwachsinns verhütet.

Bereits ein einziges defektes Gen im homozygoten Zustand kann zu Schwachsinn führen. Der amerikanische Humangenetiker MORTON hat geschätzt, daß dies für etwa 400 Gene im männlichen Genom zutrifft. Die meisten dieser Gendefekte dürften zu Störungen im Stoffwechsel führen (Stoffwechseldefekte). Bei 5 bis 6% aller Schwachsinnigen können solche genetisch bedingten Stoffwechseldefekte nachgewiesen werden. Viele

Schädigungen bei der Geburt, Hirnhautentzündungen oder Unfälle die entscheidende Rolle. Als besonders bemerkenswerte Ursache für rein umweltbedingte geistige Retardierung ist das 1973 erstmals beschriebene fetale Alkoholsyndrom zu nennen. Es handelt sich hierbei um eine Krankheit bei Kindern von Müttern mit chronischem, schwerem Alkoholismus. Die Kinder zeigen eine allgemeine prä- und postnatale Wachstumsretardierung, Dysmorphien des Gesichts, Mikrocephalie (meist unter der dritten Perzentile) und statomotorische Entwicklungsverzögerungen um mehrere Jahre. In Deutschland sollen jährlich mehr als 1000 Kinder mit diesem Syndrom geboren werden (Häufigkeit geschätzt auf 1:3000 Neugeborene). – Aufgrund der rein umweltbedingten prä- bzw. postnatalen Gehirnschädigung wird also von vorneherein die Realisierung der bei den Kindern genetisch möglichen Potenz für intellektuelle Leistungen abgeschnitten.

Störungen in der Struktur und in der Zahl der Chromosomen sowie Mutationen an einzelnen Genen führen zur Beeinträchtigung der geistigen Leistungsfähigkeit. Jedes zweihundertste Neugeborene hat eine Chromosomenstörung. Die meisten Individuen mit einer Chromosomenstörung weisen neben körperlichen Anomalien geistige Retardierung unterschiedlichen Ausmaßes auf. Die bekannteste und häufigste Chromosomenaberration beim Menschen ist der Mongolismus oder auch Down-Syndrom genannt, bei dem ein zusätzliches Chromosom 21 auftritt (Trisomie 21). Die Trisomie 21 findet sich bei 10% aller geistig retardierten Personen. Der mittlere Intelligenzquotient bei diesen Patienten wird mit 30–55 angegeben, er kann jedoch zwischen 20 und 90 variieren. Die erreichte Leistungsposition eines mongoloiden Patienten hängt dabei offensichtlich von seinem familiär determinierten genetischen Hintergrund und von seiner Umwelt ab. Der IQ mongoloider Kinder aus höheren sozialen Schichten ist im Durchschnitt höher als der mongoloider Kinder aus niedrigeren sozialen Schichten. Die IQ-Werte mongoloider Kinder, die in Heimen leben, sind im allgemeinen niedriger (17,4–37,4) als bei solchen, die in ihren Familien aufwachsen (27,4–62,4). SCHAMBERGER hat gezeigt, daß frühzeitige Entwicklungstherapie, beginnend im Säuglingsalter, bei mongoloiden Kindern zu einer deutlichen Verminderung des intellektuellen und somatischen Entwicklungsrückstandes sowie der Verhaltensstörungen führt. Jedoch: gegenüber chromosomal normalen Individuen sind die Grenzen der Bildungsfähigkeit beim Down-Syndrom ebenso wie bei allen anderen chromosomalen Störungen aufgrund der genetischen Störung eng gesteckt. Darauf weist die Tatsache hin, daß bei Patienten mit Chromosomenstörungen, bei denen die Störung aber nur in einem Teil der Zellen vorhanden ist (z. B. Mosaik-Mongolismus) nicht nur die körperliche, sondern auch die geistige Retardierung schwächer ausgeprägt ist. Je niedriger der Anteil anomaler Zellen ist, desto höher ist in der Regel der IQ.

Stoffwechseldefekte, die zu Schwachsinn führen, dürften heute noch unbekannt sein. Gerade bei Individuen mit genetisch bedingten Stoffwechseldefekten wird die große Bedeutung der Umwelt für die Bildsamkeit des Menschen deutlich. Ein typisches Beispiel dafür ist die Phenylketonurie. Bei Patienten mit diesem Krankheitsbild kann infolge des genetischen Defektes das Enzym Phenylalaninhydroxylase nicht mehr gebildet werden, der zugehörige Stoffwechselschritt ist blockiert und es häufen sich bestimmte Stoffwechselprodukte im Organismus dieser Individuen an. Die Stoffwechselprodukte führen zu einer Gehirnschädigung und es kommt zu einem progredienten Schwachsinn. Die geistige Entwicklung der Kinder ist anfänglich normal, der IQ sinkt fortschreitend bis zum Ende des 6. Lebensjahres bis auf 20 ab. Man spricht hier von metabolischem Schwachsinn. Behandelt man aber diese Kinder von Geburt an mit einer entsprechenden Diät, dann durchlaufen sie eine weitgehend normale Entwicklung. Die phenylalaninarme Diät kann im Alter von 8 bis 10 Jahren abgesetzt werden, es wird eine eiweißarme Diät verordnet.

Leider kann erst bei sehr wenigen genetisch bedingten Stoffwechseldefekten der Schwachsinn durch therapeutische Maßnahmen verhindert werden. Das Beispiel der Phenylketonurie zeigt aber ganz eindeutig, daß die Auswirkung der Gene auf den Phänotypus entscheidend durch die Umwelt beeinflußt werden kann. Am Beispiel dieser genetisch bedingten Erkrankung kann auch aufgezeigt werden, wie wichtig offensichtlich bereits die intrauterine Umwelt für die spätere intellektuelle Entwicklung des Kindes sein kann. Ehemals behandelte Frauen mit Phenylketonurie haben Kinder geboren. Diese Kinder sind in der Regel nicht homozygot für den genetischen Defekt wie ihre Mütter, sondern heterozygot. Sie sollten daher gesund sein. Tatsächlich zeigen jedoch 80% der Kinder dieser Frauen Entwicklungsstörungen, z. B. in 54% der Fälle Mikrocephalie, in 46% der Fälle intrauterine Wachstumsretardierung, in 35% der Fälle neurologische Auffälligkeiten; der IQ ist ausnahmslos unter 90. Es gibt eine Reihe von ehemals behandelten Frauen mit Phenylketonurie, die ausschließlich geistig retardierte Kinder geboren haben. Offensichtlich schaden die bei der erwachsenen Frau vorhandenen pathologischen Stoffwechselprodukte kaum oder gar nicht mehr deren Gehirn, sie gelangen aber in den fötalen Kreislauf und führen zu Gehirnschäden bei den normalen Föten. Die Fehlbildungen und die geistige Retardierung der Kinder können durch eine Wiederaufnahme der phenylalaninfreien Diät bei den Müttern vor der Schwangerschaft weitgehend verhindert werden. So kann es durchaus sein, daß auch Stoffwechselprodukte der normalen Schwangeren leichtere Störungen der Entwicklung und Differenzierung des fötalen Gehirns bewirken können. Dadurch könnte dann die intellektuelle Leistungsfähigkeit des Kindes mehr oder weniger stark reduziert sein. Ebenso wie ein negativer Einfluß denkbar ist, ist jedoch auch ein positiver Einfluß möglich. Über die metabolische Interaktion zwischen Mutter und Föt ist leider zu wenig bekannt.

3. Familienuntersuchungen sind bei Hochbegabten und Minderbegabten durchgeführt worden. Auch die Ergebnisse aus diesen Untersuchungen lassen nur die Aussage zu, daß Erbe und Umwelt für die Intelligenz gleichermaßen wichtig sind. Bei den Hochbegabten sind in der Regel sowohl Erbmaterial als auch Umwelt in wesentlich günstigeren Konstellationen vorhanden als etwa bei den Minderbegabten. Hochbegabte haben in der Regel intelligentere Eltern und Verwandte, ebenso wie sich bei den Minderbegabten (leicht Schwachsinnigen) in der Regel minderbegabte Verwandte häufiger finden lassen. Die Geschwister leicht Schwachsinniger haben im Durchschnitt wesentlich niedrigere IQ-Werte als die Normalbevölkerung.

4. Man kann davon ausgehen, daß an der Ausprägung des Merkmals Intelligenz eine Vielzahl von Genen beteiligt ist. Jedes dieser Gene kann ebenso wie jedes andere Gen in unserem Genom mutieren. Wie am Beispiel der Phenylketonurie gezeigt wurde, kann Homozygotie für den Defekt an einem einzigen Gen zu Schwachsinn führen. Wir haben in unserem Genom 2 bis 7 Gene, die defekt sind, aber erst zu einer erblich bedingten Erkrankung führen, wenn ein Nachkomme sowohl vom Vater als auch von der Mutter dasselbe defekte Gen erhält und homozygot (reinerbig) wird. Da Verwandte je nach ihrem Verwandtschaftsgrad mehr oder weniger Gene gemeinsam haben, sollten aus Verwandtenehen häufiger Kinder mit geistiger Retardierung hervorgehen als aus Ehen zwischen nichtverwandten Personen. Dies trifft auch tatsächlich zu. Nach VOGEL und MOTULSKY sind über 40% der Kinder aus Inzestverbindungen schwachsinnig. BASHI hat Intelligenzteste bei Kindern aus Verwandtenehen durchgeführt und dabei festgestellt, daß der IQ bei den Kindern in Abhängigkeit vom Verwandtschaftsgrad zwischen den Eltern absinkt. Verwandtschaft kann sich auf das Merkmal Intelligenz nicht nur negativ, sondern durchaus auch positiv auswirken. Aschkenasia-Juden erreichen im Intelligenztest im Durchschnitt 5 bis 10 Punkte mehr als die weiße Bevölkerung, und viele Juden sind durch Spitzenleistungen hervorgetreten. So sind zum Beispiel überproportional viele Nobel-Preisträger Juden. Zwischen 1901 und 1972 wurde jeder 6. Nobelpreis einem Juden verliehen. Gerade bei Juden kennt man erblich bedingte Defekte, die in anderen Populationen nicht oder äußerst selten vorkommen. Aus sozialen und religiösen Gründen sind die Juden – auch wenn sie als Rasse über die ganze Welt verstreut waren und sind – in ihren jeweiligen Niederlassungen weitgehend unter sich geblieben. Daraus ergibt sich auch, daß Heiraten zwischen Verwandten, wenn auch nicht zwi-

schen Nahverwandten, häufig gewesen sein dürften. Auf diese Weise können genetische Informationen, die für intellektuelle Fähigkeiten maßgeblich sind, in einer Population und in einem Einzelindividuum angereichert werden. Aber auch die Umwelt dürfte zu den überdurchschnittlichen intellektuellen Fähigkeiten der Juden beigetragen haben. In der Unterdrückung und gesellschaftlichen Isolierung konnten die Juden am ehesten durch größere Intelligenz überleben. VOGEL und PROPPING weisen ferner darauf hin, daß jüdische Eltern im allgemeinen alles tun, um ihren Kindern die bestmögliche Förderung angedeihen zu lassen. Lernen und Wissen sind höchste Tugenden. Während bei den Juden also die höhere Intelligenz sowohl auf Erbe als auch auf Umwelt zurückgeführt werden kann, dürfte die statistisch abgesicherte Feststellung, daß die Schwarzen in Amerika im Mittel nur einen IQ von 85 erreichen – also im Durchschnitt 15 IQ-Punkte schlechter sind als weiße Amerikaner – in erster Linie auf mangelhafte oder sogar negativ sich auswirkende Umwelteinflüsse zurückgeführt werden.

Bei der schwarzen Bevölkerung in Amerika lassen sich eine Reihe von Umweltfaktoren herausarbeiten, von denen bekannt ist, daß sie die Intelligenzentwicklung und damit die Intelligenztestleistung nachteilig beeinflussen können. Gegenüber den weißen Amerikanern ist der sozioökonomische Status der Schwarzen im allgemeinen niedriger und sie haben geringere Bildungschancen. Bei den Schwarzen ist die Ernährung schlechter, geringes Geburtsgewicht und Frühgeburten sind häufiger. Im Vergleich zu weißen Familien fehlt in den schwarzen Familien häufiger ein Elternteil, die Familien sind größer, die Geburtenabstände sind kürzer. Schwarze Mütter sind bei der Geburt ihres ersten Kindes im Durchschnitt drei Jahre jünger als weiße Mütter.

In einer der bereits früher genannten Adoptionsstudien handelte es sich um schwarze Kinder, die von weißen Familien adoptiert worden waren. Die schwarzen Adoptivkinder zeigten gegenüber schwarzen nicht adoptierten Kindern einen deutlichen Zuwachs im IQ. Sie lagen mit 106,3 Punkten über dem Durchschnitt der Bevölkerung. Die leiblichen Kinder der Adoptiveltern erreichten im Durchschnitt einen IQ von 116,7 Punkten. Die weißen Adoptivkinder aus anderen Studien hatten im Durchschnitt 111,5 Punkte. Der Abstand von 15 Punkten zwischen Weißen und Schwarzen ist in diesen Adoptionsstudien nicht mehr nachweisbar.

Wenn der Unterschied im Intelligenztest von 15 Punkten zwischen schwarzen und weißen Amerikanern tatsächlich erblich bedingt wäre, dann sollte diese Differenz um so geringer sein, je größer die Zahl der weißen Vorfahren in Negerfamilien ist. Als Marker für die Zahl weißer Vorfahren kann man die Blutgruppenähnlichkeit zwischen Weißen und Schwarzen verwenden. Die Ergebnisse von SCARR und Mitarbeitern zeigen, daß entgegen der Voraussage von JENSEN keine Beziehung zwischen den erreichten Intelligenztestwerten und dem Ausmaß an Vermischung der Neger mit Weißen in Amerika besteht. – Weiße, schwarze und Mischlingskinder in England, die in derselben Umgebung aufgewachsen sind, zeigten keine wesentlichen Unterschiede in der Intelligenztestleistung.

5. Aus verschiedenen Untersuchungen ist bekannt, daß die IQ der Ehepartner sehr ähnlich sind. Sie sind vergleichbar mit denen bei nahe verwandten Personen. Die gefundenen Korrelationen variieren zwischen 0,20 und 0,50. Hier wird nicht nur die Regel „gleich und gleich gesellt sich gern" bestätigt, sondern auch die Frage aufgeworfen, inwieweit eine umweltbedingte Angleichung stattgefunden hat. Es hat sich auch gezeigt, daß die Kinder hochintelligenter Eltern in ihrem IQ im Mittel unter dem der Eltern liegen, während die Kinder von Eltern mit einem IQ unter dem Durchschnitt zwar auch niedrige IQ-Werte zeigen, aber stets höhere Punktzahlen erreichen als die Eltern. Man nennt dieses Phänomen Regression, d. h. ein Rückschreiten auf den Mittelwert der Population. Diese Regression ist sowohl das Ergebnis von Erbe als auch von Umwelt. Kinder haben einerseits nur jeweils die Hälfte ihres Erbmaterials mit Vater bzw. Mutter gemeinsam, und andererseits sind die Umwelten der Eltern- und Kindergeneration mehr oder weniger verschieden.

Wenn also sowohl das Erbmaterial als auch die Umwelt für die geistige Leistungsfähigkeit des Menschen von Bedeutung sind, dann stellt sich die Frage nach der Art des Zusammenwirkens beider Faktoren. Das Erbmaterial ist dabei als Abfolge von Nukleotidsequenzen definiert, während sich der Faktor Umwelt kaum eindeutig definieren läßt. Umwelt ist eigentlich alles das, was nicht Erbmaterial ist. HECKHAUSEN schlägt vor, daß man für die Diskussion des Erbe-Umweltproblems bei der Intelligenz einen ökologischen Umweltbegriff zugrundelegen soll. Dieser enthält dann biologische Aspekte (z. B. die intrauterine Situation, die Stoffwechselverhältnisse der Mutter), psychologische Aspekte (z. B. Erziehungsmaßnahmen im Elternhaus, im Kindergarten und in der Schule), soziale Aspekte (z. B. die finanzielle Situation der Eltern, die Schichtenzugehörigkeit der Eltern, die Zahl der Kinder, die Stellung des Kindes in der Geburtenfolge) und auch physikalische Aspekte (z. B. die Größe der Wohnung und des Freiraumes für das einzelne Kind, die Größe des Gartens, der Besitz eines Autos).

Von JENSEN wird die Intelligenz als das Ergebnis von Erbe plus Umwelt angesehen. Entwicklung ist jedoch nie additiv, sondern die daran beteiligten Faktoren interagieren miteinander. Auch die Intelligenz des Menschen ist als das Ergebnis der Interaktion von Erbe und Umwelt anzusehen. Einflüsse aus der Umwelt erlauben die Realisierung einer in der Erbsubstanz begründeten intellektuellen Fähigkeit. Diese schafft eine neue

Umwelt oder ermöglicht die Reaktion auf eine neue Umwelt, die ihrerseits dann die Realisierung einer anderen in der Erbsubstanz begründeten intellektuellen Fähigkeit zuläßt, usw. Diese Interaktion kann sowohl auf der Ebene der Erbsubstanz als auch auf der Ebene der Umwelt begrenzt werden. Es ist in diesem Zusammenhang wichtig darauf hinzuweisen, daß man nicht der Vorstellung nachhängen darf, daß Umwelt immer nur positive Einflüsse auf die Realisierung der erblich möglichen intellektuellen Fähigkeiten hat. Umwelt kann auch negative Einflüsse haben und die Realisierung erblicher Möglichkeiten verhindern. HASSENSTEIN meint, daß die negativen Einflüsse der Umwelt die positiven Einflüsse überwiegen. Vielleicht ist ein Großteil der Intelligenzunterschiede zwischen den Menschen tatsächlich nicht so sehr auf Unterschiede in ihrer Erbsubstanz zurückzuführen, sondern vielmehr auf fehlende oder sich negativ auswirkende Umweltfaktoren. Die Berechtigung für diese Annahme ergibt sich aus der Tatsache, daß wir bislang gar nicht wissen, welche verschiedensten Begabungen das Erbmaterial des Menschen beziehungsweise des Individuums überhaupt zulassen. Die 13 Milliarden Hirnzellen des Menschen sollten mehr Begabungskombinationen zulassen als bisher verwirklicht sind. Der heutige *Homo sapiens* trat vor fünfzigtausend bis siebzigtausend Jahren auf, erst vor etwa zehn- bis zwanzigtausend Jahren hat er die ganze Erde in Besitz genommen. Genetisch dürfte sich der Mensch seit dieser Zeit kaum verändert haben. Die genetischen Informationen, die etwa für mathematische oder technische Leistungen notwendig sind, waren bei den Steinzeitmenschen ebenfalls vorhanden. Es gab dafür aber keine Umwelt, also wurden die genetischen Möglichkeiten auch nicht realisiert. Es waren damals andere intellektuelle Fähigkeiten gefragt. Die heutigen Menschen unterscheiden sich in ihren mathematischen und technischen Begabungen voneinander. Es könnte sehr wohl sein, daß Individuen, die heute als durchschnittlich begabt angesehen werden und in keinem intellektuellen Bereich besondere Leistungen bringen, in einer anderen gesellschaftlichen Umwelt spezielle Begabungen realisieren können, weil sie entsprechende erbliche Voraussetzungen dafür haben. Diese Vorstellung ist auch umkehrbar: Hochbegabte könnten in einer anderen Umwelt mittelmäßig sein, weil dort Erbanlagen zu realisieren sind, die die in unserer Umwelt Hochbegabten nicht oder in zu geringem Ausmaß haben. Was also den Menschen und insbesondere den Kindern anzubieten ist, ist eine soweit wie irgend möglich differenzierte Umwelt.

Die Bedeutung der ontogenetischen Entwicklung für die menschliche Intelligenz

Die pränatale Entwicklung des Individuums ist gewöhnlich durch seine Erbanlagen in so vorzüglicher Weise programmiert und durch die Bedingungen im Mutterleib so gut geschützt, daß eine harmonische Entwicklung bis zur Geburt gewährleistet ist. Die Ergebnisse der teratologischen Forschung zeigen jedoch, daß eine Vielzahl von Faktoren, wie z. B. chemische Substanzen, Viren, Röntgenstrahlen und andere zu schweren Schädigungen des Fötes führen können. Für die Empfindlichkeit des Embryos gegenüber teratogenen Faktoren ist jedoch das Entwicklungsstadium des Embryos maßgebend. Bis zum Ende der zweiten Entwicklungswoche gibt es nur den Entweder-Oder-Effekt, d. h. schädigt ein Teratogen alle oder den größten Teil der Zellen, dann führt das zum Absterben des Keimes, werden jedoch nur wenige Zellen geschädigt, dann kann der Schaden repariert werden, ohne daß Mißbildungen auftreten. In der Embryonalperiode (3. bis 9. Entwicklungswoche), d. h. im Stadium der Organdifferenzierung sind die meisten teratogenen Stoffe hochwirksam, es kommt zu zahlreichen Mißbildungen. Die Art der erzeugten Mißbildungen hängt jedoch davon ab, welche Organanlagen zum Zeitpunkt der Teratogeneinwirkung am empfindlichsten sind. Jede Organanlage weist in den frühen Differenzierungsstadien die größte Empfindlichkeit auf. Da die Differenzierung der Anlagen für die einzelnen Organe stufenweise erfolgt, kann jeder Anlage eine sogenannte kritische oder sensible Periode zugeordnet werden, während derer eine Umweltbeeinflussung in höchstem Maße wirksam sein kann. Es steht außer Zweifel, daß diese sensiblen Perioden genetisch festgelegt sind.

Die Differenzierung des Gehirns ist wegen ihrer Kompliziertheit weitgehend unverstanden. Die verschiedenen Gehirnteile differenzieren sich zu verschiedenen Zeiten des intrauterinen und postnatalen Lebens. Teratogenetische Experimente bei Tieren und die Beobachtung bestimmter Mißbildungen des Gehirns bei menschlichen Neugeborenen nach Infektionen der Mutter während der Schwangerschaft weisen auf sensible Perioden der Gehirnentwicklung beim Menschen hin. Die Bedeutung der mütterlichen Umwelt für die Gehirndifferenzierung beim menschlichen Embryo und Föten ist bislang kaum untersucht.

KIRCHHOFF weist darauf hin, daß der Föt keineswegs ein völlig reaktionsloses Wesen ist, sondern daß er sowohl spontane Aktivitäten als insbesondere auch die Fähigkeit einer Reizaufnahme und einer Reizbeantwortung hat. Die Frucht in utero besitzt schon Informationen über den Zustand der Mutter und kann darauf aktiv reagieren. Mit Hilfe des Ultraschallbildfilmes und der Elektroenzephalografie können Reaktionen des Fötes auf exogene Reize, wie etwa Schall, Druck oder den mütterlichen Herzschlag nachgewiesen werden. Wesentlich schwieriger ist es jedoch nachzuweisen, daß der Föt auf psychische Komplikationen der Mutter reagiert. Dies wird von den Wissenschaftlern, die sich zu einer internationalen Studiengemeinschaft für pränatale Psychologie zusammengeschlossen haben, intensiv beforscht. Sie haben ernst zu nehmende Befunde zusammengetragen, die in der Bilanz aussagen, daß durch negative und ablehnende Einstellung der Mutter zur Schwangerschaft schon beim Föten Reaktionen induziert werden, die für die im späteren Leben auftretenden seelisch-geistigen Entwicklungsstörungen verantwortlich zu machen sind. Nach KIRCHHOFF sollen die seelischen Konflikte der Schwangeren zu Stoffwechselstörungen führen können. Die reduzierten, erhöhten oder eventuell pathologischen Metabolite könnten im Föten zu bleibenden Veränderungen oder Modifikationen des Gehirns führen. Wenn es sensible Phasen in der Gehirndifferenzierung gibt, dann könnten psychische Störungen der Schwangeren in Abhängigkeit vom Differenzierungszustand des fötalen Gehirns sehr unterschiedliche Effekte auf die späteren psychosozialen und auch intellektuellen Fähigkeiten des Kindes haben. Die negative Umwelt der Schwangeren könnte also schon pränatal die erst postnatal feststellbare intellektuelle Minderleistung bewirken. Es müssen in Zukunft alle Anstrengungen unternommen werden, um die Bedeutung der psychischen Situation der Schwangeren für die Entwicklung des Föten und des Kindes in Erfahrung zu bringen.

Vom Zeitpunkt der Geburt an werden die Möglichkeiten der Einflußnahme der Umwelt auf die psychosoziale und intellektuelle Entwicklung des Menschen besonders bedeutungsvoll. Dabei spielt auch die postnatale Gehirnentwicklung eine große Rolle für die Ausprägung der geistigen Fähigkeiten des Menschen. Das menschliche Neugeborene wird mit einem intakten Stammhirn geboren. Die angeborenen Verhaltensweisen des Neugeborenen können daher auf Neuronennetze zurückgeführt werden, die im Stammhirn lokalisiert sind und während der pränatalen Entwicklung autonom ihre Funktion aufgenommen haben. Wir haben es hier mit Verhaltensweisen zu tun, die aufgrund bloßer Reifung emergieren. Ihre in manchen Fällen bereits pränatale Nachweisbarkeit weist ebenfalls auf ausschließlich genetische Bedingtheit hin. Im Laufe der postnatalen Entwicklung verschwinden diese Verhaltensweisen wieder, offensichtlich infolge einer zunehmenden Kontrolle übergeordneter neuronaler Strukturen, die sehr wahrscheinlich dann erst entstehen. Bei erwachsenen Individuen können nach bestimmten traumatischen Gehirnverletzungen oder infolge genetisch bedingter Atrophien bestimmter Großhirnareale solche für das Neugeborene spezifische angeborene Verhaltensweisen wieder auftreten. Nach der Geburt wächst das Gehirn sehr schnell, und zwar während der ersten beiden Lebensjahre um 350%, in den zehn folgenden Jahren nur noch um 35%. Dementsprechend erreicht das menschliche Gehirn bereits am Ende des dritten Lebensjahres 80% des Gesamtzuwachses während des postnatalen Lebens überhaupt. Zahl und Volumen der Nervenzellen wie auch die Anzahl der Dendritenverbindungen zwischen den Neuronen folgen der genannten Entwicklungskurve. Auch die elektrophysiologischen Eigenschaften des Gehirns, so wie man sie im EEG nachweisen kann, ändern sich im Verlauf der Kindheit ganz entscheidend. Das EEG des Säuglings ist bei fehlendem Grundrhythmus außerordentlich unregelmäßig. Durch die Verbindung der Neuronen untereinander entstehen sogenannte neuronale Netzwerke. Die Anzahl der synaptischen Kontakte zwischen den Neuronen unseres Gehirns wird auf insgesamt 50 000 Milliarden geschätzt. In den neuronalen Netzen sind die Nervenzellen nicht zufällig miteinander verbunden, sondern die Geometrie der Verknüpfungen zwischen den Zellen hat einen hohen Ordnungsgrad. Es entstehen Nervenzellschichten. Es soll hier noch gleich angefügt werden, daß Neuronen, die aus irgendwelchen Gründen zugrundegehen, nicht mehr ersetzt werden. Man kann davon ausgehen, daß das enorme Gehirnwachstum in den ersten drei Lebensjahren genetisch bedingt ist.

Es gibt eine Reihe von Ergebnissen aus der Hirnphysiologie, die zeigen, daß die ersten drei Lebensjahre des Menschen eine sensible oder prägende Entwicklungsperiode darstellen. Ein mehr oder weniger an Sinneszufuhr in dieser Periode kann zu funktionellen und morphologisch-strukturellen Veränderungen im Zentralnervensystem und im Dendritenverschaltungsnetz führen und damit das Ausmaß der späteren Funktionskapazität des Gehirnes maßgeblich bestimmen. Man kann sich vorstellen, daß im Verlauf der ersten drei Lebensjahre neuronale Netzwerke, die in ihrem Ausmaß und in ihrer Verschaltungskomplexität genetisch bedingt sind, autonom ausgebildet werden. Diesen Netzwerken kommen sensible Perioden zu. Werden während dieser Periode die psychosozialen Potenzen der neuronalen Netzwerke nicht oder nur ungenügend verwirklicht, dann können sie sich zurückbilden oder sogar ganz verschwinden.

Aus neurophysiologischen Modellexperimenten ergab sich, daß der Verlust der Fähigkeit, visuelle Gestalten bei bestimmten Formen des Schielens mit dem schielenden Auge zu erkennen, oft nicht durch die Anomalie des Auges bedingt ist, sondern durch den teilweisen Verlust der zunächst angeborenen funktionellen Organisation großer Neuronennetze in dem für das Sehen zuständigen Teil der Großhirnrinde. Auch die Ergebnisse von SENDEN und RIESEN könnten in dieser Weise erklärt werden. Individuen mit angeborenem grauem Star waren nach Operationen kaum in der Lage, Formen zu unterscheiden und die Lage von Gegenständen im Raum zu beurteilen. Ein ähnliches Verhalten zeigten Schimpansen, die von Geburt an ständig im Dunkeln gelebt hatten und dann dem Licht ausgesetzt wurden.

Die Fähigkeit des Menschen, eine Sprache zu erlernen, ist genetisch festgelegt. Bereits die Experimente des Kaisers AKBAR von Indien (1542–1602), Kinder von taubstummen Ammen aufziehen zu lassen, haben gezeigt, daß die Muttersprache nicht angeboren ist, sondern erlernt werden muß. Nach neurologischen Untersuchungen, insbesondere bei Individuen mit Sprachstörungen, liegt für die Sprache eine genetisch festgelegte, endlich große neuronale Matrix vor, die offensichtlich nicht beliebig viele, sondern nur begrenzte Freiheitsgrade zur Sprachentwicklung zuläßt.

Nun beobachtet man bei Kindern mit Deprivationssyndrom, insbesondere bei jenen, die schon kurz nach der Geburt für lange Zeit institutionalisiert wurden, einen erheblichen psychosomatischen Entwicklungsrückstand, wobei insbesondere differenzierte Lernfunktionen wie Wahrnehmung, Sozialverhalten und Sprache erheblich betroffen sind (PECHSTEIN). Es sieht so aus, als könnten diese Kinder bei späterer Aufnahme in Familien die verpaßten Lernprozesse nicht mehr aufholen und erreichten niemals mehr ein normales Niveau für diese Leistungen. Bereits sechs Monate Heimaufenthalt bringen einen Rückstand der Sozial- und Sprachentwicklung um etwa die Hälfte des Lebensalters. Kinder, die erst nach dem dritten Lebensjahr in Heime kommen, zeigen im allgemeinen kaum ausgeprägte Deprivationssyndrome. Auch diese Befunde ließen sich mit der Annahme erklären, bei Kindern mit Deprivationssyndrom wären genetisch bedingte, damit autonom entstandene Neuronennetze für Wahrnehmung, Sprache und Sozialverhalten nur während sensibler Perioden vorhanden gewesen, jedoch in Folge mangelnder Stimulierung durch die Heimumwelt zum größten Teil wieder zurückgebildet worden. Im Sinne verpaßter Lernprozesse während der frühesten Kindheit ließe sich auch die Aussage von JENCKS erklären, daß kompensatorische Erziehung kaum in der Lage ist, Entwicklungsrückstände von Kindern, etwa im kognitiven Bereich, auszugleichen. JENCKS weist darauf hin, daß der Familienhintergrund von entscheidenderer Bedeutung für die kognitiven Fertigkeiten eines Kindes ist als sein IQ-Genotypus, und daß damit lange vor Beginn der Schulzeit die Chancen für eine optimale Ausbildung der Kinder zunichte gemacht werden können. DAVIE hat 1958 17 000 Neugeborene, die im Verlauf einer Woche in England, Schottland und Wales geboren wurden, erfaßt. Das waren 98% aller während dieses Zeitraumes geborenen Kinder. Im Alter von 7 und 11 Jahren wurden die Kinder nachuntersucht. Dabei fand sich ein auffälliger Zusammenhang zwischen dem Beruf des Vaters und Sprach- bzw. Leseschwierigkeiten bei den Kindern. Nahezu die Hälfte aller Kinder, deren Väter ungelernten Berufen nachgingen, waren sprachlich retardiert, während dies nur für 10% der Kinder von Vätern mit gelerntem Beruf zutraf. Genetische Ursachen könnten für diese Unterschiede mitverantwortlich sein. Andererseits hängt die geistige Stimulierung des heranwachsenden Kindes mit dem sozialen Status der Eltern zusammen. Die Retardierung der Kinder von Vätern mit ungelerntem Beruf könnte daher auch im Sinne einer Deprivation von Reizen erklärt werden, die für das

Erhaltenbleiben wichtiger neuronaler Strukturen, z. B. für die Sprache, notwendig sind.

Nimmt man sensible Phasen für diese Neuronennetze an, dann wäre es nicht ungerechtfertigt, der Umwelt, insbesondere der Erziehung, die Aufgabe der Determination zuzuweisen. Würden bestimmte neuronale Strukturen während ihrer sensiblen Phase nicht „geprägt", dann könnte dieser Prozeß nicht mehr nachgeholt werden, weil die notwendigen Strukturen entweder funktionell oder sogar morphologisch verschwunden sind. Einen entsprechenden Hinweis könnte die Beobachtung fehlender Prägung des Säuglings auf eine Bezugsperson, zumeist die Mutter, abgeben. Hat die Prägung während einer bestimmten sensiblen Periode nicht stattgefunden, dann ist sie nicht mehr nachholbar. In gewisser Weise könnte man psychosoziale Störungen, die als Folge ungenügender Stimulierung von neuronalen Strukturen während ihrer sensiblen Periode beim sich entwickelnden Kind auftreten, mit dem Begriff der „sozialen Phänokopie" beschreiben.

Von einer Phänokopie spricht man, wenn ein genetisch unauffälliges Individuum in einer bestimmten Entwicklungsphase infolge eines schädigenden Umwelteinflusses einen abnormen Phänotypus annimmt, der auch als Folge eines genetischen Defektes auftreten kann. Tatsächlich beobachtet man bei Individuen mit genetischen Defekten Störungen und Fehlen neuronaler Strukturen bei gleichzeitigem Vorliegen psychosozialer Anomalien.

Die Bedeutung der genetisch bedingten Einmaligkeit jedes Menschen für die individuelle geistige Leistungsfähigkeit

Die Humangenetik kann zeigen, daß die genetische Variabilität zwischen den Menschen so groß ist, daß mit Ausnahme eineiiger Zwillinge, die aus einem befruchteten Ei hervorgehen und daher tatsächlich genetisch identisch sind, kein Mensch in seiner Genkombination (Genotypus) mit einem anderen übereinstimmt oder je übereinstimmen wird.

Die absolute Einmaligkeit des Individuums kann am eindruckvollsten auf der Stufe der unmittelbaren Genprodukte, der Proteine, aufgezeigt werden. Man kann heute eine große Zahl verschiedener Systeme genetisch determinierter Blutgruppen beim Menschen testen. Die den Blutgruppen zugrundeliegenden Gene können, ohne daß es zu wesentlichen Funktionsänderungen der zugehörigen Proteine kommt, durch Mutationen verändert sein. Die Blutgruppen A, B und 0 sind bedingt durch unterschiedliche Mutationen an einem Gen im Verlauf der Evolution. Man spricht hier von Varianten oder Allelen an einem Genlocus.

In fast allen Blutgruppensystemen sind Varianten nachweisbar. Insgesamt sind damit mehr als 7400 verschiedene Kombinationen möglich, wobei die in unserer Population häufigste Kombination nur bei einer von 14 000 Personen zu erwarten ist. Sichtbarer Ausdruck der genetischen Individualität sind die bei Gewebsübertragungen von einem Menschen auf den anderen nahezu immer auftretenden Unverträglichkeitsreaktionen beim Empfänger. Diese sind insbesondere bedingt durch Proteine, die von drei im menschlichen Genom vorhandenen Genen, den Histokompatibilitätsgenen, kodiert werden. Eine Vielzahl von Varianten ist an diesen Genloci bekannt; daher sind Transplantationen eigentlich nur zwischen eineiigen Zwillingen erfolgreich.

Man schätzt, daß mindestens 15% aller Gene eines Individuums (das sind etwa 7500 Gene) als Allele vorliegen können. Welche Gene das sind, schwankt von Individuum zu Individuum. Es kann nun rechnerisch gezeigt werden, daß bereits bei 50 bis 100 abgewandelten Genen die dadurch möglichen Genkombinationen die Anzahl der Menschen übersteigen, die jemals auf dieser Erde lebten. Bei 50 abgewandelten Genen sind $2^{50} = 1122 \times 10^{12}$ verschiedene Genotypen möglich. Von DOBZHANSKY wird die Zahl der möglichen Genotypen beim Menschen mit $10^{2\,400\,000\,000}$ angegeben. Im Vergleich dazu wird die Zahl atomarer Partikel im gesamten Universum nur mit 10^{76} angenommen. Die genetische Variabilität zwischen den Menschen wird durch die bei der Fortpflanzung erfolgende Rekombination der Gene aufrechterhalten und heute durch die zunehmende Durchmischung von Populationen, Klassen und Rassen sogar gesteigert.

Die embryonale wie auch postnatale Entwicklung des menschlichen Gehirns ist in der DNS vorprogrammiert. Die für die Entwicklung und die Funktion unseres Gehirns verantwortlichen Gene können mit größter Wahrscheinlichkeit ebenso wie die Gene für die Blutgruppen als Allele vorliegen. Damit ist die Annahme gerechtfertigt, daß jedem Individuum von seinem Genotypus her ein einmaliges Gehirn zukommen muß. Dies bedeutet jedoch, daß jeder Mensch individuell lernfähig und bildsam sein sollte. Die genetisch festgelegte Mannigfaltigkeit der Population zwingt zur Forderung eines differenzierten Erziehungssystems, welches die Entwicklung der jeweils individuellen Begabungen eines Kindes zu einem Optimum ermöglicht. Innerhalb der genetisch festgelegten Reaktionsbreite eines Individuums werden offenbar viele Eigenschaften erst verifiziert, wenn sie durch Erziehungsmaßnahmen gefördert werden. Wie allerdings bereits an früherer Stelle dargestellt wurde, kann weder für das menschliche Genom noch für das Genom des Individuums angegeben werden, welche verschiedenen Begabungen möglich sind.

Genetische Variabilität zwischen den Menschen kommt auch darin zum Ausdruck, daß nach VOGEL und MOTULSKY bis zu 30% unserer Bevölkerung heterozygot für irgendeinen erblich bedingten Stoffwechseldefekt sind. Bei drei Stoffwechseldefekten wurde zwischenzeitlich nachgewiesen, daß die klinisch unauffälligen heterozygoten Träger des Gendefektes Verminderungen in bestimmten Bereichen des Intelligenztests aufweisen. Wenn sich nun die Heterozygotie für andere genetisch bedingte Stoffwechseldefekte ebenfalls auf die Leistung im Intelligenztest auswirken kann, dann könnte damit ein nicht unerheblicher Anteil der Variabilität in der intellektuellen Leistungsfähigkeit in der Bevölkerung erklärt werden.

Für die psychosoziale Leistungsposition eines Individuums gewinnt die Erziehung eine zusätzliche Bedeutung, wenn man die Ablaufgeschwindigkeit von Entwicklungsprozessen berücksichtigt. Die Reihenfolge morphologischer Entwicklungsprozesse ist beim Menschen genetisch festgelegt und damit für alle Individuen gleich. So treten die Knochenkerne in den verschiedenen Skelettanteilen bei allen Menschen immer in einer definierten Reihenfolge auf. Die Ablaufgeschwindigkeit solcher Entwicklungsprozesse variiert aber in weiten Grenzen zwischen den Individuen. Diese Unterschiede sind ebenfalls in hohem Maße genetisch festgelegt. Dies bedeutet jedoch, daß sich das chronologische Alter eines Kindes erheblich von seinem biologischem Alter unterscheiden kann.

Ein großer Teil der körperlichen Entwicklungsunterschiede chronologisch gleichalter Kinder verschwindet jedoch, wenn man bei der Beurteilung das biologische Alter zugrundelegt. Definiert man den Zeitpunkt des Auftretens eines bestimmten Zahnes als ein bestimmtes, für alle gleiches biologisches Alter, so läßt sich für dieses biologische Alter eine Durchschnittsgröße der Kinder ermitteln. Weicht ein Kind um einen bestimmten Grad von dieser Größe ab, so tut es dies auch im gleichen Verhältnis als Erwachsener von der Durchschnittsgröße als Erwachsener. Es ist so also möglich, mit Hilfe dieses biologischen Alters die spätere Größe des Erwachsenen vorauszusagen. Dieses biologische Alter steht für jedes Individuum in einer festen Beziehung zum chronologischen Alter. Während der Zeitpunkt der Menarche im chronologischen Alter über mehrere Jahre streut, verschwindet diese Variabilität fast völlig, wenn man das biologische Alter als Bezugsgröße wählt.

Auch für die geistige Entwicklung sind beim Menschen äußerst unterschiedliche Reifungsgeschwindigkeiten bekannt. Man kann daher davon ausgehen, daß die den intellektuellen Fähigkeiten des Individuums zugrundeliegenden neuronalen Strukturen des Gehirns in ihrer Entwicklungsgeschwindigkeit in hohem Maße genetisch bedingt sind und daher in Abhängigkeit vom individuellen Genotypus während unterschiedlicher chronologischer Altersbereiche zur Verfügung stehen können. Erzieherische Maßnahmen, die auf diese individuellen Unterschiede keine Rücksicht nehmen, können möglicherweise ihr Ziel allein aufgrund noch nicht vorhandener neuronaler Strukturen nicht erreichen. In beiden Fällen wäre mit einer späteren Einschränkung der Funktionskapazität des Gehirns zu rechnen. Infolge der Abhängigkeit der psychosozialen Entwicklung des Individuums von der Umwelt kann ein genetisch möglicher Endzustand in zweierlei Weise negativ beeinflußt werden, nämlich einerseits über ungenügende Erziehungsmaßnahmen allgemein und andererseits über die mangelnde Berücksichtigung des biologischen Alters.

Literatur

Aebli H (1977) Die geistige Entwicklung als Funktion von Anlage, Reifung, Umwelt- und Erziehungsbedingungen. In: Roth H (ed) Begabung und Lernen 11 Aufl. Klett, Stuttgart, S 151
Bashi J (1977) Effects of inbreeding on cognitive performance. Nature 266:440
Davie R (1973) Class of 1958. Sci Am October 1973:50
Dobzhansky T (1962) Dynamik der menschlichen Evolution. Gene und Umwelt. Fischer, Hamburg
Dunn LC, Dobzhansky T (1970) Vererbung, Rasse und Gesellschaft. Fischer, Frankfurt
Engel W (1971) Die Bildsamkeit des Menschen aus humangenetischer Sicht. In: Debl H (ed) Die Pädagogik im Dialog mit ihren Grenzwissenschaften. S 152 Ehrenwirth, München
Engel W, Vogel W (1975) Pädagogische Aspekte humanbiologischer Denkansätze. In: Xochellis P, Debl H (eds) Denkmodelle für die Pädagogik. Ehrenwirth, München
Erlenmeyer-Kimling, Jarvik LF (1963) Genetics and intelligence: A review. Science 142:1477
Eysenck HJ (1981) The structure and measurement of intelligence. Naturwissenschaften 68:491
Fraser Roberts JA (1952) The genetics of mental deficiency. Eug Rev 44:71
Hassenstein B (1982) Erbgut, Umwelt, Intelligenzquotient und deren mathematischlogische Beziehungen. Z Psychol 190:345
Heckhausen H (1974) Anlage und Umwelt als Ursache von Intelligenzunterschieden. In: Weinert FE, Graumann CF, Heckhausen H, Hofer M u.a (eds) Funk Kolleg Pädagogische Psychologie Bd 1. Fischer, Frankfurt, S 275
Jencks Ch (1973) Chancengleichheit. Reinbek, Hamburg
Jensen A (1969) How much can we boost IQ and scholastic achievement? Harv Educ Rev 39:1
Kirchhoff H (1982) Die vorgeburtliche Interaktion zwischen Mutter und Kind: „Pränatale Psychologie", ihre Stellung in der heutigen Geburtshilfe. Geburtsh Frauenheilk D 42:1
Knussmann R (1980) Vergleichende Biologie des Menschen. Fischer, Stuttgart
Lenz W (1978) Humangenetik in Psychologie und Psychiatrie. Quelle und Meyer, Heidelberg
Loehlin JC, Lindzey G, Spuhler JN (1975) Race differences in intelligence. Freeman, San Francisco
Loehlin JC (1980) Recent adoption studies of IQ. Hum Genet 55:297
McClelland DC (1973) Testing for competence rather than for 'intelligence'. Am Psychol 28:1
Milunsky A (1979) Unsere biologische Mitgift. Deutsche Verlagsanstalt, Stuttgart

Morjoribanks K (1973) Umwelt, soziale Schicht und Intelligenz. In: Graumann CF, Heckhausen H (eds) Pädagogische Psychologie. 1. Entwicklung und Sozialisation. Fischer, Frankfurt S 190
Newman HH, Freeman FN, Holzinger KJ (1937) Twins: A study of heredity and environment. Univ Chicago Press, Chicago
Oden MH (1968) The fulfillment of promise: 40 year follow up of the Terman gifted group. Genet Psychol Monogr 77:3
Ohno S (1978) Genes and the inner conflicts of beeing man. Perspect Biol Med 22:3
Pechstein J (1973) Das Kind ohne Familie. Monatsschr Kinderheilk D 121:432
Penrose LS (1954) The biology of mental defect. Sidgewick and Jackson, London
Riesen AH (1950) Arrested vision. Sci Am July 1950
Ritter H, Engel W (1977) Genetik und Begabung. In: Roth H (ed) Begabung und Lernen 11. Aufl. Klett, Stuttgart S 99
Schamberger R (1973) Entwicklungsdiagnostik und Entwicklungstherapie bei Kindern mit Morbus-Down-Syndrom. Monatsschr Kinderheilk D 131:314
Scarr S, Pakstis AJ, Katz SH, Barker WB (1977) Absence of a relationship between degree of white ancestry and intellectual skills within a black population. Hum Genet 39:69
Seidler H (1981) Zur Kontroverse über Erbe- und Umweltfaktoren der Intelligenz: Humanbiologische Aspekte. Z Differentielle und Diagnostische Psychologie 2:157
Senden M von (1932) Raum und Gestaltauffassung bei operierten Blindgeborenen vor und nach der Operation. Barth, Leipzig
Shields J (1962) Monozygotic twins brought up apart and brought up together. Oxford Univers Press, London
Spearman C (1927) The abilities of man: Their nature and measurement. MacMillan, London
Stern W (1935) Allgemeine Psychologie auf personalistischer Grundlage. Nijhoff, Den Haag
Vogel F, Motulsky AG (1979) Human genetics – problems and approaches. Springer, Berlin Heidelberg New York
Vogel F, Propping P (1981) Ist unser Schicksal mitgeboren? Severin und Siedler, Berlin
Wechsler D (1956) Die Messung der Intelligenz Erwachsener. Huber, Bern

Biologische Grundlagen menschlichen Verhaltens

W. WICKLER

Das menschliche Verhalten zu erforschen, ist weithin Aufgabe der Psychologie und Soziologie. Aber auch die Biologie kommt ins Spiel, und zwar gleich auf zwei verschiedenen Wegen. Einmal dann, wenn man das menschliche Verhalten als Ergebnis ganz bestimmter stammesgeschichtlicher Entwicklungsvorgänge betrachtet; und ein zweites Mal da, wo es sich um allgemeingültige funktionsgebundene Gesetzmäßigkeiten handelt, denen alle Lebewesen unterliegen, ob sie nun voneinander abstammen oder nicht. Kaum jemand wird bestreiten wollen, daß das Studium außermenschlicher Organismen etwas zum Verständnis des Menschen beitragen kann. Mit Sicherheit rein „apparativ", weil der Mensch Knochen, Muskeln, Hormone, Nervensystem, Blutkörperchen, Verdauungsfermente und vielerlei Organe vom gleichen Bautyp hat wie viele andere Lebewesen. Und diese Bauteile sehen nicht nur so aus, sondern sie funktionieren auch so wie bei anderen Lebewesen. Damit aber sind wir schon vom Bauplan zu den Lebensäußerungen gekommen, zu Bewegungen, Reizbeantwortungen, hormonellen Motivationslagen, also zum Verhalten. Schon immer ging es nicht nur ums Beschreiben, sondern auch darum, wie sich das Funktionieren der biologischen „Verhaltensmaschinerie" beeinflussen läßt. Die Fragestellung und die Konsequenzen kennt jeder aus dem Bereich der Medizin. Die Medizin hat das Leitbild des gesunden Menschen. Woher sie weiß, wie ein gesunder Mensch beschaffen sein soll, ist ein anderes Problem (nämlich das der Normfindung). Nehmen wir hier einfach an, dieses Leitbild stehe fest. Man kann also erkennen, wann jemand krank ist. Und das Ziel ist nun, diese Abweichung zu beheben, den tatsächlichen Zustand dem Leitbild anzugleichen, das heißt, den Kranken gesund zu machen. Dafür gibt es mehrere Verfahren. Eins besteht darin, beschwörend die Maxime zu verkünden: „Du sollst gesund werden." Beschwörung und Gesundbeten sind heute noch – und nicht nur bei Naturvölkern – in Gebrauch; das Verfahren ist aber nicht sehr verläßlich. Besser bewährt hat sich die Kausalanalyse der Krankheitszustände, die es dem Arzt erlaubt, Infektionsherde und organische Fehlfunktionen zu erkennen und direkt zu behandeln. Natürlich befähigt die genaue Analyse der Funktionszusammenhänge den Mediziner auch, einen gesunden Menschen krank zu machen oder einen kranken noch kränker. Die Methode ist wertfrei; man kann sie zum Guten wie zum Bösen benutzen.

Mit dem Verhalten des Menschen ist es nun ganz ähnlich wie mit seinen körperlichen Funktionen. Man weiß im allgemeinen, wie ein Mensch sich richtig verhalten sollte. Woher man das weiß, mag zunächst wieder außer Betracht bleiben. Wenn man es weiß, ist es nicht schwer, Abweichungen von diesem Soll festzustellen. Und dann ist wieder das Ziel, solche Abweichung zu beheben, das Fehlverhalten zu korrigieren. Dafür gibt es nun auch mehrere Verfahren. Das heute noch gebräuchlichste besteht darin, beschwörend die Maxime zu verkünden: „Du sollst Deinen Nächsten lieben wie Dich selbst." Die Erfolge lassen allerdings noch zu wünschen übrig und ermutigen eher, es auch hier mit dem anderen Verfahren einer genaueren Kausalanalyse zu versuchen.

Nun gibt es interessanterweise Stimmen, die heftig gegen dieses Verfahren sprechen. Sie sagen: Was kann dabei schon herauskommen? Die Forscher werden behaupten, auch der Mensch habe Instinkte, ihm selbst vielleicht unbewußte Antriebe, und damit kann er dann alles entschuldigen. Tatsächlich stehen ja Eltern, Lehrer, Seelsorger und Richter immer häufiger vor dem Problem, daß jemand für seine Taten Unzurechnungsfähigkeit in Anspruch nimmt und damit eine Schuld für das, was er getan hat, von sich weist. Daß Kain den Abel erschlug, könnte man seinem Aggressionstrieb zugutehalten; und wenn ein Mann fremd geht, liegt das vielleicht einfach an seiner polygamen Veranlagung. Schließlich – so fürchten manche – wird die Verhaltensforschung einmal ein Lexikon der Ausreden für alle Lebenslagen liefern.

Dieses Argument wirkt, zumal unter pädagogischem Gesichtspunkt, ganz plausibel. Es ist aber falsch und kann sogar gefährlich sein. Denn – und das muß man dann schon ernst nehmen – die Ausreden gelten wirklich für alle Lebenslagen, auch für solche, in denen wir gar nicht nach Ausreden suchen: Eine Mutter, die sich für ihre Kinder aufopfert, handelt dann wahrscheinlich aus Brutpflegetrieb so; ein Mann, der seiner Frau unverbrüchlich treu ist, tut es gemäß seiner monogamen Veranlagung; und wer für eine gerechte Sache kämpft, reagiert dabei seinen Kampftrieb ab. Wenn man mit dem Hinweis auf Instinkte oder Triebe menschliche Taten wirklich verharmlosen kann, dann nicht nur die bösen, sondern auch die guten.

Wenn die Verhaltensforschung also biologische Grundlagen des menschlichen Verhaltens aufdeckt, die – ohne daß es dem Menschen zunächst bewußt wird – sein Verhalten beeinflussen, so liefert sie damit keine Ausweichmöglichkeit vor Schuldgefühlen. Sie liefert aber Einblicke in etwas, das man vielleicht ganz grob ein Antriebsgefüge nennen könnte, das gemäß unserer biologischen Natur vorhanden ist und mit dem man folglich rechnen muß. Auch dieses Antriebsgefüge ist ethisch wertfrei. Man darf annehmen, daß der Mensch es sowohl zu guten wie zu schlechten Taten ausnutzen kann. Oder anders ausgedrückt: ob man am Ende beschließt, den natürlichen Neigungen zu folgen oder ihnen zu trotzen – beides geht erst, wenn man sie kennt, und es wird um so besser gehen, je besser man die Funktionsweise dieser sogenannten natürlichen Neigungen kennt.

Wenn es demnach sicher nichts schadet, eher schon etwas nützt, die biologischen Grundlagen auch des menschlichen Verhaltens zu erforschen, wenn wir also Klarheit über den zu erwartenden Nutzeffekt haben, ist die nächste Frage, wie man solche Forschungen anstellen kann. Auch da kommt man mit Sicherheit in dieselbe Situation wie ein Mediziner: Bestimmte Versuche könnte man zwar am Menschen anstellen, aber man darf es nicht. Deswegen muß man sich nach Ersatzobjekten umsehen, an denen man stellvertretend die notwendigen Experimente machen kann. Die Ersatzobjekte sind dann selbstverständlich Tiere. Das heißt nun nicht, wie man zuweilen hören kann, daß die Verhaltensforschung zu zeigen suche, daß der Mensch auch nur ein Tier sei. Schließlich glaubt ja auch wohl niemand, die Mediziner wollten mit ihren Ratten- und Mäuseversuche zeigen, daß der Mensch ein Nagetier sei.

Ernster zu nehmen ist die immer wieder geäußerte Frage, ob man Ergebnisse, die an einem Tier gewonnen wurden, auf den Menschen übertragen kann. Die Antwort heißt: Nein! Man kann Ergebnisse, die man am Maikäfer gewonnen hat, auch nicht auf den Fuchs übertragen; was für den Hering gilt, braucht nicht auch für den Buchfinken oder den Gorilla zu gelten. Der Zoologe, der vergleichend arbeitet, weiß sehr wohl, welch große Unterschiede es zwischen den verschiedenen Tierarten gibt, und er wird sich hüten, einfach von einer auf die andere zu schließen. Dennoch gewinnt er natürlich etwas, wenn er eine Tierart untersucht hat, nämlich Arbeitshypothesen. Sie erlauben ihm Voraussagen über das Verhalten anderer, noch nicht so genau untersuchter Tierarten, und diese Voraussagen kann er prüfen. Er muß sie prüfen. Und wenn das nicht direkt geht, muß er sie durch möglichst viele überprüfbare Hilfsargumente zu stützen suchen. Dabei kommt er dann zwar nicht über eine Wahrscheinlichkeitsaussage hinaus, mit der man sich aber oft schon zufriedengeben kann. Auch über die Wirkung neuer Medikamente auf den Menschen lassen sich nach Tierversuchen nur Wahrscheinlichkeitsaussagen machen, und trotz schärfster Prüfbestimmungen kann die Voraussage auch einmal falsch sein.

Wie kommt man nun zu möglichst richtigen Voraussagen? Dafür gibt es zwei Wege. Beide nutzen die Tatsache aus, daß die vorhandenen Lebewesen abgestuft ähnlich sind; auf einem Weg versucht man, möglichst ähnliche Arten zu untersuchen, um den Abstand, der durch Schlußfolgerungen überbrückt werden muß, möglichst klein zu halten; auf dem anderen Weg versucht man, durch Untersuchen möglichst verschiedener Arten allgemeine Gesetzlichkeiten zu finden, mit denen sich die Unterschiede zwischen den Arten überspielen lassen. Angewandt auf das Verhalten des Menschen heißt das: Man untersucht stellvertretend für den Menschen entweder seine nächsten Verwandten, nämlich die höheren Affen, die Menschenaffen und speziell den Schimpansen, oder aber man untersucht möglichst viele verschiedene Tiere und versucht, allgemeine Gesetze zu finden, die dann mit hoher Wahrscheinlichkeit auch für den Menschen gelten.

Auf dem ersten Weg, dem der Ähnlichkeitssuche im unmittelbaren biologischen Verwandtschaftsumfeld, bekommt man Hinweise und Aufschlüsse über das Funktionsgefüge der Verhaltensmuster und Verhaltensantriebe im Individuum; auf dem zweiten Wege, dem der Suche nach allgemeinen Gesetzmäßigkeiten des Verhaltens, kann man Aufschlüsse vor allem über die evolutiv bedeutsamen Konsequenzen des Verhaltens bekommen. Das erste will ich am Beispiel der Erforschung des Säuglingsverhaltens erläutern, das zweite an mehr abstrakten Überlegungen zur Normfindung.

Der Teil des menschlichen Verhaltens, der sich der Forschung geradezu anbietet, ist das Verhalten des Säuglings. Der Säugling kann weder sprechen noch nachdenken, noch den Betrachter absichtlich irreführen; man muß, will man ihn erforschen, mit Methoden vorgehen, die zur Erforschung von Tieren entwickelt wurden, und man kommt mit diesen Methoden auch aus. Dennoch ist der Säugling ein Mensch. Sein Verhalten ist aber durchaus überschaubar. Er liegt in seinem Bettchen, meist schläft er. Manchmal nuckelt er am Daumen, zuweilen schreit er, dreht den Kopf hin und her oder fuchtelt mit den Armen in der Luft herum. Eine typische Frage der Verhaltensforschung ist die nach dem Anpassungswert einer Verhaltensweise. Und so möchte man gern wissen, was die eben beschriebenen Bewegungen dem Säugling nützen. Beim Schreien ist das ziemlich einfach – es ruft die Mutter herbei. Merkwürdig ist jedoch, daß das so oft nötig ist. Weder die Kinder der Naturvölker noch die Affenkinder schreien so oft nach der Mutter. Deren Mütter haben ihre Kinder aber auch ständig bei sich; Eingeborenenfrauen tragen die Kinder sogar beim Arbeiten und beim Tanzen auf dem Rücken und schaukeln sie ständig hin und her. Und wenn man einen schreienden Säugling schaukelt, hört er normalerweise zu schreien auf, selbst wenn er in einer automatisch bewegten Wiege liegt. Die Bewegung ist für ihn ein Signal, ein Kennzeichen für die Anwesenheit der Mutter. Nun geht es unseren Säuglingen in der Wiege durchaus nicht etwa schlecht, und sollten sie erkranken, so bringt man sie in die Kinderklinik, wo alles für ihre Gesundung getan wird. Dennoch hinterläßt ein längerer Klinikaufenthalt unerwünschte, sehr nachhaltige Spuren am Kind. Längere Trennungen von der Mutter, vor allem im ersten Lebensjahr, führen zu dauernden seelischen Schäden. Im Extrem entsteht der sogenannte Hospitalismus: Die Kinder sind kaum ansprechbar, lernen wenig, spielen kaum, fangen viel zu spät zu sprechen an usw. Ihnen fehlt der normale Kontakt mit der Mutter. Deswegen versuchen manche Kinderkliniken heute, der Mutter unbeschränkten Zugang zum Kind zu erlauben, weil die seelische Schädigung des Kindes schwerer wiegt als eine Ansteckungsgefahr. Selbst wenn die Pflegesituation in einer Klinik oder Kinderkrippe ebensogut wäre wie bei der Mutter, kann der menschliche Säugling sie nicht ausnutzen, weil er biologisch auf eine bestimmte Situation angelegt ist. Diese Anlage zieht der Technisierung der Säuglingspflege Grenzen, wenn sich das Verhalten normal entwickeln soll.

Und das ist keine spezifisch menschliche Eigenschaft. In den berühmten Versuchen von HARLOW mit Rhesus-Affen-Kindern kam ganz Entsprechendes heraus. Zwar lernen diese Tiere nie sprechen. Aber wenn man sie ohne Mutter bei sonst guter Pflege aufzieht, so haben sie später große Schwierigkeiten, sich in eine Rhesus-Affengruppe einzuordnen. Ihre sozialen und sexuellen Beziehungen sind stark gestört, und wenn weibliche Tiere doch Mutter werden, dann behandeln sie ihre kreischenden, sich anklammernden Jungen wie große Flöhe, die auf ihnen herumkriechen. Sie schlagen sie immer wieder, beißen sie und drücken ihre Gesichter auf den Boden. Diese Mütter waren in ihrem Erbgut ganz normal; beeinträchtigt waren sie durch Jugendeindrücke. Welche große Rolle das Elternhaus und frühe Kindheitserfahrungen für die Verhaltensentwicklung auch beim Menschen spielen, weiß heute jeder aus den Zeitungen, die ja immer wieder über traurige Fälle berichten, vor allem wenn solche Menschen als Jugendliche oder Erwachsene mit dem Gesetz in Konflikt kommen, weil eben auch sie sich in das Sozialleben nicht einordnen können. Zu den biologischen Grundlagen des menschlichen Verhaltens gehört also auch, daß frühe Eindrücke das spätere Verhalten mitbestimmen.

Aber noch einmal zurück zu unserem Säugling. Oft schreit er, wenn er Hunger hat. Und dann dreht er den Kopf von einer Seite zur anderen und schlägt mit den Armen. Er bewegt sie abwechselnd auf und ab und öffnet und schließt dabei die Finger. Meist gehen die Finger auf, wenn der Arm nach oben geführt wird, und schließen sich, wenn der Arm abwärts bewegt wird. Ein leichter Schleier, den man über das Kind breitet, wird auf diese Weise fußwärts weggeschoben, als ob das Kind kletterte. Außerdem ist wohl jedem bekannt, was passiert, wenn ein Säugling Haare zu fassen bekommt, wie krampfhaft er sich daran festhält. Alles das hilft ihm im Bettchen wenig. Aber Bettchen sind auch eine wesentlich jüngere Erfindung als Säuglinge. Vergleichsbeobachtungen an Affen zeigen, daß alle diese Verhaltensweisen auch bei ihnen vorkommen, und da leuchtet ihre Bedeutung unmittelbar ein. Das hungrige Junge klettert nämlich zur Brust der Mutter, wobei es sich im Fell erstaunlich fest hält. Die seitlichen Kopfbewegungen sind Suchbewegungen; sie hören bei Affen- wie bei Menschenkindern sofort auf, wenn die Lippen die Brustwarze ertastet haben. Daß auch der junge Mensch dieses ganze, wohlgeordnete Verhalten zeigt, kann nur daran liegen, daß es sich länger erhalten hat als der Körperpelz der Mutter, auf den es ursprünglich gemünzt war.

Das ist ein Beispiel dafür, daß im Verhalten „historische Reste" enthalten sind. Anpassungen von gestern, die immer noch mitgeschleppt werden, auch wenn sie ihre Bedeutung verloren haben. Man muß also damit rechnen, daß es Verhaltenseigentümlichkeiten beim Menschen – ebenso wie bei anderen Lebewesen – gibt, die zwar nicht den heutigen Erfordernissen entsprechen, die sich aber auch nicht einfach ändern oder abschaffen lassen. Und die Kenntnis solcher Zusammenhänge kann man sogar nutzbringend anwenden. Erfahrene Hebammen wissen zum Beispiel, daß man zu früh geborene Kinder, die nicht trinken, durch folgenden Kniff doch dazu bringen kann: Man muß ihnen etwas zum Festhalten in die Hände geben, am besten etwas Pelziges. Auf dem Umweg über das veraltete Festklammern im mütterlichen Pelz, das zur Nahrungsaufnahme gehörte, läßt sich auf diesem noch unreifen Stadium das Saugen in Gang bringen; mit einem technisch noch so raffiniert gebauten Gummisauger geht das nicht. In den ersten Lebenswochen trinkt der Säugling durch pumpende Mundbewegungen, also saugend. Später pumpt er nicht mehr, sondern streicht mit leckenden Zungenbewegungen die Milch heraus. Und noch später kommt durch kompliziertes Zusammenwirken von Lippen und Zunge ein Bewegungsmuster zustande, mit dem er vom Löffel essen kann. Versucht man, einen Säugling in der Leckphase mit dem Löffel zu füttern, so bewegt er dennoch ganz automatisch die Zunge vor und zurück und schiebt damit auch den Brei im Mund zurück und vor und ziemlich oft sogar zum Mund hinaus; das kennt jeder, der einmal Babies gefüttert hat. Das ist nicht Dummheit vom Kind, sondern es verfügt zu dieser Zeit noch nicht über das andere Bewegungsmuster. Das muß erst reifen. Und dazu braucht es keine Erfahrungen, sondern lediglich Zeit. Es gibt also Verhaltensänderungen beim Menschen, die sozusagen von allein vor sich gehen, ohne daß dabei Lernen eine Rolle spielt.

Wenn für die Ausformung eines Verhaltens Erfahrung keine Rolle spielt, muß man schließen, daß dieses Verhalten genetisch verankert ist. Meist nennt man dieses Verhalten „angeboren"; aber das ist kein sehr glücklicher Name, weil in der Medizin alles angeboren heißt, was bei der Geburt vorhanden ist, auch wenn es sich beispielsweise um eine Krankheit handelt, die das Kind im Mutterleib erworben hat, die also nicht im Erbgut verankert, nach unserer Terminologie also gerade nicht angeboren ist. Verhaltenselemente, die genetisch festgelegt sind, gibt es im Tierreich recht häufig. Das beweist schon die Tatsache, daß man Hunde auf bestimmte

Charaktereigenschaften züchten kann und daß Kampfhähne, Kampffische und Kampfstiere ebenfalls seit Jahrtausenden auf Kampflust gezüchtet werden. Das kann nur gehen, wenn Erbfaktoren an diesem Verhalten maßgeblich beteiligt sind. Seit langem möchte man wissen, ob es beim Menschen ähnlich ist. Obwohl man für bestimmte Verhaltensweisen meist nicht angeben kann, wieweit sie genetisch festgelegt sind, kann doch kein Zweifel mehr darüber bestehen, daß es auch beim Menschen vererbte Verhaltensweisen gibt. Rein theoretisch wäre es schon höchst merkwürdig, wenn es beim Menschen prinzipiell anders als bei Tieren wäre. Bei diesen kann man erblich fixierte Fähigkeiten dadurch entdecken, daß man ihnen jede Möglichkeit nimmt, solche Fähigkeiten zu erwerben; dazu isoliert man möglichst junge Individuen und zieht sie isoliert auf. Solche Isolierungsexperimente wurden übrigens zuerst am Menschen selbst angestellt, und zwar im 7. Jahrhundert vor Christus vom ägyptischen König Psammetichos, im 13. Jahrhundert vom Hohenstauffen-Kaiser Friedrich dem Zweiten, im 15. Jahrhundert vom König von Schottland Jakob dem Vierten und im 16. Jahrhundert vom Mogulfürst Akbar. Alle wollten sie wissen, ob dem Menschen von der Natur her eine Sprache mitgegeben sei, und falls ja, welche. Sie ließen deshalb Neugeborene von ihren Müttern trennen und eingesperrt von Menschen betreuen, die sie nicht liebkosen und auch kein Wort mit ihnen sprechen durften. Psammetichos ließ die Kinder von Ziegen säugen. Die drei letztgenannten Fürsten hatten, um sicherzugehen, taubstumme Betreuer eingesetzt. Friedrich der Zweite ließ die Kinder in einem Säuglingsheim aufziehen, das mit allen Einrichtungen der damaligen Hygiene ausgestattet war, so daß für die Kinder äußerlich gut gesorgt war. Dennoch siechten die Kinder dahin und starben.

Heute herrscht Übereinstimmung darüber, daß man solche Experimente an Kindern nicht anstellen darf. Aber es gibt zufällige Ausschaltfälle der Natur, die man wie ein Experiment auswerten kann. Dazu gehören blind oder taub und blind geborene Kinder. Sie zeigen das Lächeln, später Lachen und Weinen und die Mimik des Ärgers, Schmollens, der Angst und der Trauer. Alles das können sie niemandem nachgemacht haben. Also sind diese der sozialen Kommunikation dienenden wichtigen Verhaltenselemente nicht vom einzelnen Individuum erlernt, sondern liegen als vererbte Verhaltensweisen in jedem Menschen bereit. Blindgeborene Säuglinge lächeln, wenn die Mutter zu ihnen spricht; sie hören dabei sogar mit dem für Blinde typischen unentwegten Augenrollen auf und fixieren die Schallquelle, obwohl sie nichts sehen können. Demnach ist also nicht nur die Form des Lächelns und die damit verbundene Zuwendung der Augen zum Blickkontakt erblich festgelegt, sondern auch die auslösende Situation, zu der der akustische Kontakt mit der Mutter gehört. Das lehrt, daß auch der Mensch über stammesgeschichtlich entwickelte und genetisch festgelegte Verhaltensweisen verfügt, und zwar nicht nur über solche, die der Atmung oder Ernährung dienen, sondern auch über komplizierte Bewegungsmuster, die der Verständigung zwischen den Menschen dienen.

In einem weiter gespannten Vergleich lassen sich allgemeinere Regelhaftigkeiten in der sozialen Kommunikation aufdecken. Kommunikation ist ihrem Ursprung nach eine Form der Manipulation des Kommunikationspartners, weil der Sender eines Signals ja an der Reaktion des Empfängers interessiert ist (andernfalls könnte er die Kosten des Signalisierens einsparen). Eine Reaktion des Empfängers läßt sich leicht mit Reizen auslösen, auf die er „sowieso" anspricht. So dienen der Kommunikation im sozialen Bereich viele Verhaltensweisen, die ursprünglich eine andere Aufgabe hatten. Häufig entstammen sie der Brutpflege. Finken, Tauben, Raben, Papageien und viele andere Vögel füttern nicht nur ihre Jungen, sondern auch die Ehepartner. Droht zwischen diesen oder innerhalb einer größeren geschlossenen Gruppe ein Streit auszubrechen, so kann der Bedrohte wie ein Kind um Futter zu betteln beginnen; damit drängt er den anderen in die Rolle des Elterntieres – bringt ihn menschlich gesprochen, auf andere Gedanken – und kann so einen Angriff verhindern. Dieses Fütterverhalten wird zu einem richtigen Grußzeremoniell entwickelt, wobei es dann nicht mehr darauf ankommt, daß wirklich Futter überreicht wird. Viele der genannten Vögel schnäbeln zwar mit dem Partner, füttern ihn aber nur gelegentlich. Dasselbe gilt unter den Raubtieren für Schakale, Wölfe und Wildhunde, unter den Affen für den Schimpansen. Alle füttern ihre Jungen von Mund zu Mund und haben daraus im Sozialleben ein Ritual entwickelt, das wie ein Von-Mund-zu-Mund-Füttern aussieht, und das wir beim Menschen „Kuß" nennen. Ein anderes, ebenso verbreitetes Brutpflege-Element ist das Fellsäubern mit Zähnen oder Händen. Ursprünglich pflegt so die Mutter ihr Junges; daraus wird aber außerdem eine soziale Handlung, die besonders von Affen bekannt ist, nämlich das sogenannte „Lausen". Auch diese soziale Körperpflege dient zum Entspannen einer aggressiv geladenen Situation oder auch direkt der Hemmung eines Angriffs. Dabei ist dreierlei wichtig: (1) Das Verhalten muß zur Verfügung stehen, wenn es gebraucht wird. Obwohl etwa das Junge zunächst bettelt, wenn es Hunger hat, kann das grüßende Tier auch dann betteln, wenn es satt ist. Also müssen verschiedene innere Antriebe zum Betteln führen. Menschlich gesprochen kann dieses Verhalten also ganz verschieden „gemeint" sein. (2) Es muß aber immer gleich aussehen, sonst verliert es seine Wirkung. Ein Betteln, das nicht wirklich wie Betteln aussieht, stimmt den Partner nicht vom Angreifen auf Füttern um. (3) Das Betteln wird um so wirksamer sein, je mehr Jungtiermerkmale dabei auftreten. Tatsächlich äußern erwachsene Tiere beim Begrüßungsbetteln oft die Bettellaute der Jungen. Das erklärt einen lange bekannten Tatbestand: Da in einer Gruppe die rangtieferen Tiere sich am ehesten angegriffen fühlen, tritt bei ihnen dieses Verhalten am häufigsten auf. In Extremfällen spielen solche Individuen fast dauernd die Rolle des Jungtieres. Das nennt man Regression, Rückschlag auf eine frühe Altersstufe. Abnorm daran ist höchstens, wenn ein Individuum ständig in diese Rolle eingeklinkt bleibt. Für jeweils kurze Zeiten tun es alle Individuen derjenigen Arten, die mit Kindchenverhalten grüßen. Es ist wohlbekannt, und nach diesen Vergleichen nicht verwunderlich, daß auch der Mensch Brutpflege-Verhaltensweisen im Sozialleben benutzt, ohne das aber als Brutpflege zu empfinden. Unser Kuß hat sich aus der bei Naturvölkern noch immer verbreiteten Mund-zu-Mund-Fütterung der Kleinkinder entwickelt; das Streicheln und Koseworte-Geben zwischen Erwachsenen ist keine Albernheit, sondern hat eine ganz deutliche partnerbindende Funktion, obwohl es aus dem mütterlichen Verhalten stammt.

Es wäre sicher töricht, in einer Sozietät, die biologisch darauf angelegt ist, den Zusammenhalt der Individuen mit zweckentfremdetem Brutpflegeverhalten zu bewerkstelligen, dies als Mißbrauch der Brutpflege zu erklären und nach Möglichkeit abschaffen zu wollen. Das tut zwar auch niemand; aber ebenso regelmäßig wie aus dem Brutpflegeverhalten werden – wieder von den niedersten bis zu den höchsten Wirbeltieren – Elemente aus dem Paarungsverhalten zweckentfremdet und verselbständigt und dienen dann zum Zusammenhalt zweier oder mehrerer Partner. Auch dieses Verhalten sieht weiterhin sexuell aus, ist aber nicht sexuell gemeint. Wieder gilt das wie für Fische, Vögel, Raubtiere oder Affen auch für den Menschen. In diesem Fall aber ist man rasch bei der Hand, von Mißbrauch oder Hypersexualisierung zu sprechen.

Die vergleichende Suche nach allgemeingültigen Regeln fördert notwendigerweise Gemeinsamkeiten zutage; beim Vergleichen stößt man aber auch auf Unterschiede. In ihrer ersten Phase hat die Verhaltensforschung Übereinstimmungen über- und Unterschiede unterbetont, und zwar sowohl im Artenvergleich wie beim innerartlichen Vergleich vieler Individuen. Das eifrige Suchen nach „dem Typischen" schob sogar die biologische Notwendigkeit individueller Verschiedenheiten an den Rand. (Extremen Ausdruck fand diese Denkweise schon einmal im Mittelalter, als man sich „den typischen Menschen" im Mann vorstellte und die Frau als nicht ganz gelungenen Mann auffaßte. Dasselbe Problem tauchte in der taxonomischen Biologie auf, als für jede Tierart ein rot etikettiertes „Typus–Exemplar" sozusagen als Urmeter der betreffenden Art im Museum heilig gehalten wurde.) Einer der größten Fortschritte der Verhaltensforschung scheint mir zu sein, daß sich folgende Erkenntnis durchsetzt: So wie es bei den meisten Arten zwei Morphen gibt, nämlich Weibchen und Männchen als Sexual-Dimorphismus, und wie es bei vielen Arten darüber hinaus noch andere Morphen gibt (man spricht dann von Polymorphismus), die untereinander gleichberechtigt sind, sich aber zuweilen recht deutlich im Körperbau unterscheiden, so gibt es erst recht im Verhalten mehrere nebeneinander bestehende typische Varianten. Und zwar nicht nur in den Geschlechts- und Elternrollen, sondern auch im Nahrungserwerbs-Verhalten, im Kämpfen und Rivalisieren, oder in den Formen sozialer Zusammenschlüsse. Ob Monogamie oder Polygamie ist häufig keine Frage des arttypischen Verhaltens; es kann beides nebeneinander bestehen. Und zwar entweder in entsprechend verschieden veranlagten Individuen, oder in vorprogrammiert unterschiedlich handelnden Altersstufen, oder in Form von Alternativ-Strategien, die jedes Individuum stets verfügbar hat. Ein verbreiteter, aus dem Ein-Typus-Wunsch hervorgehender Denkfehler ist dann, aus der Vielfalt auf Beliebigkeit zu schließen. Es gibt Philosophen, die sich in das Wortspiel versteigen, was nebeneinander gleich gültig sei, sei gleichgültig. Vielleicht können wir heute aus der Biologie vor allem lernen, daß Lebewesen weit weniger starr in ihrem Verhalten sind als man sich das aus einer bestimmten geistigen Einstellung heraus gewünscht hatte, daß sie aber mit ihrem Arsenal an Möglichkeiten nicht zufällig, sondern adaptiv umgehen, also nicht beliebig, sondern situationsangemessen handeln. Das hat starke, aber noch kaum richtig erarbeitete Folgen für eine naturrechtliche Normenbegründung im Bereich menschlichen Verhaltens. Das Problem, angemessen richtig zu handeln, haben Tiere auch; das Problem, zu beurteilen, ob sie selbst oder ihre Mit-Tiere richtig handeln, haben sie wohl nicht. Bei Tieren wertet man evolutions-orientiert als richtig, was die fitness, also die Fortpflanzungs-Chancen und die Überlebensaussichten des Erbgutes, erhöht. Man kann sich aber auch einen anderen Maßstab denken.

Beurteilt werden soll ja zunächst nicht der Maßstab, sondern wie stark oder wie wenig das Verhalten eines Individuums sich an einem Maßstab messen läßt. Jeder Maßstab berücksichtigt die Konsequenzen des Verhaltens. Freilich, irgendwelche Konsequenzen hat jedes Verhalten. Aus evolutionärer Sicht aber betrachtet man diejenigen Auswirkungen des Verhaltens, die die Häufigkeit oder Wahrscheinlichkeit seines Wiederauftretens beeinflussen; negative Konsequenzen führen zum Aussterben, positive zur Ausbreitung dieses Verhaltens. Dank der Erkenntnisse der Populationsgenetik kann man heute einigermaßen gut vorhersagen, wie sich eine bestimmte Verhaltensweise ausbreiten wird, welche weiteren Verhaltenstendenzen des Individuums sie nach sich ziehen wird, und zwar besonders im Bereich des sozialen Verhaltens. Die stürmische und von manchen Seiten etwas argwöhnisch beobachtete Entwicklung der sogenannten Soziobiologie zeigt das sehr deutlich. Aber eben nur für Verhaltensweisen, die den Gesetzen der Populationsgenetik folgen, weil sie in chromosomalen Genen im Zellkern verankert sind, deren Weitergabe von Eltern auf Nachkommen man berechnen kann. Für Verhaltensweisen, die nicht solcherart genetisch sondern etwa durch Traditionen bestimmt sind und durch Belehrung und Nachahmung weitergegeben werden, gilt zwar ein ähnliches Prinzip der Auslese nach den Konsequenzen, aber die Gesetzmäßigkeiten der Ausbreitung sind bislang wenig bekannt. Traditionsverankerte Verhaltensweisen nehmen bei den höchsten Lebewesen an Bedeutung rasch zu. Beim Menschen ist die Sprache das hervorragendste derartige Verhalten; dazu zählen aber auch viele Techniken oder Moden. Obzwar manche sehr populationsgenetisch ausgerichteten Soziobiologen das nicht wahrhaben wollen: Man kann nicht davon ausgehen, daß die chromosomalen Gene nur eine Traditionsentwicklung zulassen, die auch ihnen zum Vorteil gereicht. Traditionen benehmen sich vielmehr so wie Symbionten oder Parasiten, führen ein evolutionäres Eigenleben wie auf genetischer Ebene schon die Viren, und können sich (müssen sich aber nicht) auch negativ auf das Erhaltenbleiben des genetischen Erbgutes ihres Trägers auswirken.

Und hier erst scheint mir das eigentliche humane Problem zu liegen: Wenn natürliche Neigung und traditionsgeprägte Vernunft einander widersprechen, wie soll sich dann das Individuum entscheiden? Man wird die Auswirkungen des vernunftgesteuerten Verhaltens auf die genetische Natur beachten müssen; aber man kann wohl kaum das vernünftige Verhalten grundsätzlich am Wohlergehen der Chromosomen werten. Es ist allerdings auch keine biologische Frage mehr, ob ein Mensch sich und andere für eine Idee opfern soll. Dennoch glaube ich, daß es für diese Frage der Gewichtung der Werte nützlich ist, die schon außermenschlich bestehenden Interaktionen zwischen genetischer Evolution und tradiertem Verhalten zu kennen. Bei diesem Verhalten könnte es sich um die tradierten Gesänge vieler Vögel handeln, oder um tradierte Wegekenntnisse, Feindbilder, oder Techniken des Nahrungserwerbs. Wie wir Menschen Werte setzen wollen oder sollen, werden wir aus dem Tierreich nicht ablesen können. Wir werden die humanen Probleme nicht mit biologischen Modellfällen lösen; dennoch gehört das Aufkommen dieser Probleme, die man gern der kulturellen Entwicklung zurechnet, durchaus noch zur biologischen Natur, die wir Menschen mit anderen Lebewesen teilen.

Weiterführende Literatur

Die Biologie der Zehn Gebote. Taschenbuch ISBN 3-492-00536-5. Überarbeitete Neuauflage, Piper München 1981
Das Prinzip Eigennutz. Ursachen und Konsequenzen sozialen Verhaltens (zus. mit Seibt U). Deutscher Taschenbuch Verlag München 1981 (dtv 1697)

Glossar

Achondroplasie. Auch Chondrodysplasie: angeborene, dominant vererbte Entwicklungsstörung des Wachstumsknorpels und der Knochen. Bei Homozygoten letal in utero oder perinatal. Die Heterozygoten sind zwergwüchsig und haben normale Intelligenz. Die als Achondrogenesis bezeichneten verwandten Krankheiten sind rezessiv erblich.

Addison-Krankheit. Chronische Unterfunktion der Nebennierenrinde; infolgedessen Ausfall der Hormone der Nebennierenrinde (Gluco- und Mineralocorticoide).

Aetiologie. Lehre von den Krankheitsursachen.

Aglossie-Adaktylie-Komplex. Fehlen der Zunge und Mißbildung oder Fehlen der Finger oder Zehen.

akrozentrisches Chromosom. Chromosom, dessen Zentromer (Ansatzstelle der Spindelfasern) nahe einem Ende liegt.

Akrozephalie-Syndaktylie-Syndrom. Gleichzeitige Mißbildung des Kopfes (hohe Kopfform infolge frühzeitigen Verwachsens der Nähte der Schädelknochen) verbunden mit Verwachsen von Fingern und Zehen.

Allele. Alternative Formen eines Gens, die durch Mutationen entstehen (Formalgenetisch ist auch die Deletion eines Gens ein Allel dieses Gens).

Alpha-Thalassaemien. Gruppe rezessiv erblicher, im Mittelmeerraum verbreiteter Anämien (Blutarmut), die auf Störungen der Synthese der α-Ketten des Hämoglobins beruhen. Die verschieden schweren Formen der Krankheit kommen durch unterschiedliche Allele der Gene für die α-Ketten, sowie durch Homo- oder Heterozygotie für solche Allele zustande.

Amnion. Gefäßlose Membran, die die innere Fruchthülle bildet und das Fruchtwasser umschließt.

anaphylaktischer Schock. Überempfindlichkeitsreaktion gegen Allergie erzeugende Antigene (Allergene). Die erste Injektion eines Allergens bewirkt die Bildung von Antikörpern; die Überreaktion der Abwehrmechanismen auf eine zweite Injektion des Allergens kann innerhalb von 3 bis 10 Minuten tödlich wirken.

Anencephalie. Angeborenes Fehlen der Großhirnhemisphären und des Schädeldaches.

Antimetabolite. Synthetische Substanzen, die den Intermediärstoffwechsel auf einer bestimmten Stufe hemmen, da ihre Struktur natürlichen Metaboliten (s. d.) so ähnelt, daß sie an deren Stelle eingebaut bzw. gebunden werden (z. B. das antibiotische Sulfanilamid anstatt p-Aminobenzoesäure, einem unentbehrlichen Wuchsstoff von Bakterien).

aplastische Anämie. Anämie, die auf einem Defekt bei der Bildung der Blutzellen bzw. im engeren Sinne auf einer Beeinträchtigung des Erythrocyten bildenden Gewebes im Knochenmark beruht.

Aspiration. Ansaugen von festen oder flüssigen Stoffen in die Atmungswege.

autistisches Verhalten. Kein oder mangelhaftes Ansprechen auf Zuwendung anderer; Absonderung von der Außenwelt.

Autosomen. Bezeichnung für die Chromosomen mit Ausnahme der Geschlechtschromosomen, welche auch als Gonosomen bezeichnet werden.

Blastomeren. Die durch Teilung des befruchteten Eies entstehenden Zellen des frühen Embryos.

Breccie. Sediment aus Trümmergesteinen; die Bruchstücke sind wenig verfrachtet und darum eckig, durch toniges oder kieseliges Bindemittel verkittet. Breccien können auch aus Bruchstücken der Knochen fossiler Tiere bestehen.

Burkitt-Lymphom. In Zentralafrika vorkommende Sonderform eines Lymphosarkoms (= bösartiger Tumor des lymphatischen Systems).

catarrhine Primaten. Affen der Alten Welt (schmalnasige Affen).

Centromer (= Kinetochor). Ansatzstelle der Spindelfasern am Chromosom.

Chorion. Zottenhaut. Die äußere Haut des Eies bzw. der Keimblase, aus der sich bei Säugetieren die Plazenta entwickelt.

Cluster. Ungeordneter Zellhaufen.

Condylus. Gelenkkopf eines Knochens.

Corticalis. (Substantia corticalis ossis). Die feste Lamellensubstanz der langen Knochen.

Cystinurie. Vermehrte Ausscheidung der Aminosäure Cystin durch die Niere; autosomal rezessiv erbliche Stoffwechselkrankheit.

Darmatresie. Fehlen oder pathologischer Verschluß des Darmes.

Debilität. Schwäche, Hinfälligkeit; meist als Bezeichnung leichter Formen der geistigen Behinderung gebraucht.

Deletion (Chromosomendeletion). Verlust eines Chromosomenstückes.

Deprivation. Lang andauernde Ausschaltung aller (oder zumindest zahlreicher) Sinneseindrücke.

Deprivationssyndrom. Durch Entzug oder Mangel einer Bezugsperson während des Kindesalters verursachter körperlicher und geistiger Entwicklungsrückstand.
Dermatitis herpetiformis. Hautkrankheit mit Bläschenbildung.
Diabetes mellitus. Zuckerkrankheit.
Dominanz. Überwiegen der Wirkung eines Allels beim Heterozygoten über die des anderen (rezessiven) Allels. Im Extremfall bestimmt das dominante Gen den Phänotyp.
Dysmorphie. Morphologische Mißbildung.

EEG. Aufzeichnung der vom Gehirn ableitbaren elektrischen Spannungen.
Embryoblast. Der Teil des Embryos, aus dem sich der Organismus entwickelt, im Unterschied zum Trophoblasten, aus dem sich die Eihäute bilden.
Escherichia coli. Bakterien der Darmflora.
Euchromatin. Anteil des Chromatins (des anfärbbaren Bestandteils der Chromosomen), der im Interphasekern entspiralisiert und daher nur schwach anfärbbar ist. Euchromatin enthält im Unterschied zu Heterochromatin einen hohen Anteil informationstragender DNA.
Eukaryonten. Lebewesen mit echtem Zellkern (also nicht Bakterien und Blaualgen).

Follikel. Graafscher Follikel: Mit Flüssigkeit gefülltes Bläschen im Ovar, in das sich ein Gewebshügel mit dem Ei vorwölbt.
Foramen magnum. Das große Hinterhauptsloch.
Fossa canina. Vertikale Vertiefung an der Vorderfläche des Oberkiefers neben dem Eckzahn.

Genhäufigkeit (Genfrequenz). Die Häufigkeit, mit der ein bestimmtes Allel unter der Gesamtheit aller Allele eines Gens vorkommt. Die Gesamthäufigkeit aller Allele eines Gens wird gleich 1 gesetzt.
Glabella. Erhebung der Stirn oberhalb der Nasenwurzel zwischen den Augenbrauen.
Gluteus maximus. = Musculus gluteus maximus: Großer Gesäßmuskel.
Gynäkomastie. Abnorme Größenzunahme der männlichen Brustdrüse.

Hämophilie. Bluterkrankheit(en).
Haemophilus influenza. Influenza-Bazillus.
hämolytische Anämie. Durch Auflösung der Erythrozyten (roten Blutkörperchen) bedingte Anämie.

Hardy-Weinberg-Formel. Die Hardy-Weinberg-Formel beschreibt das statische Gleichgewicht in einer Population unter folgenden Bedingungen: die Population sei beliebig (unendlich) groß; sie vermehre sich kontinuierlich; es treten keine Mutationen auf; die Umweltbedingungen sollen konstant bleiben; kein Individuum sei gegenüber allen anderen bevorteilt oder benachteiligt; die Partnerbildung bei der Fortpflanzung sei panmiktisch, d.h. zufällig und nicht durch Schranken oder Bevorzugungen eingeengt. Wenn in einer solchen Population zwei Allele A, a mit den Genhäufigkeiten p und q vorhanden sind, dann treten die Genotypen AA, Aa, aa in jeder Generation im konstanten Verhältnis

$$p^2 : 2pq : q^2$$

auf. p und q sind als Bruchteile von 1 definiert (p + q = 1). Aus der Hardy-Weinberg-Formel folgt, daß je seltener (häufiger) ein Allel ist, um so häufiger (seltener) ist es heterozygot mit dem anderen Allel kombiniert. Die Formel läßt sich auf mehrere Allele erweitern. In natürlichen Populationen gilt sie häufig in erster Annäherung.

Hautaplasie. Fehlende oder unvollständige Entwicklung der Haut.

hereditär. erblich

Histone. Basische Eiweißkörper; Bestandteile der Chromosomen.

Holoprosencephalie. Angeborenes Fehlen des Riechhirns und seiner Abkömmlinge.

Hospitalismus. Sammelbezeichnung für die durch Mangel an Zuwendung im Kindesalter entstandenen psychischen und körperlichen Schäden.

Hydrencephalie. Anstelle des Großhirns liegt eine mit Flüssigkeit gefüllte Blase. Knöcherner Schädel normal.

Hylobatidae. Langarmaffen (Gibbon und Verwandte).

Imbezillität. Intelligenzdefekt mit einem IQ < 50.

Incisivi. = Dentes incisivi: Schneidezähne.

Incisura ischiadica major. Große, tiefe Einbuchtung der hinteren Darm- und Sitzbeinkante.

Inokulation. Impfung (auch Einimpfung).

Interferone. Eiweißkörper, die relativ säure- und hitzeresistent sind, von Zellen der Wirbeltiere bei Virusinfektionen gebildet werden und Zellen der gleichen Tierart (oft spezifisch) vor vielen anderen Viren schützen.

Interphase. Das zwischen zwei Teilungen liegende Stadium des Zellteilungszyklus.

isodizentrische Chromosomen. Chromosomen, welche durch – spiegelbildliche – Fusion zweier Centromer-enthaltenden Segmente eines Chromosoms entstanden sind (wobei ein Centromer inaktiviert wird).

Kalvarium. Schädel ohne Unterkiefer.
Karyogramm. Darstellung des Chromosomenbestandes mit allen Einzelheiten.
Kininsystem. System von Gewebshormonen (Kinine), die die Kapillaren erweitern und den Blutdruck senken; außerdem wirken sie auf die Muskulatur der Bronchien, des Darmes und des Uterus.
Kladogenese. Begriff der Evolution: Aufspaltung einer einheitlichen Art in zwei neue.

Larynx. Kehlkopf
Linea obliqua. Knorpelleiste auf der Außenfläche des Schildknorpels.
lingo-buccal. Zunge und Mundhöhle betreffend.
Lipidose. Fettstoffwechselstörung, bei der Neutralfette und Fett-ähnliche Substanzen im Blut vermehrt auftreten und/oder in Zellen vermehrt gespeichert werden.
Lordose. Nach vorn (ventral) konvexe Krümmung der Wirbelsäule.
Lymphom. Starke Schwellung der Lymphknoten.
Lysozym. Bakerizid wirkendes, hydrolytisches Ferment im Blut und in Körpersekreten (z. B. Tränenflüssigkeit, Schweiß, Speichel).

Makrophagen. Sammelbezeichnung für bestimmte Zellen in Gewebe und Blut, die relativ große Fremdkörper phagozytieren (fressen) können.
Malignom. Bösartige Geschwulst.
Marfan-Syndrom. Erkrankung vor allem des Bindegewebes; äußert sich am Skelett (Hochwuchs, Spinnengliedrigkeit, Senkfuß, Turmschädel, Vogelgesicht); Erweiterung der Aorta und Lungenarterie; Störungen in der Augenentwicklung.
megadont. Zähne übermäßig groß.
megagnath. Kiefer übermäßig groß.
Meiose. Die beiden aufeinanderfolgenden Zellteilungen, die der Bildung der reifen Keimzellen vorausgehen und die Chromosomenzahl auf die Hälfte reduzieren.
Menarche. Zeitpunkt des Auftretens der ersten Menstruation.
metabolisch. Den Stoffwechsel betreffend.
Metabolit. Im biologischen Stoffwechsel natürlich auftretende Substanz, die für den Stoffwechsel unentbehrlich ist.
Metaphase. Mittleres Stadium der Kern- und Reifeteilungen mit am stärksten spiralisierten Chromosomen.
metaphysäres Knochenwachstum. Wachsen der langen Röhrenknochen im Bereich zwischen den Gelenkköpfen.
Methylmalonacidurie. Vermehrtes Auftreten von Methylmalonsäure (Zwischenprodukt des Stoffwechsels der Aminosäuren Isoleucin und Valin); autosomal rezessiv erblich.

Glossar

Microcephalie. Abnorm kleiner Schädel, verursacht durch Fehlentwicklung des Gehirns.

mitochondriales Genom. In den Mitochondrien vorhandene Gensubstanz (DNA).

Monoamnioten. Zwillinge mit gemeinsamer Eihaut.

Monochorie. Zwillinge haben nur ein Chorion (Zottenhaut).

Monosomie. Fehlen eines Chromosoms im diploiden Chromosomensatz (z. B. beim Menschen 45 statt 46 Chromosomen).

Morbus Bechterew. Erkrankung der Wirbelsäulengelenke mit fortschreitender Verknöcherung.

Morphen. Gestalt und Form eines Organs.

Mukoviszidose. Erkrankung der Drüsen, die Sekrete nach außen (d. h. nicht ins Blut) abgeben, vor allem des Pankreas und der Bronchien. Enzymdefekt bewirkt Zähflüssigkeit der Sekrete. Autosomal rezessiv erblich.

Muskeldystrophie. Sammelbezeichnung für Muskelschwund.

Mutagene. Faktoren, die Mutationen auslösen.

Myasthenia gravis. Degenerative Erkrankung der (quergestreiften) Muskulatur mit krankhafter Ermüdbarkeit.

Myelopoese. Bildung der Granulocyten im Knochenmark, also eines Teils der weißen Blutzellen; im Unterschied zur Erythropoese, der Bildung der roten Blutzellen.

Myokardinfarkt. Herzinfarkt.

Nasalia. Nasenbeine.

Neocerebellum. Sammelbezeichnung für die phylogenetisch relativ jungen Kleinhirnhemisphären und deren Kerne.

Neopallium. Der phylogenetisch jüngere Anteil des Großhirnmantels (Pallium).

Neoplasie. Neubildung von Körpergewebe mit mehr oder weniger enthemmtem, autonomem Gewebswachstum.

Occipitale. Hinterhauptsbein.

Oligogene. Hauptgene, die auf mehrere Chromosomen verteilt sind und die einen multiplikativen Einfluß auf ein quantitativ variierendes Merkmal haben.

Operon. Bei Prokaryonten (Bakterien und Blaualgen) häufige funktionelle Einheit der koordinierten Regulation von Genen, die aufeinanderfolgende Stoffwechselschritte steuern. Die Gene eines Operon liegen eng benachbart und sind gemeinsam einem Satz regulatorischer Elemente unterworfen.

Orbita. Augenöffnung (von 7 Knochen umgeben).

Osteoporose. Verminderung des Knochengewebes ohne Veränderung der Form des Knochens.

palliative Therapie. Krankheitsmildernde Behandlung, ohne zu heilen.
Patella. Kniescheibe.
Pauciallele. Gene, von denen nur wenige Allele gebildet worden sind.
Pectoralis-Hand-Syndrom. s. Poland-Syndaktylie.
Pentasomie. Fünffaches Vorhandensein eines Chromosoms.
Pentosurie. Im Harn treten Pentosen (Zucker mit 5 C-Atomen) auf; autosomal rezessiv erblich.
perinatal. Die Zeit um die Geburt herum betreffend; auf den Fötus bzw. das Neugeborene bezogen.
perizentrische Inversion. Um 180° gedrehte Position eines Chromosomenabschnitts, der das Zentromer einschließt, also Bruch- und Reunions-Ereignisse auf beiden Chromosomenarmen voraussetzt.
Plasmodium falciparum. Erreger einer bestimmten Form der Malaria.
Poland-Syndaktylie. Mißbildungskomplex mit einseitigem Verwachsen von Fingern und Zehen, Kurzfingrigkeit und Verkümmerung des sternalen Ansatzes des großen Brustmuskels. Vererbungsmodus uneinheitlich.
Polyploidie. Genom aus mehr als zwei vollständigen haploiden Chromosomensätzen.
polytransfundiert. Patienten, die mehr als zwei Bluttransfusionen erhalten haben.
Pongiden. Menschenaffen (Gibbon, Orang-Utan, Gorilla, Schimpanse).
Porencephalie. Substanz-Defekte im Großhirn.
postnatal. Die Zeit nach der Geburt betreffend (auf das Kind bezogen).
präaurikuläre Fistel. Vor dem Ohr gelegene Fistel.
Prävalenz. Häufigkeit einer genetisch bedingten Anomalie in einer bestimmten Population zu einem bestimmten Zeitpunkt; im Unterschied zur Inzidenz, womit die Häufigkeit des Neuauftretens einer solchen Anomalie innerhalb einer Zeitspanne bezeichnet wird.
progeroid. Vorzeitig vergreist.
Prognathie. Vorstehen des Oberkiefers.
Prokaryonten. Organismen, deren genetische Substanz (DNA) nicht in Chromatin organisiert und nicht von einer Membran umhüllt ist, die also keinen Zellkern besitzen (Bakterien und Blaualgen).
Promontorium. Der vorspringende obere Rand des ersten Schwanzwirbels.
Prostaglandine. Hormonartig wirkende C_{20}-Karbonsäuren, die aus essentiellen (in der Nahrung unentbehrlichen) Fettsäuren gebildet werden; kommen in der Samenblase, Uterusschleimhaut und anderen Geweben vor.
Psoriasis. Schuppenflechte, eine Hautkrankheit.

Redundanz. Überzählige Angabe in einer Information, die nichts Neues enthält, aber der Kontrolle des Inhalts der Information dient.
renal. Sich auf die Niere beziehend.
rezidivierend. Sich wiederholend.

Satellitenstiele. Einschnürungen am kurzen Arm der acrozentrischen Chromosomen des Menschen, die die „Satelliten" vom restlichen kurzen Arm separieren. Entsprechen der Nucleolusorganisierenden Region (NOR) und enthalten die Gene für ribosomale RNA.
Sichelzellen-Anämie. Anämie, die durch die Instabilität der zur Sichelform entarteten Erythrocyten bedingt ist. Die Sichelform entsteht durch Kristallisation des Sichelzellen-Hämoglobins nach der Sauerstoffabgabe. Autosomal rezessiv erblich.
Sirenomelie. Fehlen oder Verschmelzung beider Füße.
somatisch. Im Körper vorkommend, nicht in den Keimzellen.
Spina bifida. Spaltbildung der Wirbelsäule.
Spina mentalis. Gruppe kleiner Knochenhöcker median unten an der inneren Unterkieferfläche.
Spina nasalis. Stachelförmiger Stirnbeinfortsatz, mit dem die Nasenbeine und die Stirnfortsätze des Oberkiefers verbunden sind.
Splanchnocranium. Der Eingeweideschädel (im Gegensatz zum Gesichtsschädel).
submetazentrisches Chromosom. Chromosom mit Centromer in deutlicher Entfernung zur Mitte, aber nicht in unmittelbarer Nähe des Telomers.
Superoxyd-Dismutase. Enzym, das die Reaktion $O_2^- + O_2^- + 2H^+ \rightarrow O_2 + H_2O_2$ katalysiert.
Syndrom. Muster von Krankheitsmerkmalen, das sich mehr oder weniger regelmäßig manifestiert.

Talonid. Höcker eines Unterkieferbackenzahns.
Tay-Sachs-Krankheit. Kindliche Form der amaurotischen Idiotie (Lipoidspeicherung in den Nervenzellen); autosomal rezessiv erblich; beruht auf Defizienz einer Hexaminidase.
Teratologie. Lehre von den Mißbildungen.
Tetrasomie. Ein Chromosom ist vierfach vorhanden (im sonst diploiden Satz).
Thalassämie. s. Alpha-Thalassämie.
Torus supraorbitalis. Wulst über der Orbita.
Translokation. Verlagerung von Chromosomenstücken innerhalb eines Chromosomenbestandes.
Trigonid. Höcker eines Unterkieferbackenzahns.
Triploidie. Dreifacher Chromosomensatz vorhanden.

Trisomie. Ein Chromosom ist dreifach vorhanden (im sonst diploiden Satz).

VATER-Syndrom. Vielfache schwere Mißbildungen in unterschiedlicher Kombination von je drei Anomalien: *V*ertebrale Mißbildungen, *A*nalatresie (Verschluß des Anus), *T*racheo-Ösophageal-Fistel, *E*sophagus-Atresie, *R*adius-Mißbildung.
virales Genom. Genom eines Virus.
Virilisierung. Vermännlichung weiblicher Personen.

Wilms-Tumor. Bösartige Geschwulst der Niere, meist einseitig, im 1.–5. Lebensjahr auftretend.
Windmole. Abort-Ei; keine Fruchtanlage festzustellen.

Zöliakie. Verdauungsinsuffizienz, die bereits beim Kleinkind manifest wird.

Autoren- und Sachverzeichnis

Kursiv gedruckte Seitenzahlen verweisen auf Literaturverzeichnisse

AB0-Blutgruppen 53, 222
Aborte, rezidivierende, Chromosomenaberrationen bei − 80
Acheulean 26
Achondroplasie 196, 238
Adaptivität, Immunreaktion 110
Addison-Krankheit 131, 238
Adoption 148
Adoptivkinder 207, 210, 215
AEBLI *225*
Agammaglobulinämie 101
Aglossie-Adaktylie-Komplex 161, 238
AKBAR 220, 233
akrozentrische Chromosomen 71, 238
Akrozephalo-Syndaktylie-Syndrom 196, 238
Albinismus 87
ALBRECHTSEN 139, *140*
Alkaptonurie 86
Alkoholsyndrom, fetales 211
allelische Exklusion 116
allergische Immunreaktion 110
ALLISON 51, *55*
Alpha-Thalassämie 188, 238
Alter, biologisches 204, 224
−, chronologisches 204, 224
− der Mutter, Chromosomenaberrationen 73, 164, 196
Altern 182 ff.
Alterskrankheiten 182
Alterungs-Mutanten 187 f., 191
Alu-Familie 65, 66
Ambrona 26
Amerika, schwarze Bevölkerung 215
AMOS 127, 129, *140, 142*
α-Amylase 63
Anämie, aplastische 82, 239
−, Fanconi- 82
−, hämolytische 121
anaphylaktischer Schock 110, 238
ANDREWS 1, 2, 7, 14, *37, 38, 39*

Androgene 171
Anencephalie 155, 159, 160, 238
angeborene Immunität 112
− Mißbildungen 76
− Stoffwechselstörungen 85 ff.
angeborenes Verhalten 232
Antiandrogene 171, 172
Antigendeterminanten 105, 122
Antigene 104 f.
antigenpräsentierende Zellen 109
antigenspezifische Lymphozytenaktivität 108
antigen-unspezifische Reaktionen 108
Anti-H-Y-Serum 173, 174
Antikörper 107
−, monoklonale 124
Antikörperdiversität 112 f.
Antikörpermolekül 107, 114
Antikörper-Repertoire 113
aplastische Anämie 82, 239
Arago 28, 29
ARAMBOURG 26, *38*
Arbeitsteilung 20
Arthritis, rheumatische 131
Aschkenasia-Juden 214
Ataxia-Teleangiectatica 82, 193
Atombomben 155
Australopithecus 4, 25
− *afarensis* 3, 4, 5, 6, 7, 10, 13, 14, 23
− *africanus* 7, 8 f., 14, 23
− *robustus* 10 f., 19, 23
autistisches Verhalten 80, 239
Autoimmun-Krankheiten 121, 129
autosomale Chromosomenaberrationen 71

B-Lymphozyten 112 f.
Bänderungstechniken, Chromosomen 70
Bandmuster, Chromosomen 70, 71, 72
BASHI 214, *225*

BEHRENSMEYER 20, *38, 41*
BENACERRAF 133
BENDER 126, 127, *140*
BERGSMA *199*
BERNSTEIN 194, 197, *199*
Berufserfolg 205
Bestattungssitten 36
BIEGERT 1, 7, 8, 10, 15, 27, *38*
BILLINGHAM 173, *181*
Bilzingsleben 27
BISHOP 4, *38*
Bloom-Syndrom 82
Bluter-Krankheit (Hämophilie) 83, 87, 96, 101
Blutgerinnung 95
Blutgruppen 53, 222
Blutgruppenvergleich, Schwarze und Weiße 215
–, Zwillinge 144
BODMER 127, 130, 137, *140, 141*
Bodo 28
BONÉ 4, 22, *38*
BRAIN 14, *38*
Broken Hill 23, 28, 29, 30
BRUNKER 20, *43*
Brust-Carcinom 186
Brutpflegeverhalten 235
Burkitt-Lymphom 83, 239
BURKLE 22, *41*
BURNETT 112, 121
"butchering sites" 19
BUTZER 1, 4, 20, *38*
BYSKOV *181*

C-Gene 114
CARTER-SALTZMAN 149, *153*
Cat Eye-Syndrom 78
Centromer 70, 239
CHAMBON 67
CHAVAILLON 26, *38*
Chesowanja 13
Chimären 80, 175
China 23, 26
Cholesterin 92, 93
Chopper-chopping tools 26
Choukoutien 23, 26
Chromosom, isodizentrisches 78, 241
–, Philadelphia- 68
Chromosomen, akrozentrische 71
–, Bandmuster 70, 71
–, metazentrische 71

–, submetazentrische 71
Chromosomenaberrationen 68 ff., 164, 211
Chromosomenanalyse 68
Chromosomenbrüchigkeits-Syndrome 93
Chromosomen-Instabilität 82
Chromosomen-Marker 80
Chromosomenstörungen 68 ff., 211
Chromosomenzahlen 68
Chromatin-Körperchen 69
CLARKE 14, 26, *38*
CLINNICK 27, *39*
Codon 90
COLIGAN 132, *141*
COLOMBANI 127, *141*
COMFORT *199*
CONROY 28, *38*
COPPENS 4, *38, 39, 40*
Cri du Chat-Syndrom 79
CURTONI 127, *141*
CUTLER 184, 188, *199*
Cystinurie 87, 97, 239

Darmatresie 161, 239
DARWIN 54
DAUSSET 126, 127, 131, 133, 140, *141*
DAVIE 221, *225*
DAY 5, 15, 17, 26, 28, *39*
Debilität 202, 239
Deformationen 154
DE GROUCHY *84*
Deletion 78, 238, 239
DELSON 1, 2, *39, 42*
Demenz, senile 182
Denver-Konvention 70
Deprivationssyndrom 221, 240
Dermatitis herpetiformis 131, 240
Desoxyribonukleinsäure, s. DNA
Diabetes mellitus 151, 160, 189, 240
Diandrie 75
Differenzierung des Gehirns 218, 219
Differenzierungsantigene 178
Digynie 75
Dihydrotestosteron 171
Dimethylbenzanthrazen 194
Diskordanz 145, 160
DIXION *125*
DNA (=Desoxyribonukleinsäure) 56, 89
–, egoistische 66

Autoren- und Sachverzeichnis

DNA, repetitive 65
–, Satelliten- 66
–, selfish 66
– -Läsionen, Reparatur von 193, 198
– -Protein-Vernetzungen 192
DOBZHANSKY 200, 201, 223, *225*
dominant erbliche Mißbildungen 164
Down-Syndrom, s. Trisomie 21
DOZY 60
DUNN 200, *225*
Duplikations-Defizienz 74
Dysmorphie 76, 240

EDWARDS 27, *39*
Ehepartner, IQ 215
EICHWALD 173
Elektroencephalogramm (EEG) 220
Eltern, sozialer Status 221
– -Kind-Korrelation 206
ENGEL *225, 226*
Entwicklungsperioden 220
Enzyme des Zitronensäurezyklus, Gene für- 135
Epitope 105
Erbgang, geschlechtsgebundener 87
Erbkrankheiten 66
Erkrankungen, rheumatische 129
ERLENMEYER-KIMLING 206, 207, *225*
Europide 130
Evolution 1 ff., 91
–, Genom – 62
Exklusion, allelische 116
Exon 60, 191
EYSENCK 200, 205, 208, *225*

FALCHUK 129, *141*
Fanconi-Anämie 82
Faustkeile 26
fetales Alkoholsyndrom 211
Feuergebrauch 26
Fibroblasten 189
FISCHER 148, *153*
Fisteln 160
Fitness 45, 236
Fontéchevade 31
FOUGEREAU *125*
FRANKE 182, 186, 198, *199*
FRASER-ROBERTS 202, *225*
FRIEDRICH II 233
FRITSCH 60

G-Bänder, Chromosomen 71, 72
Galaktosämie 99
Galaktose 98
– -Stoffwechsel, Gene für – 135
GALTON 205
Gánovce 31
GARROD 85, 86, 87, 88, 97
GAUSSsche Normalverteilung 202
Gehirn, Differenzierung 218, 219
Gehirngröße 185
Gendosis-Effekt 91, 99
Gene, C- 114
–, regulatorische 56
–, V- 115
genetische Bürde 91
Genexpression 63, 191
Genhäufigkeiten 45, 157, 240
Genkontrolle 63
Genom, molekulare Organisation 56 ff.
–, Evolution 62
Genotypen, Zahl beim Menschen 223
GENSLER 194, *199*
Genstruktur 57
Gentechnologie 101
Gentherapie 101
Geschlechtsbestimmung 169
Geschlechtschromosomen 87, 172 f., 192
– -Aberrationen 69
–, Anomalien 79
Geschlechtsdimorphismus 18, 25, 32, 172, 235
Geschlechtsentwicklung 169 ff.
geschlechtsgebundener Erbgang 87
Geschlechterrolle 180
Geschlechtsumkehr 170, 176
Gewebsunverträglichkeitsreaktion 118
GIESELER 33, *39*
Gigantopithecus 1, 2
Gliedmaßenfehlbildungen 161
β-Globingenfamilie 60, 61, 64
Glykogen-Speicherkrankheiten 96
Glykolyse-Enzyme, Gene für – 135
GMÜR 146
Gonaden 171
Gonadendifferenzierung 172
Gonadoblastom 79
GOODALL 21, *39*
GOODMAN 1, *39*
Gorilla 2

GOSDEN 1, *41*
GOTTESMAN 147, *153*
GÖTZE 127, *141*
GOULD 10, *41*
GRAEFE, von 44
graft-versus-host reaction (GvHR) 140
Granulomatose, septische 83
Granulozyten 107
GROVES 1, *37*
Grußzeremoniell 234
GTG-Färbung, Chromosomen 70
GUTH 27, *39*
Gynäkomastie 79, 240

Hadar 4
HAMBURGER 126, 140, *141*
Hämoglobine 96, 188
Hämoglobinendefekte 67
hämolytische Anämie 121, 240
Hämophilie, s. Bluterkrankheit
Haplotypen, HLA- 136
Hardy-Weinberg-Gesetz 48, 49, 51, 241
HARLOW 231
HASSENSTEIN 217, *225*
Haumesser 26
Hautaplasie 161, 241
Hauttransplantate 122, 128
HAY 5, 15, *39, 40*
HECKHAUSEN 201, 216, *225*
HEINONEN 167, *168*
Helfer-T-Lymphozyten 119, 120
Heritabilität 150
Hermaphroditen 80
Herzinfarkt 92, 93, 185, 189, 243
Herzkrankheit, koronare 185
Heterochromatin 81
heterosexuelle Chimären 175
Heterozygoten-Screening 103
Hirntumoren 186
Hiroshima 155
Histoinkompatibilität 118, 173
Histokompatibilitätsgene 223
Histokompatibilitätsantigene 117 f., 126
Histone 63, 241
Histongene 65
HLA-A-Gen 126
- -Antigenkombination 118
- -B-Gen 126
- -Haplotypen 136

- -System 117, 127 f.
HOBBS 140, *141*
Höhlenmalereien 36
HOLLIDAY 194
HOLLOWAY 8, *39*
Holoprosencephalie 161, 241
Homo 17, 18
- *erectus* 2, 4, 10, 15, 18, 22 f.
- - *erectus* 23
- - *modjokertensis* 22, 24
- - *pekinensis* 23, 25
- - *soloensis* 23
- *habilis* 4, 15 f., 23, 25
- *sapiens* 10, 18, 23, 29 f., 217
- - *neanderthalensis* 28, 30, 31, 32 f.
- - *sapiens* 33 f.
HOOK 84
Hopefield 28
Hospitalismus 231, 241
HOWELL 4, 17, *38, 39*
HOWELLS 27, 33, *39, 42*
HUGHES 14, *39*
humurale Immunantwort 107
HUXLEY 1
H-Y-Antigen 173, 174, 176, 177, 178
Hydranencephalie 161, 241
Hylobatidae 28, 241
Hypercholesterinämie 93
Hyperlipidämien 93
Hypertelorismus 76
Hypotelorismus 76

identity card 134
Idiosynkrasien 97
Idiotie 202
Idiotyp 122
Illeret 4, 15, 26
Imbezillität 202, 241
Immunantwort, humurale 107
-, zellvermittelte 108
Immunbiologie 104 ff.
immune surveillance 111
Immunglobuline 107
Immunglobulingene 112 f.
Immunität, angeborene 112
immunologische Toleranz 122
Immunreaktionen gegen körpereigene Zellen 121
Immunsuppression 126, 139
Immunsystem 53, 190
inborn errors 85

Autoren- und Sachverzeichnis

Infektionskrankheiten 49, 167
Infertilität, Chromosomenaberrationen bei – 80
Instabilitäts-Syndrome 93
Instinkte 228
Instruktionstheorie 112
Intelligenz 200 ff.
–, Zwillinge 149, 206, 207, 208, 209
Intelligenzalter 201
Intelligenzdefekt 77
Intelligenzquotient (IQ) 200 ff.
Intelligenztests 201 f.
Interferon 63, 112, 241
Intersexualität 170, 176
intrauterine Umwelt 213
Intron 60, 62, 191
Inzest 214
IQ, s. Intelligenzquotient
Ir-Gen-Phänomen 118, 119
ISAAC 4, 15, 18, 19, 21, *38, 39*
isodizentrisches Chromosom 78, 241

JAEGER 26, *39*
JASPERS 201
Java 17, 22, 23, 24
JAVRIK 206, 207, *225*
JENCKS 221, *225*
JENNER 104
JENSEN 200, 208, 216, *225*
JERNE 123, *125*
JOHANSON 4, 7, 18, 37, *39, 40*
JOLLY 4, *38, 40*
JOST 170, 171, 172
Juden 214, 215
junk 63

KAN 60
kaudale Regression 159, 160
Keimbahntheorie 114
Keimdrüsen 171
Keimzell-„Atresie" 195
Keimzellen, Unsterblichkeit 195 f.
KEITH 33, *40*
Killer-Lymphozyten 108, 117, 120
Kindchenverhalten 235
Kindheit, EEG 220
Kinetochor 239
Kinin-System 109, 242
KIRKWOOD 194
KIRSCHHOFF 218, *225*
KISSMEYER-NIELSEN 127, 129, *141*

KLEMETTI 166, *168*
Klinefelter-Syndrom 69, 72, 79 f., 80
Klon-Selektionstheorie 112, 113, 116
klonale Chromosomenaberrationen 81
Klonieren, molekulares 58
Klumpfuß 163
Knochenmark 190
Knochenmarktransplantation 140
KNUSSMANN *225*
KÖBBERLING 153
KOENIGSWALD, V. 1, 2, 22, 24, 26, 37, *40, 42*
Kommunikation, soziale 234
Komplementsystem 108
Konkordanz 145, 158, 159
Kontrollgen 177
Konvention, Denver- 70
–, Pariser 70
Koobi Fora 4, 15, 18, 19, 24, 26
Kooperation 20
Kopplungsgleichgewicht 137
KOPUN 151
koronare Herzkrankheit 185
Krankheiten, Autoimmun- 121, 129
Krapina 31
Krebs 92, 93, 186
Kreuzreaktion 113
Kuhpocken 104

Lächeln 233
Laetolil 4
Lake Natron 13
– Ndutu 26
LAMM 129, *141*
LANG *181*
LANGENBECK *103*
LANGERHANS 134
Langlebigkeits-Mutanten 186
Lantian 23
LAWICK-GOODALL, VAN 21, *40*
LAWN 60
LEAKEY 4, 5, 15, 17, 18, 19, 21, 26, 37, *39, 40, 42*
Lebenserwartung 27, 87, 111, 183, 185
LEEUWEN, VAN 129, *141, 142*
LE GROS CLARK 15, *38*
LENZ *103,* 143, 144, 150, *153, 225*
Leukämie, myeloische 82
LEWIN 67
Leydigzellen 172

LI 45, 52, *55*
LIEBENAM 160, *168*
LIEBERMANN 22, *40*
Limnopithecus 1
LINDAHL 193
Lipidose 96, 242
Lippen-Kiefer-Gaumenspalten 77, 156, 159, 160
LIVINGSTON 161, *168*
LOEHLIN 207, *225*
Longevin 198
Lothagam 4
Louis-Bar-Syndrom 82
Lucy 4, 5
Lukeino 4
LUMLEY, DE 31, *40*
Lungenemphysem 98
LÜTH 151
LUXENBURGER 145
Lymphokine 108
Lymphom 83, 242
Lymphozyten 104 f.
–, B- 112 f.
–, „Killer"-T- 108, 117, 120
–, T- 117 f.
lymphozytotoxischer Test 128

Major Histocompatibility Complex (MHC) 127, 133 f., 138
Makapansgat 8
Makrophagen 107, 117, 242
MANN 14, *40*
Marfan-Syndrom 196, 242
Marker-X-Syndrom 212
MARTIN 186, 187, 197, *199*
Mauer bei Heidelberg 27
MAURER 10, *38*
MCCLELLAND 128, *142*, 205, *225*
MCCOWN 4, 33, *39*, *40*
MCHENRY 20, *41*
MCKUSICK *103*, 186
MEDAWAR 126
Mediatoren 109
Medikamente und Mißbildungen 166
Meganthropus 24
– *palaeojavanicus* 17, 22
Meiose 196, 242
Melka Kunturé 26
MENDEL 205
messenger RNA 57, 61, 89
metazentrische Chromosomen 71

Methylmalonacidurie 95, 242
Mhagreb 26
MIESCHER *125*
Migration 27
Mikrocephalie 161, 243
mikrolymphozytotoxischer Test 128
MILUNSKY *103*, *225*
Miozän 1
Mischlingskinder 216
Mißbildungen 154 ff.
–, angeborene 76
Mißbildungsursachen 163 f.
MITCHELL 1, *41*
Modjokerto 22
molekulare Organisation des Genoms 56
MÖLLER *125*
MONACO 126, *141*
Mongolide 130
Mongolismus s. Trisomie 21
monoamniotische Zwillinge 159
monochorische Zwillinge 159, 243
MONOD 116
monoklonale Antikörper 124
Monosomie, partielle 74, 243
Morbus Bechterew 131, 243
MORJORIBANKS *226*
MORTON 212
Mosaik-Mongolismus 211
– -Trisomien 74
Motivation 21
MOTULSKY 45, 48, 52, 53, *55*, 144, *153*, 214, 223, *226*
Moustérien 33
MTURI 26, *41*
Mukoviszidose 103, 243
MULLER 49, *55*
Muskeldystrophie 87, 92, 243
Mutationstheorie, somatische 114
Myasthenia gravis 121, 131, 243
myeloische Leukämie 82
Myokardinfarkt 185, 189, 243
MYRIANTHOPOULOS 160, *168*

NAGAI 194
NAKAMURO 129, *141*
Neantertaler, s. *Homo s. neanderthalensis*
NEEL 151
Negride 130
NENNA 127, 141

Autoren- und Sachverzeichnis

Netzwerk-Hypothese 123, 124
NEUMANN 171, 172, *181*
NEWMAN 208, *22*
Ngorora-Formation 4
Nierentransplantation 139
NINKOVICH 22, *41*
NK-(natural killer)Zellen 112
Normenbegründung, naturrechtliche 236
Nucleolus-organisierende Regionen 70

Ochoz 31
ODEN *226*
OHNO 114, 174, 176, *181,* 194, *226*
OLD *67*
Olduvai 4, 13, 18, 19, 24, 26
Omo 4, 8, 13, 18
Ontogenie und Intelligenz 217 f.
Operon-Konfiguration 64, 243
Orang Utan 2, 28
Organtransplantation 126 ff.
ORR 133, *141*
Ostafrika 3, 26
Ostafrikamenschen 4
osteogene Sarkome 186
Ouranopithecus 1
Oviduktrepressor 171

Pan 2
Pariser Konvention 70
Partnerbindung 20
pauciallel 137, 244
PAYNE 127, 128, *141*
PECHSTEIN *226*
Pectoralis-Handsyndrom 161, 244
PENROSE 203, *226*
Pentasomien 74, 244
Pentosurie 87, 244
Petralona 23, 27
Phagozyten 107
Phänokopie 222
Pharmakogenetik 97
Phenylketonurie 97, 100, 213
Philadelphia-Chromosom 68
PILBEAM 2, 10, 15, *41*
Pille 75
Pithecanthropus dubius 22, 24
– *modjokertensis* 22
PLATT *199*
Ploidie-Aberration 75

PLOMIN 149, *153*
Pocken 104
POLAND 161, *168*
Poland-Syndaktylie 161, 244
Polysomien des X-Chromosoms 80 f.
Populations-Zytogenetik 71
Porencephalie 161, 244
PORTIER 104
POST 49, *55*
präaurikuläre Fistel 160, 244
prägende Entwicklungsperiode 220
Prägung 222
pränatale Diagnostik, Chromosomenaberrationen 83, 102
– Psychologie 218
Procain 198
Proconsul 1, 2
Progerie-Gene 198
Promotoren 63
PROPPING 151, *153,* 206, 208, 215, *226*
Prostaglandine 120, 244
Prostata-Carcinom 186
PSAMMETICHOS 233
Pseudogene 64
Pseudo-Meiose 198
Psoriasis 131, 244
Psychologie, pränatale 218
PYKE 151, 152, *153*

Quinzano 31

Ramapithecus 1, 2, 6, 22
Rangwapithecus 1
Rasse 129, 130, 157
RATHENBERG 195
Regression 216, 235
–, kaudale 159, 160
Rekombination 196
Reparatur von DNA-Läsionen 193, 197, 198
Reparaturpotential 194
Reparatursysteme 192, 193, 195
responder, low and high 118
Restriktion 117 f.
Restriktionsendonuklease 57, 65
Restriktionskarte 60, 61
Retinoblastom 44, 77, 79, 82
rheumatische Erkrankungen 129, 131
Ribonukleinsäure s. RNA
ribosomale RNA 57
RICHET 104

RIESEN 220, *226*
RIGHTMIRE 26, *41*
Rinderzwicken 175
Riss/Würm-Warmzeit 31
RITTER *226*
RNA (= Ribonukleinsäure) 57, 89
–, messenger 57, 61, 89
–, ribosomale 57
–, transfer 57
ROBINOW 161, *168*
ROBINSON 8, 15, 18, *41*
ROITT *125*
ROLFS 127, *141*
ROOD, VAN 126, 127, 128, *140, 141, 142*
ROSENBERG 183
Rot-Grün-Blindheit 48
Röteln 165, 167
Rudapithecus 1
RUSSEL 127, *142*

Saccopastore 31
SACHER 184, *199*
Šala 31
SALK 189, *199*
Sangiran 22
SARICH 1, *41, 43*
Sarkome, osteogene 186
Satelliten-DNA 66
Satellitenstiele 70, 245
Säuglingsverhalten 230
SCARR 149, *153, 226*
SCHAMBERGER 211, *226*
SCHAPPERT-KIMMIJSER 45, *55*
Schielen 220
SCHINZEL *84*, 161, *168*
Schizophrenie 145
SCHMID 5, *84*
SCHNEIDER *199*
Schulerfolg 200, 204
SCHULTZ 1, 5, 6, 18, *41*
Schwachsinn 202, 210, 212
Schwangere, psychische Störungen 219
Schwarze, Amerika 215
screening 69, 91, 103
Sechsfingrigkeit 163
Seeanemonenextrakt 104, 110
SEIDLER *226*
sekundäre Chromosomenaberrationen 81

– Geschlechtsentwicklung 178
Selbsttoleranz 122, 124
Selektion 44 ff.
Selektionswert 46
SENDEN, VON 220, *226*
senile Demenz 182
senile plaques 188
sensible Entwicklungsperiode 220
Sequenzen, regulatorische 63
Sertolizellen 172
Seveso 155
Sexual-Dimorphismus, s. Geschlechtsdimorphismus
Sexualhormone 171, 177
SHIELDS 147, *153*, 209, *226*
Shungura-Formation 4
siamesische Zwillinge 159
Sichelzell-Anämie 50, 103, 245
SIEMENS 144
SIMONS 2, *41*
Sirenomelie 159, 160, 161, 245
Sivapithecus 1, 2
– *meteai* 7
SNELL 133
somatische Mutationstheorie 114
soziale Kommunikation 234
– Phänokopie 222
sozialer Status der Eltern 221
Spalthand 164
Spaltfuß 164
SPEARMAN 201, *226*
Speicherkrankheiten 96
Spina bifida 155, 159, 245
splicing 60
Sprache 21, 22, 27, 220, 233
SPUHLER 22, *41*
STANBURY *103*
STARCK 1, 21, 22, *41, 42*
Steinheim 28, 29, 30
Steinwerkzeuge 14, 18, 21, 27
Sterkfontein 8, 14, 18
STERN 201, *226*
Stoffwechseldefekte 212, 223
Stoffwechselstörungen, angeborene 85 ff.
Strahlenschädigung 165
Strukturgen 177
Subalyuk 31
submetazentrische Chromosomen 71, 245
Super-Oxyd-Dismutase 188

Autoren- und Sachverzeichnis

Suppressorzellen 120
SVEJGAARD 127, 131, 137, *141, 142*
Swartkrans 13, 14, 18
SZALAY 2, *42*

T-Helferzellen 119
T-Lymphozyten 117 f.
TAIEB 4
TATTERSALL 151, 152, *153*
Taung 7
Tay-Sachs-Krankheit 103, 245
TEKKAYA 2, 7, *38*
TELEKI 21, *42*
Telomer 71
TEMERIN 20, *41*
TERASAKI 127, 128, *142*
TERMAN 205
Test, lymphozytotoxischer 128
Testosteron 171
Tetraploidie 72, 75
Tetrasomie 74, 245
Thalidomid 155, 158, 164, 165
Thermoregulation 182
TOBIAS 10, 14, 18, 19, 24, *39, 40, 42*
TOBIEN 14, *38*
Tod 183
Toleranz, immunologische 122
Torralba 26
Tracheooesophageal-Fistel 160
Tradition 237
transfer RNA 57
Transkription 57, 89
Translation 57, 61, 89
Translokation 75, 80, 82, 191, 245
Transplantat-gegen-Wirt-Reaktion 140
Transplantation 138 f., 173
Transplantationsantigen 173
Transplantationsimmunologie 173
Trinilfauna 23
TRINKAUS 33, *42*
Triploidie 72, 75, 245
Trisomie 71, 72, 74, 246
– 8 83
– 9 p 78
– 13′ 78
– 18 78
– 21 (Down-Syndrom, Mongolismus) 73, 74, 77, 78, 81, 164, 187, 188, 189, 196, 211
–, partielle 74

Tumoren 82, 111, 186, 193
Turkana-See 4, 13, 15, 18, 26
Turner-Syndrom 69, 72, 79 f., 176, 212

Überwachungsfunktion 111
Umwelt, intrauterine 213
Umweltbegriff 216
Unverträglichkeitsreaktionen 223
Usno-Formation 4

V-Gene 115
VALLOIS 27, *42*
VANDENBERG 149, *153*
VANDERMEERSCH 33, *38, 42*
VATER-Assoziation 161, 246
Verhalten 227 ff.
VERSCHUER, von 144
Vertésszöllös 27
Verwandtenehen 163, 214
VESELL 151
VILLUMSEN 166, *168*
Virilisierung 175, 246
Vitamin E 198
VOGEL 45, 46, 47, 48, 49, 52, 53, *55*, 144, 151, *153*, 195, 206, 208, 214, 215, 223, *225, 226*

WACHTEL 174, *181*
WALKER 17, 18, 26, *39, 42*
WALLACE 11, *42*
Ward 199
WASHBURN 1, 15, *42*
WECHSLER 201, *226*
WEIDENREICH 18, *42*
Weimar-Ehringsdorf 31
Werkzeuge 14, 21, 26, 36
Werner-Syndrom 189, 191
WHITE 7, 18, *40*
WICKENS 5, *39*
Wiederholungsrisiko 164
WILLIAMSON 67
Wilms-Tumor 77, 79, 246
WILSON 1, *41, 43,* 149
WIMMER 158, *168*
WIND 22, *43*
Windmole 75, 246
WOLPOFF 18, *43*
WOLSTENHOLME 55
WOOD 126, *141*
WYNN 27, *43*

X-Chromatin 69
– -Chromosom 69
– –, brüchiges 81
– –, Intelligenz 212
– –, Polysomien 80 f.
– -Chromosomenaberration 176
– -Konstriktion 81
Xq fra-Syndrom 212
47, XYY-Syndrom 79 f.
Xeroderma pigmentosum 193

Y-Chromatin 69
– -Chromosom 69, 173, 174, 176, 177
YUNIS 1, *43*, 129, *142*

Zellen, antigenpräsentierende 109
–, NK-(natural killer)- 112

Zellkern und Altern 191 f.
Zelloberflächenmarker 121
zellvermittelte Immunantwort 108
ZERBIN-RÜDIN 145, *153*
ZIEHLMAN 2, *43*
ZIHLMANN 20, *43*
Zinjanthropus boisei 4
Zitronensäurezyklus, Gene für Enzyme des – 135
Zöliakie 131, 246
Zwillinge, eineiige 143, 156, 157, 158, 159 f., 206, 207, 208, 209
Zwillingsforschung 143 ff.
Zytogenetik, Populations – 71
zytotoxische „Killer"-T-Lymphozyten 108
zytotoxischer Test 174

Biologie

Ein Lehrbuch
Herausgeber: **G. Czihak, H. Langer, H. Ziegler**
Gemeinschaftlich verfaßt von zahlreichen Fachwissenschaftlern
3., völlig neubearbeitete Auflage. 1981. 1235 z. Tl. farbige Abbildungen, 2 Falttafeln. XXIII, 944 Seiten.
Gebunden DM 84,–. ISBN 3-540-09363-X

Inhaltsübersicht: Einführung. – Bau und Leistungen der Zellen: Cytologie. – Strukturen und Funktionen der Organisation: Genetik. Fortpflanzung und Sexualität. Entwicklung. Struktur und Funktion pflanzlicher und tierischer Organe. Strukturelle und funktionelle Integration im Gesamtorganismus. Verhalten. – Organismen in ihrer Umwelt und in Populationen: Ökologie. Biogeographie. Evolution. Systematik. – Weiterführende Literatur. – Abkürzungsverzeichnis. – Internationales System der Einheiten (SI). – Sachverzeichnis.

Durch eine völlige Neubearbeitung gelang es, dieses beliebteste und verbreiteste Lehrbuch der Biologie im deutschen Sprachraum weiter zu verbessern.
Eine Anpassung des Niveaus der einzelnen Teile untereinander, eine verbesserte Koordination, Neuformulierungen größerer Textabschnitte und Ergänzung um einige neue Abschnitte – z. B. über Fortbewegung der Tiere – sowie viele zusätzliche Abbildungen machen aus dieser 3. Auflage noch mehr als es die zweite durch ihr hohes didaktisches Niveau und ihre große Informationsdichte schon war:
- ein Grundlagenlehrbuch und Generalkompendium für das ganze Studium der Biologie
- ein unentbehrliches Handbuch und Nachschlagewerk für Biologie-Lehrer und Dozenten
- ein Lehrbuch auch für Lehrende und Lernende aller verwandten Gebiete, insbesondere der Human- und Veterinärmedizin, Pharmazie und Landwirtschaft
- ein ideales Hilfsmittel für Schüler mit Leistungskurs Biologie.

Aus den Besprechungen: „Fest steht, daß hier ein Nachschlagewerk für die Hand des Biologielehrers zu einem angesichts der Qualität und Ausstattung unglaublich günstigen Preis vorliegt, ein Buch, von dem man mit Recht sagen kann, daß es zum selbstverständlichen Bestand jeder Oberstufen- und Lehrerbibliothek gehören sollte."

Kultus und Unterricht

Biophysik

Herausgeber: **W. Hoppe, W. Lohmann, H. Markl, H. Ziegler**
Mit Beiträgen zahlreicher Fachwissenschaftler
2., völlig neubearbeitete Auflage. 1982. 856 Abbildungen.
XXIV, 980 Seiten.
Gebunden DM 168,–. ISBN 3-540-11335-5

Inhaltsübersicht: Bau der Zelle (Prokaryoten, Eukaryoten). – Der chemische Bau biologisch wichtiger Makromoleküle. – Methoden zur Untersuchung struktureller und funktioneller Eigenschaften einzelner Biomoleküle sowie ganzer biologischer Systeme. – Intra- und Intermolekulare Wechselwirkungen. – Energieübertragungsmechanismen. – Strahlenbiophysik. – Isotopen-Methoden in der Biologie. – Energetische und statistische Beziehungen. – Enzyme als Biokatalysatoren. – Die biologische Funktion der Nukleinsäuren. – Thermodynamik und Kinetik von Self-Assembly-Vorgängen. – Membranen. – Photobiophysik. – Biomechanik. – Neurobiophysik. – Kybernetik. – Evolution. – Anhang. – Sachverzeichnis.

Springer-Verlag
Berlin
Heidelberg
New York
Tokyo

P. v. Sengbusch
Einführung in die allgemeine Biologie
2., neubearbeitete und erweiterte Auflage. 1977. 328 Abbildungen.
VIII, 527 Seiten.
DM 48,-. ISBN 3-540-08163-1

Aus den Besprechungen: „... Das Buch ist in vieler Hinsicht echt originell, sein knapper, informationsdichter Stil klar und angenehm, zumal die Darstellung gelegentlich durch historische Reminiszenzen, durch Fragen und nicht zuletzt auch durch Humor aufgelockert wird. Manchmal wird man die Darstellung vielleicht etwas salopp finden; aber langweilig ist sie nirgends. Methodische und labortechnische Grundlagen, Fragen der Literaturauswertung, Statistik und die mathematische Behandlung biologischer Phänomene - all das ist voll inkorporiert. Zu allen angeschnittenen Teilbereichen der Biologie wird auch die momentane Problemlage umrissen, an gut ausgewählten Beispielen die gesellschaftliche Relvanz diskutiert. Überhaupt ist *homo sapiens* angemessen, aber auch wieder nicht in übertriebener Weise mit einbezogen. Die einzelnen Kapitel sind so gefaßt, daß jedes für sich gelesen werden kann. Eine gekonnte Literaturauswahl kann dem Interessierten weiterhelfen. ... Fast noch mehr möchte man es Nichtbiologen empfehlen, die sich mit dieser faszinierenden Wissenschaft in seriöser Weise auseinandersetzen möchten, zumal auch alle jenen, die interdisziplinäre Gespräche für wichtig halten - wer dieses Buch durchgearbeitet hat, kann getrost ‚mitreden'!"
Biologie in unserer Zeit

W. Buselmaier
Biologie für Mediziner
Begleittext zum Gegenstandskatalog

4., überarbeitete und ergänzte Auflage. 1979. 114 Abbildungen,
1 Tabelle. XI, 232 Seiten. (Heidelberger Taschenbücher, Band 154)
DM 22,-. ISBN 3-540-09617-5

Inhaltsübersicht: Ultrastruktur der Zelle. - Funktionen der Zelle. - Genetik. - Evolution. - Morphologie und Physiologie ein- und mehrzelliger Organismen. - Grundlagen der Mikrobiologie. - Ökologie. - Glossarium der verwendeten Fachausdrücke. - Sachverzeichnis.

Aus den Besprechungen: „Das preiswerte, drucktechnisch gut ausgeführte Buch ist für unsere derzeitigen Medizinstudenten der Vorklinik unentbehrlich. Auch Studenten der Klinik und Ärzte verschiedener Fachrichtungen, die rasche Informationen über genetische Probleme suchen, werden das Taschenbuch mit Gewinn lesen."
Medizinische Klinik

„Das kleine Büchlein ist ein Meisterwerk. Es verpflichtet wohl all die vielen in der Literatur weitverstreuten neuen Erkenntnisse mit dem bisher Bekanntten zu einem knapp und präzis gehaltenen Basistext von hoher didaktische Qualität. ... Im übrigen ist dem Verfasser zu seiner Leistung zu gratulieren, und dem Büchlein weiterhin hohe Beachtung und auch Würdigung zu wünschen."
Berichte Biochemie und Biologie

Springer-Verlag
Berlin
Heidelberg
New York
Tokyo

MIX
Papier aus verantwortungsvollen Quellen
Paper from responsible sources
FSC® C105338

If you have any concerns about our products,
you can contact us on
ProductSafety@springernature.com

In case Publisher is established outside the EU,
the EU authorized representative is:
**Springer Nature Customer Service Center GmbH
Europaplatz 3, 69115 Heidelberg, Germany**

Printed by Libri Plureos GmbH
in Hamburg, Germany